电力设备管理与电力系统自动化

安梓鸣　熊振华　李继成　著

U0253539

吉林科学技术出版社

图书在版编目（CIP）数据

电力设备管理与电力系统自动化 / 安梓鸣，熊振华，李继成著．-- 长春：吉林科学技术出版社，2023.5
ISBN 978-7-5744-0404-5

Ⅰ．①电… Ⅱ．①安… ②熊… ③李… Ⅲ．①电力设备－设备管理②电力系统自动化 Ⅳ．①TM

中国国家版本馆 CIP 数据核字 (2023) 第 094640 号

电力设备管理与电力系统自动化

著　　安梓鸣　熊振华　李继成
出版人　宛　霞
责任编辑　程　程
封面设计　刘梦杳
制　　版　刘梦杳
幅面尺寸　185mm×260mm
开　　本　16
字　　数　390 千字
印　　张　19.125
印　　数　1-1500 册
版　　次　2023年5月第1版
印　　次　2024年1月第1次印刷

出　　版　吉林科学技术出版社
发　　行　吉林科学技术出版社
地　　址　长春市福祉大路5788号
邮　　编　130118
发行部电话/传真　0431-81629529 81629530 81629531
81629532 81629533 81629534
储运部电话　0431-86059116
编辑部电话　0431-81629518
印　　刷　廊坊市印艺阁数字科技有限公司

书　　号　ISBN 978-7-5744-0404-5
定　　价　115.00元

前言

电力电气设备是指电力系统中涉及的输电和控制设备的总称，发电机、变压器以及熔断器等都属于电力电气设备，是整个工厂电能提供的保障。电力电气设备具有复杂性的特点，在使用的过程中需要注意其安全性和稳定性，需要有专业的操作人员进行，并且要求具有良好的绝缘性，稍有不慎就有可能出现电力系统瘫痪或者是引发安全事故。

随着工业化发展进程的不断加快，电力电气设备在工业生产中的地位越来越高，既提高了机械化的生产效率，同时也提高了工厂的综合工作效率。在电力设备运行与管理的过程当中，由于其工期时间长、工序繁多并且处于不间断的工作状态，电力设备的安全运行和管理十分重要。优秀的电力设备管理能够保证电厂电力设备的有效运转和高效率运行。

电力系统自动化是自动化的一种具体形式，指应用各种具有自动检测、决策和控制功能的装置，对电力系统各元件、局部系统或全系统进行就地或远方的自动监视、协调、调节和控制，保证电力系统安全经济运行和具有合格的电能质量。随着经济社会的飞速发展，现代社会对电能供应的“安全、可靠、经济、优质”等各项指标的要求越来越高，相应地，电力系统也不断地向自动化提出更高的要求，电力系统自动化技术进入了一个崭新的时期。尤其是当今特高压输电、新能源发电及并网、智能电网等技术不断成熟和普及，更为电力系统自动化赋予了新的内容和意义。

本书首先介绍了高压电气设备的基本知识，然后详细阐述了仪表自动化及水电厂设备运维、检修、设备改造技术等内容，以适应电力设备管理与电力系统自动化的发展现状和趋势。本书共11章，主要包括高压电气设备及其绝缘、电气设备绝缘测量与试验、高压断路器与操作机构的检修及维护、变压器的检修及维护、石油化工仪表及自动化控制、石油化工过程测量仪表、控制器与执行器、典型石油化工过程单元控制、水电厂发电/电动机的运维与检修、水轮机设备改造、设备检修。

本书突出了基本概念与基本原理，在写作时尝试多方面知识的融会贯通，注重知识层次递进，同时注重理论与实践的结合。希望可以对广大读者提供借鉴或帮助。

由于作者水平和经验的限制，不当之处在所难免，恳切希望广大读者和各位专家予以批评指正，以便今后进一步修改和完善。本书参考了一些同领域专家学者的研究成果，在此衷心地向他们的辛勤劳动表示感谢。

目录

第一章　高压电气设备及其绝缘

第一节　高压电力电容器

一、电力电容器的用途分类

电力电容器按其用途可分成若干类型，下面介绍几种电力工业中常用的电力电容器。

（一）移相电容器

这种电容器又称为并联电容器或余弦电容器，是用途很广、用量很大的一种电力电容器，在有些电力系统中可达发电厂额定装机容量的一半左右。

（二）串联电容器

这种电容器又叫纵向补偿电容器。它串联在输电线路中，用以补偿输电线的感抗，从而减小线路压降，提高线路的传输功率和稳定度，改善电压调整率，提高输电效率。

（三）耦合电容器

耦合电容器直接接在高压输电线与地之间，以进行通信、测量、保护之用。

（四）脉冲电容器

脉冲电容器是一类用途广泛的电容器的总称，主要用于各种高压电脉冲技术，如冲击电压发生器、冲击电流发生器、振荡回路等。

在高电压技术中，除了上述几种电容器外，还有隔直流电容器、均压电容器和过电压保护电容器等，主要用于高压电容分压器和滤波装置，并联在高压断路器的断口上，以改善各断口上的电压分布及平抑过电压等。

二、电容器常用的绝缘介质

电容器和其他电气设备的绝缘结构有所不同。在其他绝缘结构中，绝缘介质的作用是对不同电位的导体起电气绝缘及机械固定作用；而在电容器中，介质的主要任务是储存能量。因此，对电容器首先考虑的是单位体积（或单位重量）所储存的能量要大，然后是耐压高、损耗小、寿命长、工艺性好、成本低等一般问题。这样就需要选择介电系数大、耐电强度高的材料作电容器的介质。目前，电容器常用的介质有以下几种。

（一）电容器纸

电容器纸是由植物纤维制成的。其特点是厚度薄（8 ~ 15m），密度大（0.8 ~ 1.2g/cm^3），机械强度高，含杂质少，耐电强度比其他电工用纸都高。

（二）塑料薄膜

由于电容器纸的固有介质损耗较大以及其他一些弱点，要大幅度提高电容的性能，必须采用新型介质。塑料薄膜已日益代替纸作为电容器极间介质。塑料薄膜的特点是机械强度、耐电强度都很高，适用于各种频率电力电容器。但是塑料薄膜难以浸渍，而如果浸渍不好，薄膜耐电晕性能差，工作场强就难以提高，电容器容量就受到限制。

塑料薄膜的种类很多，如聚丙烯薄膜、聚苯乙烯薄膜、聚酯薄膜、聚碳酸酯薄膜等。目前，聚丙烯薄膜已广泛用于电力电容器。

（三）金属化纸和金属化薄膜

用纸和塑料薄膜作电容器介质时，都是用铝箔作极板的，铝箔的厚度有 0.007mm、0.016mm 等几种，而铝箔对浸渍剂有可能起不良的化学作用。金属化纸和金属化薄膜是在纸上或薄膜上涂敷一层极薄的金属膜（一般为锌锡层或铝层）作为电极。金属薄膜的厚度仅为 0.05 ~ 0.1mm，比起铝箔厚度要小得多，可以大大节约金属材料和减轻电容器的重量。特别是金属化纸和金属化薄膜有一突出的优点是具有“自愈性”，即当某处被击穿时，短路电流使击穿部位周围金属化薄膜熔化蒸发而又形成绝缘。这样，就显著减少了介质中贯穿性导电质点和其他弱点对耐电强度的影响，从而提高了工作场强。用铝箔作极板时，考虑到介质中导电质点和其他弱点的存在，不得不在极板间至少用三层介质，以便让这些弱点互相错开，而金属化介质只需一层即可。

（四）液体介质

对于纸和薄膜电力电容器，为了提高其电气性能，必须浸渍液体介质，以填充纸或薄膜间或极板间的气隙。在选用液体时，除应满足对电容器介质的一般性能要求外，还应考虑以下特殊要求：①强电场作用下吸气性好；②要求黏度小、凝固点低、闪点高；③化学性能稳定，并能与电容器内其他材料稳定共存；④无毒或微毒。

三、电力电容器的基本结构

电力电容器由芯子、外壳和出线结构三部分组成。

芯子通常由元件、绝缘件和紧固件经过压装并按规定的串并联接法连接而成。元件由一定厚度及层数的介质和两块极板（通常为铝箔）卷绕一定圈数后压扁而成。

外壳有金属、陶瓷和酚醛绝缘纸筒等几种。金属外壳有利于散热，陶瓷和酚醛绝缘纸筒外壳的外绝缘性能好。

出线结构包括出线导体和出线绝缘两部分。出线导体通常包括金属导杆或连接线（片）及金属法兰和螺栓等；出线绝缘通常为绝缘套管。

把芯子或由多个芯子组成的器身与外壳、出线结构进行装配，经过真空干燥、浸渍液体介质和密封后，即成电容器。

第二节　电力电缆

用于电力的传输和分配的电缆称为电力电缆。

一、电力电缆常用的绝缘介质

电力电缆的绝缘介质应该具有的主要性能：击穿强度高，介质损耗小，绝缘电阻相当高，绝缘性能长期稳定，对于固体而言还要具有一定的柔软性和机械强度。电力电缆常用的绝缘介质有电缆纸、浸渍剂、橡皮、塑料和气体等。

（一）电缆纸

电缆纸的主要成分是纤维素，现代电缆纸都是木质纤维制成。

电缆纸的性能除了与纤维素的含量、结构有关外，还跟其他许多因素有关，电缆纸应尽可能少含杂质，且应该避免受潮。

（二）浸渍剂

为了提高电缆纸的击穿强度，在制造电缆时，纸内的水分和空气在经真空干燥驱除以后，要用浸渍剂进行浸渍，浸渍后纸的击穿强度可以提高到未浸渍时的6～8倍。浸渍剂按其黏度可以分为两大类：黏性浸渍剂和充油浸渍剂。

黏性浸渍剂的黏度高，在电缆工作温度范围内不流动或基本不流动，可以防止流失。同时要求在浸渍温度下具有较低的黏度，以保证良好的浸渍性能。黏性浸渍剂有两种主要配方：一种是松香光亮油复合剂，主要成分是松香和光亮油（又称低压电缆油），一般松香占30%～35%、光亮油占65%～70%，松香含量越高复合剂黏度越大；另一种是不滴流电缆用浸渍复合剂，主要成分是合成微晶地蜡和光亮油，其中微晶地蜡约占40%、光亮油约占60%。黏性浸渍剂主要用于35kV及以下纸绝缘电力电缆的浸渍。

充油浸渍剂主要用于充油电缆中，其黏度比黏性浸渍剂小，以便在油道中流动而补充到所需要的部位。充油电缆浸渍剂多从原油中经过加工精制而得。

（三）橡皮

橡皮是最早用来做电线电缆的绝缘材料。橡皮具有高化学稳定性，对于气体、潮湿、水分具有很低的渗透性。特别是橡皮具有高弹性，例如，浸渍纸绝缘电力电缆的允许弯曲半径不得小于该电缆直径的15～25倍，而橡皮电力电缆的允许弯曲半径只要不小于该电缆直径的6～10倍即可。因此，橡皮的价格虽然比浸渍纸高，但它仍然为目前制造高柔软性的移动式机器供电电缆的重要绝缘材料。但由于橡皮耐电晕、耐热和耐油性能较差，所以在高压电缆中很少采用。

橡皮是以橡胶为主体，配以各种配合剂，经混合成橡料，再经硫化而制成。近年来，随着合成橡胶工业的迅速发展，电缆绝缘也大量使用合成橡胶，如丁苯橡胶、丁基橡胶、乙丙橡胶等。

（四）塑料

塑料的基本成分是合成树脂。塑料是在树脂中添加配合剂，并在一定条件下制造而成的。由于塑料具有比重小、机械性能好、绝缘性能优异、化学性能稳定、耐水、耐油、成型加工方便以及原材料来源丰富等优点，因而塑料电缆发展十分迅速。用于电缆绝缘的塑料主要有聚氯乙烯、聚乙烯、交联聚乙烯等，其中聚氯乙烯是电缆中应用最早、最广泛的绝缘材料。

（五）气体

在充气电缆中，需充以气体，这些气体就是电缆的绝缘或是绝缘层的组成部分。一般要求气体具有高的耐电强度、化学稳定性和不燃性。通常用作电缆绝缘的气体有氮气（N_2）和六氟化硫（SF_6）气体，也有用氟利昂气体的。SF_6和氟利昂的耐电强度比N_2高得多。SF_6具有高的热稳定性和化学稳定性，它在150℃的条件下，不与水、酸、碱、卤素、氧、氢、碳、银铜和绝缘材料起作用，在500℃以下不分解。

二、纸绝缘电缆的结构

目前，纸绝缘电力电缆在输配电系统中的应用最为广泛。纸绝缘电力电缆根据浸渍剂黏度的不同，可以分为黏性浸渍纸绝缘电力电缆、充油电力电缆和充气电力电缆等。

（一）三相带式绝缘（总包绝缘）电缆

三相带式绝缘（总包绝缘）电缆，是浸渍纸绝缘电力电缆典型结构。它包括：电缆芯，是由多根铜线或铝线绞合而成，以便具有充分的柔韧性。绞合的芯线，在单芯电缆内是圆形的，而在多芯电缆中通常是扇形的，这样使电缆结构更加紧凑。电缆的每一根芯线都用带状电缆纸包绕起来，构成电缆各相间的绝缘，称为相绝缘。为了使电缆总的截面成圆形，各芯线间的空隙内填入纸绳或麻绳，即填料。所有三根芯线连同它们的相绝缘并与填料一起，还包绕公共的电缆纸绝缘，即总包绝缘，又叫带绝缘。此后，电缆再经过真空干燥，以除去纸绝缘中的水分和空气，然后用黏性浸渍剂进行浸渍。浸渍过的电缆包以铅皮，使电缆密封，以防水分、潮气浸入。但是铅皮的机械强度不够大，它不能保护电缆在使用时可能发生的机械磨损，为此，采用坚固的钢带裹覆。在裹覆钢带前，铅皮上预先包绕纸带和黄麻保护层，以便铅皮与钢带之间形成一个软垫，不致使钢带磨损铅皮。由于钢带有被腐蚀的可能，所以外面还要包裹麻纱并浸渍沥青防锈层。

此外，在电缆导电芯线表面和铅皮内侧，通常还包以半导电纸带或金属化纸带的屏蔽层。近年来，多用0.12mm厚的含炭黑的半导电纸带（俗称炭黑纸），其电阻率为$10^7 \sim 10^8 \Omega \cdot m$。这种纸既能改善此处由于导电芯线表面（或铅皮内侧）不光整而引起的电场集中现象，所含炭黑还具有吸附浸渍剂中杂质离子的作用。

由上述可知，黏性浸渍纸电力电缆的结构比较简单，也不需要其他附属设备。但它的生产和运行过程中，不可避免地会在绝缘中形成气隙，降低电缆的电气性能。因而，黏性浸渍纸绝缘电力电缆一般只用于交流35kV及以下电压等级。为了解决电缆绝缘中出现的气隙以及气隙的耐电强度远较浸渍纸低的问题，从基本原理上看，有两条解决途径：设法经常不断地用低黏度油来填充气隙（充油电缆）；设法提高气隙的耐电强度（充气电缆）。

（二）充油电缆

充油电缆是利用补充浸渍油原理消除绝缘层中形成的气隙，以提高电缆工作场强的一种电缆结构。充油电缆根据护层结构的不同分为两类：一类为自容式充油电缆；另一类为钢管充油电缆。

1.自容式充油电缆

自容式充油电缆的结构与前述的浸渍纸绝缘电缆结构相似。自容式充油电缆一般在芯线中心（有的在金属护套下），具有与补充浸渍设备（供油箱等）相连接的油道。

当电缆温度升高时，浸渍剂受热膨胀，膨胀出来的浸渍剂经过油管流到补充浸渍剂设备中；当电缆温度下降时，浸渍剂收缩，补充浸渍剂设备中的浸渍剂经过油道对电缆绝缘层进行补充浸渍。这样既消除了绝缘层中气隙的产生，提高了电缆的工作场强，又防止了电缆中产生过高的压力。为了提高补充浸渍速度，充油电缆一般采用低黏度油作为浸渍剂。为了提高绝缘层的耐电强度，防止护套破裂时潮气浸入，也为了便于补充浸渍，一般浸渍剂压力高于大气压。

2.钢管充油电缆

钢管充油电缆是由三根屏蔽的单芯电缆置于无缝钢管内组成。芯线用铝丝或铜丝绞合，没有中心通道。电缆绝缘层的浸渍剂黏度较高，以保证电缆在拉入钢管时，浸渍剂不会大量从绝缘层流出。在绝缘层表面包有半导电屏蔽层。屏蔽层外缠上2~3根半圆形（D型）青铜丝（又叫滑丝），包缠节距约为300mm，其作用是减少电缆拖入钢管时是拉力，并防止电缆拖入钢管时损伤电缆绝缘层。同时，由于青铜丝使电缆绝缘外屏蔽与钢管内壁间保持一定距离，浸渍剂在这个间隙中可以流通，因此还有降低电缆热阻、提高电缆载流量的作用。

为了避免在运输过程中潮气浸入电缆，电缆表面具有临时铅套，在拖入钢管时剥去。同时管内油压较高（约1500kPa），以消除绝缘层中可能形成的气隙。

（三）充气电缆

充气电缆是利用提高绝缘层中气隙的耐电强度，来提高电缆工作场强的一种结构形式。由气体电气性能可知，当气体压力超某一数值时，气体的击穿电压随压力的增加而增加，同时还知道某些气体的相对耐电强度比较高，充气电缆主要就是基于这些原理设计制作的。

三、电缆的敷设与电缆端头

（一）电缆的敷设

在牵引变电所中，电缆都敷设在电缆沟中，当电力电缆与控制电缆同沟敷设时，应尽量敷设在沟的两侧，如不能分开，应分层敷设，控制电缆在下方，电力电缆在上方。在敷设时要避免绝缘和保护层受到破坏，不能有硬弯，弯曲处曲率半径应满足有关要求。当遇到低温时，应加温处理，防止因低温电缆变硬在敷设时损伤。电缆烘热的方法有两种：一种是提前将电缆置于有暖气的房子或装有安全火炉的帐篷里；另一种是给电缆线芯中通以电流使其发热。

两条电缆相互连接，或电缆接到电气设备时都必须将电缆端部的包皮剥去。采用专门的设备，将电缆的端部密封好。

（二）电缆的端头

电缆的端头是通过专用的电缆头处理的。常用的有两种：

1.干包电缆头

电缆末端用绝缘漆和包带来密封的，叫干包电缆头，干包有两种方式：一种是用黄蜡带或聚氯乙烯带涂漆包绕密封线芯，在三芯分支处及线鼻子下端用蜡线扎紧。另一种是在包绕绝缘带之前，先用聚氯乙烯制的三叉套套在三芯分支处，将套的根部用尼龙绳扎紧，根部分部与套在缆芯上的聚氯乙烯软管扎紧。

这种电缆头的优点是体积小、重量轻、成本低、施工简便，能够防止漏油。缺点是聚氯乙烯耐油、耐热差，易老化，故在高温环境和高压情况下极少用，多用于6kV及以下电缆及控制电缆。

2.环氧树脂电缆头

环氧树脂电缆头是将环氧树脂加入固化剂混合后，浇灌入模具内，固化成型。它有较高的耐压强度和机械强度，不吸水，化学性能稳定，与金属黏结力强，有极好的密封性，能根本解决电缆头的漏油问题，广泛地应用于电缆接头。

第三节　高压绝缘子和高压套管

高压绝缘子和套管（有时统称为绝缘子），在电力系统中应用十分普遍。它的作用是将处于不同电位的导电体在机械上互相连接，而在电气上互相绝缘。绝缘子按用途分为线路类绝缘子和电站、电器类绝缘子。

一、高压绝缘子的组成及其材料

高压绝缘子主要由用作绝缘的绝缘材料、用作固定或导电的金具、金具与绝缘材料相互黏合固定的黏合剂组成。

（一）绝缘材料

电瓷是目前用途最广泛的绝缘材料。电瓷是无机介质，由石英、长石和黏土作原料焙烧而成，能耐受不利的大气环境，不受酸碱污秽的侵蚀，抗老化性能好，具有足够的电气和机械强度。在均匀电场中，厚度为1.5mm的瓷片试样，工频耐电强度为17～22kV/mm，在冲击全波电压作用下的耐电强度比工频下高50%～70%。

瓷是一种脆性材料，抗压强度比抗拉强度大得多。不上釉的瓷表面粗糙、容易开裂，机械强度比上釉的低10%～20%。

玻璃也是绝缘子的一种良好的绝缘材料。它具有和陶瓷同样的环境稳定性，而且工艺简单。经过退火和钢化处理后，玻璃的机械强度比普通的瓷还高1～2倍，电气强度也高于瓷。

输电线路采用钢化玻璃绝缘子还有一个优点：损坏后具有“自爆”的特性，便于巡线时及时发现。

环氧树脂也可用以压制或浇注绝缘子。环氧树脂玻璃钢绝缘子，具有重量轻、机械强度高和制作方便等优点，但它的抗老化性能比较差。

作为套管的内绝缘，绝缘油、纸以及复合胶也广泛地用作绝缘材料。

（二）金具

绝缘子的金属附件主要是由铸铁和钢制成。对一些通过大电流的产品，为了减少附件的涡流损耗，也有用硅铜合金、硅铝合金作附件的。导电的金属，如套管的导电杆，一般采用铜或铝材料。

（三）黏合剂

最常用的黏合剂是500号硅酸盐水泥，配以瓷粉或瓷砂作为填充剂，并在胶装瓷面和金具表面涂一层沥青作缓冲剂。在个别场合，也有采用其他黏合剂的，如甘油氧化铝、环氧树脂等。也有一些绝缘子，特别是一些大型瓷套是用卡装方法与金具固定，而不用黏合剂。

二、高压绝缘子的电气性能和机械强度

绝缘子是起电气绝缘和机械固定作用的外绝缘部件，在运行中要受到各种不同因素的作用，如工作电压和过电压、机械负荷、剧烈的温度和湿度变化等。这些作用决定了对绝缘子一系列的基本要求，特别是电气性能和机械强度的要求。

（一）绝缘子的电气性能

绝缘子的电气性能主要用以下一些特性指标来衡量和表示，而且这些特性指标均有国家标准或其他有关技术条件的具体规定。

（1）工频干闪络电压：在工频电压下，表面清洁干燥的绝缘子的闪络电压数值。

（2）工频湿闪络电压：在工频电压下，清洁的绝缘子在人工淋雨情况下的闪络电压数值。

我国规定：人工雨水的雨量为3mm/60s，雨水体积电阻率为$10^2\Omega\cdot m$，降雨方向与水平线成45° 角。

（3）全波冲击闪络电压：在1.5/40μs标准冲击波下，表面清洁的绝缘子50%冲击闪络电压数值。

（4）载波冲击闪络电压：在2～3μs载波下，表面清洁的绝缘子50%冲击闪络电压数值。

（5）工频击穿电压：在工频电压下，绝缘子的绝缘介质被击穿的最低电压数值。

（二）绝缘子的机械强度

对绝缘子的机械强度要求，取决于它的运行条件，上釉绝缘子的机械性能按它在运行中承受外力和导线拉力的形式可分为以下几种。

（1）拉伸负荷：以作用在绝缘子两端的拉伸力来表示，例如悬挂输电线的绝缘子受重力和导线拉力造成的拉伸负荷。线路悬式绝缘子对抗拉性能要求极为严格，在超高压线路中，当线路通过大河、大山谷时跨度较大，其拉伸负荷可达数十万牛。为了保证承受必要的拉力，当负荷巨大时，绝缘子串可以并联使用。

（2）弯曲负荷：以作用在绝缘子顶部的、垂直于绝缘支柱的垂直力来表示。例如，支柱绝缘子和套管受到的横向的导线拉力、风力及短路电流的电动力作用，由于力的方向与支柱垂直造成弯曲负荷。

（3）扭转负荷：以作用在绝缘子顶部的扭矩来表示。例如，隔离开关的支柱绝缘子常以转动方式来开闭触头，转动时绝缘子将承受扭转力矩。

三、高压套管的结构特点

高压套管属于电站、电器类高压绝缘子，它的作用是将载流导体引入或引出变压器、断路器、电容器等电气设备的金属外壳（电器用套管）；还可将载流导体穿过建筑物或墙壁（电站用套管）。

最简单的绝缘套管，包括绝缘部分、金具固定连接套筒（又称法兰）以及中心导电杆。外部为瓷套，瓷套与中间导电杆之间则有各种结构方式，按套管的不同结构方式而分为纯瓷套管、充油套管和电容式套管。

（一）纯瓷套管的结构特点

纯瓷套管以电瓷（或还有空气）为绝缘，结构简单，维护方便。纯瓷套管又分为空心和实心两种。空心纯瓷套管，在瓷件与导电杆之间有一空气腔。纯瓷空心套管一般只能用于较低电压等级。当电压过高时，由于导电杆周围电场强度甚高，空气腔产生电晕，使套管表面容易发生滑闪放电。在空气腔套管的导电杆上缠有几层胶纸（3～5mm厚），导电杆部位在交流电压下的电场强度降低。可以提高起晕电压，从而提高了套管的闪络电压。

空心纯瓷套管的缺点是中部直径大，内部鼓形空腔的制造不方便，导电杆如用纸层包裹也容易老化或受潮。因此，目前我国在20kV以上则采用无空气腔的实心套管。实心套管在瓷件与导电杆之间没有空气腔，瓷件内壁涂以半导体釉均压层，然后用弹簧片与导电杆接通，使瓷件与导电杆同电位，这样内腔的气隙不承受电压，以免发生电晕。

纯瓷套管一般只做到35kV及以下较低电压等级。当电压更高时，则采用充油套管或电容式套管。

（二）充油套管的结构特点

充油套管就相当于在纯瓷套管的空心内腔里充以绝缘油。充油套管的击穿电压、散热性能比原来空心时大为改善。

20kV及以下的充油套管，主要就靠瓷套里所充的变压器油作绝缘。当电压较高，如35kV以上时，导电杆表面处油道里的电场强度已很高，为此，常在导电杆上套以胶纸管或包以电缆纸（5～15mm），这样可以显著提高油道的击穿电压。

对于60kV或110kV以上的充油套管，只是在导电杆上套装胶纸管或包绕电缆纸，其击穿电压往往不能满足要求，需在油隙中再加入几个胶纸筒，利用屏蔽作用来提高击穿电压。将油隙分得越细，击穿电压越高。

（三）电容式套管的结构特点

充油套管中，屏障数目不能太多（通常不超过6～8个），数目太多会使套管的制造发生困难，油循环也受到阻碍；何况充油套管里总还有较宽的油道，其电气强度远比纸层的低。

所以更高电压时改用电容式套管。电容式套管主要由导电杆、电容芯子、瓷套、法兰、油箱等组成。

电容式套管的性能主要取决于电容芯子。电容芯子是在导电杆上用绝缘纸和金属箔（铝箔）交替缠绕而成。电容芯子制成锥状，即金属箔的长度随离开导电杆的距离增加而减小，其目的是调整导电杆与地极间的电场，使之比较均匀。

电容式套管由于采用了电容芯子作为内绝缘，因此电气性能比充油套管好，同时具有较小的体积和较大的机械强度。所以，目前电容式套管已在全国大量生产和应用，并逐步取代充油套管。但由于多层介质巨大的吸湿性，电容式套管密封不好容易受潮；还有电容式套管散热性较差，有可能引起热击穿。

第四节　变压器

变压器的绝缘，对变压器的体积、重量、造价具有很大的影响，例如在额定电压为330kV及以上的自耦变压器中，绝缘材料可达总重的30%～45%。变压器绝缘的质量以及运行中对绝缘的维护，对变压器可靠运行的影响就更为突出。高压变压器所发生的事故中，相当大的一部分是由于绝缘问题造成的。例如，有研究者对若干台110kV以及以上的电力变压器所发生的93次事故做过统计分析，其中由于绝缘引起的占80%以上。

一、变压器绝缘的分类

通常将变压器油箱以外的绝缘称为外绝缘；而将在油箱以内的绝缘称为内绝缘（包括绝缘油及浸在油里的纸和纸板等）。内绝缘又常分为主绝缘和纵绝缘。

二、对变压器绝缘的要求

在电气性能方面，为了使变压器绝缘能在额定电压下长期运行，并且能耐受可能出现的过电压，国家标准中规定了各种变压器的试验电压值。变压器的绝缘应能耐住在规定试验电压下各种耐压试验，如交流耐压试验、冲击耐压试验等。

在机械性能方面，变压器的绝缘结构要考虑能承受住因短路电流而产生的电动力的作用。变压器的短路电流可以达额定电流的25～30倍，电动力与电流的平方成正比，因而在突然短路的瞬间，变压器的绝缘线圈上所产生的电动力可达正常情况下的几百甚至近千倍，有时1m长的绝缘线圈所受的电动力可达10000N。在这种情况下，如果变压器绝缘线圈包扎不紧、固定不牢，或绝缘材料变脆等，将会受到破坏而造成事故。

此外，在运行过程中，由于铁芯及导线中的损耗会引起发热。在长期高温作用下，纸或纸板等固体绝缘会变脆；绝缘漆可能溶解而产生油泥；变压器油会由于氧气的存在而发生氧化。总之，变压器的绝缘性能会由于过热发生显著下降。因此，通常在变压器运行中限制油温高出环境温度不得超过55℃，线圈高出环境温度不得超过65℃。

还有，变压器油在受潮以及含有杂质、气泡以后，都将明显的影响其绝缘性能，再加上热的作用，更加使油老化。所以对变压器油，应该防止潮气的浸入和混进杂质。运行中，变压器油劣化后，应该及时处理或更换。

三、高压绕组绝缘的基本结构形式

变压器高压绕组常采用的基本结构形式有饼式及圆筒式两种。

饼式绕组是以扁导线连续绕成若干个线饼，各线饼间利用绝缘垫块的支撑而形成（幅向）油道，以便油流动将变压器运行中产出的热量带走，所以散热性能较好。此外绕组的端面大，便于轴向固定；机械强度较高。但这种绕组在绕制时技术要求较高。

多层圆筒式绕组在绕制时，每一线匝紧贴着前一个线匝成螺旋形沿绕组高度轴向排列而成，形状像一个圆筒。圆筒式绕组的制造工艺简单，不受容量限制。但是，圆筒式绕组的端面小，机械强度不容易得到保证；另外，层间长而窄的轴向油道不如饼式绕组的径向油道那样容易散热。

四、油浸变压器常用的绝缘材料

目前，国内外的电力变压器，特别是高压变压器，几乎都是油浸式的。油浸式变压器常用的绝缘材料有变压器油、绝缘纸和纸板以及其他一些绝缘材料。

（一）变压器油

这是油浸变压器最基本的绝缘材料，充满整个变压器油箱，起绝缘和散热两种重要作用。

（二）绝缘纸和纸板

绝缘纸和纸板的品种很多，目前用于油浸变压器的主要有电缆纸、电话纸、皱纹纸、绝缘纸板（筒或环）等。

变压器常用的是厚度0.12mm的电缆纸，主要用于导线的绝缘、层间绝缘和出线头、分线头绝缘等。

电话纸的质地与电缆纸基本相同，但较薄，有0.04mm、0.05mm、0.075mm等厚度规格，可用于导线的绝缘、层间绝缘、出线头和分接头绝缘等。

包扎引线需要机械强度较高的绝缘材料。过去常用黄蜡布等，现已逐渐被皱纹纸所替代，因皱纹纸的包扎工艺性好，标准紧密、平滑，绝缘性能也高。

绝缘纸板在变压器中用作绕组垫块、撑条、相间隔板，或制成绝缘筒及角环等。绝缘纸板经干燥浸油后的电气性能很好，耐电强度为170～250kV/cm。但是它具有很大的吸湿性，受潮以后就失去耐电强度。

（三）油纸绝缘

油与纸结合使用性能非常好，具有极高的耐电强度，比一般其他绝缘材料高得多，也比二者分开时任何一种高得多。但是，油纸绝缘易吸潮和被污染，而油中即使仅含有极微量的水分和杂质时，其电气性能也会明显降低。因此在实际应用中，应尽可能使油和纸纯净。

（四）其他绝缘材料

（1）漆布或带：用棉布、绸或玻璃丝浸以耐油漆加工制成。用以加强有一定机械强度要求或折叠处理的绝缘，如线端附近的绝缘等。

（2）绝缘漆：绕组浸渍耐油的绝缘漆后，可以提高机械强度和散热性。

（3）玻璃丝或石棉：有时可用作导线绝缘，如玻璃丝包电磁线，可以提高耐热性。

（4）木材：经处理（如干燥后）的木材，在变压器绕组中作为板条和垫块，以代替绝缘纸板。

以上几种绝缘材料一般只用于较低电压等级的变压器中，在高压特别是超高压变压器中一般不大采用。

五、变压器的主、纵绝缘方式

（一）绕组间及绕组对铁芯柱间的绝缘

变压器的主绝缘主要是用油—屏障绝缘，各种电压等级的高压绕组、低压绕组间及绕组对铁芯间的绝缘结构。电压等级越高，所用的屏障纸筒数目越多，油隙分得越细，其电气强度越高。目前在超高压变压器的主绝缘中，越来越多地采用薄纸筒小油道结构。不过，这时应综合考虑变压器的散热问题。

（二）绕组对铁轭的绝缘

变压器绕组端部对铁轭之间常常是主绝缘的薄弱环节。在这里电场远远没有绕组之间均匀，在绕组之间的电场中，电力线大都与绕组间的绝缘纸筒（或板）相垂直，很少有切线分量；可是在绕组对铁轭的绝缘中，端部电场对固体绝缘表面存在垂直分量的同时，不可避免地存在强烈的切线分量。所以，在绕组端部，容易发生沿固体绝缘表面的电晕放电和滑闪放电，表面滑闪和烧焦的延伸容易导致绕组端部与铁轭间绝缘击穿。因此在绕组与铁轭间的绝缘距离要取得比绕组之间的大得多，同时还用绝缘纸筒制成角环将油道分开。

（三）引线绝缘

绕组到分接开关或出线套管等的引线大都采用直径较粗的圆导线，并包有一定厚度的绝缘层，与油箱及其他不同电位处应保持足够的距离，以保证在试验电压下不被击穿。

（四）纵绝缘

纵绝缘在油浸式变压器中主要是导线本身包覆的绝缘漆、棉纱和纸等的绝缘。对于饼式绕组，各线饼间用垫块隔成径向油道，沿绕组轴向的撑条间隔构成轴向油道；对于圆筒式绕组，各圆筒间的撑条间隔构成轴向油道。这是纵绝缘的油绝缘部分。

第五节　互感器

互感器是一种特殊的变压器，它分为电流互感器和电压互感器两种。电流互感器是将一次系统中的大电流，按比例变换成额定电流为1A或5A的小电流；电压互感器则是将一次系统的高电压，按比例变换成额定电压为100V或100/3V的低电压，供给测量仪表、继电保护和自动装置。由于有了互感器，使测量仪表、保护及自动装置与高压电路隔离，从而保证了电压仪表、装置及工作人员的安全。

一、电流互感器

（一）电流互感器的类型及结构

1.按原绕组的匝数分

（1）单匝式电流互感器。单匝式电流互感器，原绕组是一匝穿过闭合铁芯的载流导体，铁芯上绕有副绕组。这种电流互感器结构简单、体积小，短路时稳定性高，原边绕组不会发生匝间短路和匝间过电压。主要缺点是当被测电流很小时，原边磁势不足时误差增大，要保证准确度则其负载能力低。单匝电流互感器原边的额定电流均应在200A以上。

母线式电流互感器本身不带一次绕组，而是利用母线通过其窗口而取代一次绕组，与单匝式电流互感器有相同的特点。

（2）多匝式电流互感器。为了提高电流互感器负载能力，原绕组采用多匝载流导体穿过铁芯形式。其主要优点是当原边电流很小时，也可制成准确度很高的电流互感器。多匝式结构复杂，匝间存在绝缘间隙。不论单匝式还是多匝式电流互感器，其原绕组可为多个铁芯共用。每个铁芯上都有一个副绕组，准确度等级互不相同、互不影响，以适应不同需要。

2.按绝缘结构分

（1）干式电流互感器。干式电流互感器的绝缘介质是由绝缘纸、玻璃丝带、聚酯薄膜带等固体材料构成，并经浸渍绝缘漆烘干处理。这种结构中空气间隙也作为绝缘介质。其特点是结构简单，制造方便。但绝缘强度低，且受气候影响大，防火性能差，只适用于0.5kV及以下低压电流互感器。

（2）树脂浇注式电流互感器。树脂浇注式电流互感器利用合成树脂、填料、固化剂组成的混合胶浇注在互感器里固化后形成绝缘介质。常见的有环氧树脂浇注式，适用于0.5～35kV级电流互感器。

（3）油浸式电流互感器。油浸式电流互感器主要绝缘介质是变压器油、铁芯和绕组安装在内部充满变压器油的瓷套（瓷箱）中。原绕组和铁芯都包有较厚的电缆纸。通常两者绝缘厚度相等。这种结构中的电场强度分布不均匀，绝缘材料得不到充分利用；原绕组包扎不连续。形成绝缘薄弱环节，故该电流互感器适用于35～110kV电压等级电路中。

串级式电流互感器由于变流次数多，误差源增多，总误差增大，故串联级数不能太多，一般为两级。为减小误差，一般在互感器中加装平衡绕组。平衡绕组为匝数相等的两个线圈，分别套在铁芯的上下柱上，同名端连接。同一铁芯上的原、副绕组在铁芯中的漏磁通在平衡绕组中感生电流，该电流产生的磁通补偿原、副绕组在铁芯中的漏磁通，从而减小漏磁，减小电流互感器的误差。

（4）SF_6气体绝缘电流互感器。SF_6气体绝缘互感器用SF_6气体间隙作主绝缘，全封闭SF_6气体绝缘电流互感器最初在组合电器上配套使用，SF_6电流互感器常采用倒立式结构，由头部、金属出线管、高压绝缘套管和底座组成。

外壳由铝铸件或钢板做成，内装有由一、二次绕组及铁芯构成的器身，一次绕组可为1～2匝，当用两匝时，一般采用内铜（或铝）杆外铜（或铝）管或双铜（或铝）杆并行的形式，一次导杆为直线型，从二次绕组几何中心穿过，处于高电位的头部外壳置于高压绝缘套管的缘柱或盆式绝缘子支撑，二次绕组引出线通过屏蔽金属套管引至互感器底座接线盒的二次端子，二次引线屏蔽管装在高压绝缘套管内。

一次绕组与二次绕组之间，二次绕组与高电位头部外壳之间采用了同轴圆柱体形结构，其间充满了SF_6气体，电场分布均匀。外壳下法兰及高压套管上法兰连接处与二次绕组出线屏蔽管间电场分布不均匀，为板—棒电极，故在设计时有的厂家采用电容锥结构，有的厂家采用过渡内屏蔽，使此处电场得以改善，成为较均匀的同轴圆柱形电场。

一次绕组当采用两匝时，可接成串联或并联，得到两个电流比。

二次绕组铁芯可自由组合，常见为5～6个铁芯，根据用户需要而定。为了防爆，在产品头部外壳的顶部装有爆破片，爆破压力一般取0.7～0.8MPa。为了监视SF_6气体压力是否符合技术要求，在底座设有阀门和自动温度补偿（温度变化、压力指示不变）SF_6气体压力表及SF_6密度继电器，气体压力表指示气体与外部大气压的压力差。当SF_6漏气达到一定程度、内部压力达到报警压力（一般为0.35MPa）时，发出补气信号。含水量超过300ml/L，应及时退出运行。

3.按安装方式分

电流互感器按安装方式分可分为穿墙式、支持式和套管式。

4.按安装地点分

电流互感器按安装地点分可分为户内式和户外式。

为了方便使用，所有电流互感器都做成单相。

（二）电流互感器的接线方式

电流互感器在接线时，一定要注意把极性接正确，否则将带来严重后果。电流互感器的接线方式有多种。分别适用于不同场合，分述如下：

1.单相接线

这种接线是以一个电流互感器接入一相中，实用中接入中间相中，它适用于对称三相电路的测量，多用于低压动力线路的测量。接线特点是接线简单，造价低。

2.两相不完全星形接线

当三相线路中只需测量两相电流时（如三相两元件功率表或电度表），可采用两相不完全星形接线。它用于中性点不接地系统中时，流过公共导线上的电流即U、W相电流相量和是未接入电流互感器的V相电流的反相量。该接线特点是接线简单，较经济。

3.两相电流差接线

该接线反映的是两相电流之差，常用于中性点不接地系统继电保护特殊使用。

4.星形接线

以3个电流互感器按星形接法接入。这种接线可测各种情况的各个相电流。该接线特点是测量功能全，但经济性差。

5.三角形接线

该接线主要用于继电保护装置的差动保护中，每相输出的电流相对于二次绕组电流在相位上移动了30°，在数值上是原来的3倍。

6.零序接线

该种接线，由于三相正序电流之和三相负序电流之和均为零，故该接线只能输出3倍的零序分量电流，也称为零序电流滤出器。主要用于继电保护中零序电流保护。

（三）电流互感器的绝缘

电流互感器的一次绕组串接在高压回路中，处于高电位；而二次绕组与仪表等相连，处于低电位。所以在一、二次绕组之间存在很高的电位差。此外，与变电所内的其他电气设备一样，电流互感器绝缘上也将受到各种过电压的作用。

额定电压不很高（10～20kV）的电流互感器，通常采用浇注式的绝缘结构，其一、二次绕组的绝缘一般是用环氧树脂浇注。浇注式的绝缘具有绝缘性能好、机械强度高、防潮、防烟雾等特点。

额定电压在35kV及以上的电流互感器，大多采用全封闭油浸式结构。这种绝缘结构的电流互感器有“8”字形和“U”字形两种。“8”字形结构的电流互感器主要用于35～110kV电压等级，其一次绕组（呈环状）套在绕有二次绕组的环形铁芯上（构成“8”字形），一次绕组和铁芯上都包有很厚的电缆纸，通常两者厚度相等，然后将两个环一起浸在充满变压器油的瓷套中。“8”字形结构的绝缘层中电场分布很不均匀，再加上沿环形包缠纸带，不容易包得均匀、密实，因而这种结构容易出现绝缘弱点。“U”字形结构电流互感器，用于110kV及以上电压等级，一次绕组做成“U”字形，主绝缘全部包在一次绕组上，为多层电缆纸绝缘，层间放置同心圆筒形的铝箔电容屏，内屏与一次绕组连接，最外层的屏接地，构成一个同心圆筒形的电容器串，这种绝缘结构称为电缆电容型绝缘。保持电容屏各层的电容量相等，可以使主绝缘各层的电场分布均匀，绝缘得到充分利用，减小绝缘的厚度，在“U”字形一次绕组外屏的下部两侧，分别套装两个环形铁芯，铁芯上绕着二次绕组，再将其浸入充满变压器油的瓷套中。

二、电压互感器

（一）电压互感器的工作特点

电压互感器二次线圈所接的仪表和继电器的电压线圈阻抗很大，相当于开路运行。

电压互感器一次线圈是并接在电路中的，二次侧相当于开路，所以二次电压接近于二次电势，仅取决于一次电压。

正常运行的电压互感器相当于电压源，当副边短接，会产生很大电流，烧毁互感器。因而电压互感器严禁二次侧短路。为防止短路发生，电压互感器二次侧均装设熔断器进行保护。

（二）电压互感器的类型及结构

1.电压互感器的种类

（1）按原绕组的相数分为单相式和三相式，出于经济性考虑，35kV及以上电压等级不制造三相式。

（2）按绝缘方式分为干式、浇注式、油浸式和充气式。干式电压互感器结构简单，无着火和爆炸的危险，但绝缘强度低，只适用于电压较低（500V以下）的空气干燥的户内配电装置；浇注式电压互感器结构紧凑、维护方便，适用于35kV及以下户内配电装置；油浸式电压互感器绝缘性能好，可用在10kV以上的户外配电装置；充气式即SF_6气体绝缘式。

（3）按绕组分为三绕组和双绕组。

（4）按安装地点分为户内式和户外式。一般35kV及以下多制成户内式。

2.电压互感器的结构

电压互感器从外形上看由头部、瓷套管及底座三大部分组成。

（1）头部连接互感器与高压回路。所有互感器均有一次引线端子及其标志。对油浸式互感器头部还装有膨胀器，而SF_6互感器装有防爆片。

（2）瓷套管是互感器的外绝缘。浇注式互感器的外绝缘用浇注绝缘代替瓷套管绝缘。

（3）底座起支持固定主体的作用。底座上有铭牌、二次引线端子、接地端子、安装孔、放油阀（或放气阀）。SF_6互感器有压力表和气体密度继电器等。

油浸式电压互感器在我国应用很广泛，从结构上可分成单级式和串级式。电压互感器的一次绕组和二次绕组全部套在一个铁芯上，一次绕组不分级的结构为单级式；而一次绕组分成匝数接近相等的几个绕组分别套在几个铁芯上，然后串联起来的电压互感器为串级式。在我国110kV及以上电压互感器采用串级式，110kV以下采用单级式。

JDC6-110型110kV油浸式电压互感器，采用串级式结构，结构主要特点：绕组和铁芯采用分级绝缘，简化绝缘结构；铁芯和绕组装在瓷箱中，兼做高压出线套管和油箱。其中铁芯由硅钢片叠成，一次绕组分成相等的两段分别套在上下铁芯柱上，一次绕组的分段处与铁芯等电位连接。二次绕组套在下铁芯柱上。当互感器空载时，上下芯柱磁通相等，上下绕组的空载电流相等，每段绕组承受电网电压的一半，因而降低了绝缘水平。当副绕组带负荷运行时，由于负荷电流的去磁作用，使下铁芯柱内磁通小于上芯柱磁通，因此两段一次绕组承受的电压不一样，下段绕组承受电压小于网压1/2，引起互感器误差增大。为减小误差，上下两芯柱装有匝数相同的平衡绕组对接，负载运行时，平衡绕组中的平衡电流产生的磁通使上铁芯磁通减少，下铁芯磁通增加，从而使电压分布均匀、误差减小。

SF_6气体绝缘电压互感器在组合电器中应用较多。它采用单相双柱式铁芯，器身结构与油浸单级式电压互感器类似，层间绝缘采用有纬聚酯粘带和聚酯薄膜，一次绕组截面采用矩形或分级宝塔形，引线绝缘根据互感器是配套式还是独立式而不同，配套式互感器的引线绝缘设置静电均压环以均匀电场分布从而减小互感器的高度尺寸，独立式过去有采用电容型绝缘，现在国内产品简化了制造工艺，单纯依靠高压引线与其他附件之间的SF_6气体间隙来保障绝缘强度。对器身内金属尖端采用屏蔽方法均匀电场。

独立式SF_6气体绝缘电压互感器内设有充气阀、吸附剂、防爆片、压力表、气体密度继电器等保证其安全运行。

3.电容式电压互感器

电磁式电压互感器，随着电压的提高，电压互感器的体积越来越大，造价越来越高。电容式电压互感器具有体积小，重量轻，制造简单，造价低，绝缘性能强，并可兼作高频载波通信用耦合电容等优点，但其负载能力小。由于近年来仪表工业和自动化保护设备的更新换代，使设备测量保护设备微电子化、微机化。负载能力已不再制约电容式电压互感器的应用，故在110kV及以上系统广泛采用电容式电压互感器。

（1）电容式电压互感器的工作原理。电容式电压互感器主要由电容分压器和电磁单元两大部分构成。

电容分压器由若干个电容器串联而成。首端接高压电网上，另一端经隔离开关（或经载波耦合装置）接地。由于正常运行时隔离开关或载波耦合装置有一个总是接通的，对工频而言其阻抗近于零，故相电压均匀地分布在每个串联的电容上。中间变压器实际上相当于一台13～20kV的电磁式电压互感器。

补偿电抗器的作用是利用感性电抗补偿分压电容上容性电抗，电容器的输出电压不随二次负载变化而变化进而影响电压互感器的准确度级。

阻尼器的作用在于防止电容互感器内部电感和电容发生谐振过电压。阻尼器有电阻型和谐振型。

（2）YDR-110（220）型电容式电压互感器。YDR-110（220）型电容式电压互感器主要用在电压为110（220）kV，频率为50Hz的中性点直接接地的电力系统中作测量、保护并兼作载波通信用。

YK-13-110（220）型中压变压器及补偿电抗器装在共同的铁外壳中。电抗器器身具有可调空气隙的铁芯，电抗器器身叠装在中压变压器器身上面，电抗器与中压变压器的线圈均备有若干组抽头，该抽头的接线位置在误差试验时调整固定。

电容式电压互感器的电容分压器与中压变压器及补偿器在出厂时，是按实测值调试配套的，不允许互换。

外壳内浸渍和灌注电容器油，外壳为密封结构，油面至箱盖间按规定留有一定距离，以补偿油箱内油体积随温度的变化。

（三）电压互感器的绝缘

油浸式电压互感器按结构又分为普通式和串级式，3～35kV电压等级的都常采用普通式，110kV及以上的普遍采用串级式。普通油浸式电压互感器，是将铁芯和绕组皆浸于充满变压器油的油箱内。串级式电压互感器一次绕组分成匝数相等的两部分，分别绕在一个“口”字形铁芯的上、下柱上，两者相串联，接点与铁芯连接，铁芯与底座绝缘，置于瓷箱内，该瓷箱即起高压出线套管作用，代替油箱。每柱绕组为一个绝缘分级，正常运行时，每柱绕组对铁芯的电位差只有互感器工作电压的一半，铁芯对地的电位差也是工作电压的一半；而普通结构的互感器，则必须按全电压设计绝缘。二次绕组则绕在下铁芯柱上，并置于一次绕组的外面。为了加强绕在上铁芯柱上的一次绕组和下铁芯柱上的二次绕组间的磁耦合，减小电压互感器的误差，增设了平衡绕组，它分别绕在上下铁芯柱上，并反向相连。采用串级式结构，绕组和铁芯是分级绝缘，简化了绝缘结构、节省了绝缘材料，并减轻了重量、降低了造价。

电容式电压互感器实际上是一个电容分压器。它由若干个相同的电容器串联组成，接在高压导线与地之间。YDR-110型电容式电压互感器主要由电容分压器、电磁装置、阻尼器等组成，采用单柱式叠装结构，上部为电容分压器，下部为电磁装置和安装支架，阻尼器为单独的单元。电容分压器主要由瓷套和置于瓷套中的电容器串构成。瓷套管内充满电容器油，构成主绝缘。

第六节　旋转电机

一、旋转电机绝缘的工作条件

旋转电机包括发电机、调相机、变频机和电动机等。目前大型旋转电机的额定电压一般为6.3kV、10.5kV、13.8kV、15.75kV、18kV。电机绝缘的工作条件限制了其大幅地提高电机额定电压。

首先，因电机有高速旋转部分，不可能像变压器、电缆那样把它全浸在绝缘油里。而固体绝缘不浸渍油里，其电气性能将受到气体的影响而显著降低。

其次，电机定子铁芯的尺寸本来很小，如果再提高额定电压，势必要增加槽内绝缘厚度，为此，只有减小槽内铜线的截面面积，那么满槽率（槽内铜导线的截面与整个线槽截面之比）将更低。而且绝缘越厚，向外散热就越困难。这样也就限制了电机额定电压的提高。

旋转电机的绝缘在运行中主要受到热的、机械的和电场的作用。

运行中，电机的热量不仅来自铜损、铁损、介质损耗等，还有由于高速旋转的摩擦等所产生的发热。在长期较高温度下，会引起电机绝缘老化。此外，运行中随温度的变化，各种材料也发生膨胀或收缩，当处在一起的几种材料膨胀系数不一样时，将引起绝缘的分层、开裂等情况。

由于电机是在旋转中运行，绝缘绕组不但受到交变电流引起的周期性的电动力作用，而且不断地受到机械振动。因此，电机绝缘容易松动、变形以致损坏。

电机绝缘长期在交流电压下运行，绝缘内部空气隙里或绝缘与芯槽间的空气层里及绝缘的表面，都可能发生局部放电，由此引起的热、电、化学腐蚀也会使绝缘迅速老化。随着绝缘老化过程的发展，其在过电压或试验电压下易发生击穿，有时甚至在工作电压下也可能发生击穿。

二、旋转电机常用的绝缘材料

旋转电机常用的绝缘材料主要有云母制品、绝缘漆和漆布等。

（一）云母制品

云母是一种硅酸盐矿物晶体，它有很好的电气性能和机械性能，耐热、耐燃、化学性质稳定，很少吸水，具有非常好的耐电性能。在高压旋转电机绝缘中，迄今尚无其他材料可与之比拟。

云母制品由云母、补强材料（如玻璃布，有的云母制品没有补强材料）和黏合剂组成，是电机（特别是高压电机）中极为重要的绝缘材料。云母制品按用途分为云母板、云母箔、云母带三大类。云母板是云母片和黏合剂（如虫胶）一起经加工压制而成，用作电机的绝缘衬垫，也可以制成不同形状的绝缘零件，如绝缘管子等。云母箔是将云母片用黏合剂黏合在整张薄纸上制成，主要用于电机直线部分的绝缘。

过去用沥青作黏合剂，以纸或绸布为补强材料，与片云母制成沥青云母带，作为高压电机绕组对地绝缘。沥青云母带的缺点是因片云母来源稀缺而使其成本很高。此外沥青是热塑性材料软化点低，纸和绸也都是耐热性较低的有机纤维材料，以致沥青云母带耐热等级仅为A级、极限温度为105℃。

目前广泛用环氧粉云母带代替沥青云母带，作为高压电机绕组对地绝缘。环氧粉云母带使用耐热性和机械性能都较好的环氧树脂作黏合剂，以粉云母代替片云母，以玻璃丝带作补强材料制成。因此，环氧粉云母带的电气性能、机械性能及耐热性能都大为提高，很适合作为大型旋转电机的绝缘材料。目前环氧粉云母带还有一些缺点，如贮存期短、生产应用不便、热态机械性能较差等，有待进一步改进。

（二）绝缘漆和漆布

绝缘漆由漆基（沥青、树脂、干性油等）、溶剂或稀释剂（苯、甲苯等）和辅助材料（着色、防腐剂等）三部分组成。绝缘漆按用途分为浸渍漆、覆盖漆、黏合漆三种。

浸渍漆用于浸渍电机绕组及纤维材料，以提高绝缘的电气性能、导热性、耐热性、耐潮湿性以及绕组的整体性。覆盖漆又叫涂刷漆，是涂在已浸渍过的绝缘表面，以加强绝缘的机械性，使绝缘光滑、防潮、防尘等。黏合漆用以黏合各种绝缘材料，如云母、纸、布等。漆布是棉布或玻璃丝布在绝缘漆中浸渍干燥后制成的柔软绝缘材料，多用于高压电机绝缘外层的防护层。漆布与青壳纸复合，也可用于中小型低压电机的槽绝缘。

三、旋转电机常用的绝缘结构

旋转电机的绝缘一般可分为主绝缘、匝间绝缘、股间绝缘和层间绝缘。主绝缘是指绕组对机身和其他绕组间的绝缘，一般也称对地绝缘；匝间绝缘是同一绕组中各线匝间的绝缘；股间绝缘指并联的各股导线间的绝缘；层间绝缘是绕组上下层间的绝缘。旋转电机定子主绝缘的结构可以分为套筒式（又叫衬套式）和连续式。

（一）套筒式绝缘

套筒式绝缘是在电机绕组的直线部分用大张云母箔包绕到所需厚度，然后经过钢模热压而成。绕组端部则是用云母带作螺旋状包绕。包绕时，后一圈绝缘带要将前一圈搭盖上一半，称为半叠包绕；达到所需厚度后外面再绕一层漆布作保护层。在直线部分与端部绝缘交接处包绕成反锥形，以增加沿绝缘间隙表面的放电距离，即增加所谓的爬电距离。

套筒式绝缘工艺简单、成本较低、绝缘表面平整光滑。但是，由于直线部分与端线部分的绝缘存在接缝，即使采用反锥形使爬电距离大为增加，这里也仍然是电和机械的薄弱点，其击穿电压仅为槽部的20%～40%；另外，大张的云母箔烘卷时，常在层间留下气隙，容易产生局部放电，介质损耗较大。目前，国外一些厂家仍然采用这种绝缘结构，我国大型电机的制造则不予采用，而是采用连续式绝缘结构。

（二）连续式绝缘

连续式绝缘是在整个绕组上采用同一种绝缘带半叠包绕若干层，以达到所需厚度，然后再外包几层纱布带，进行真空压力浸渍沥青胶，再解除外层纱布带而成。用作连续式绝缘的绝缘带材料在不断发展中，前已述及，过去主要是用沥青片云母带，近年来越来越广泛地应用新绝缘材料，如环氧粉云母带等。

连续式绝缘的直线部分和端部都是同一种绝缘，没有套筒式那样的两种绝缘间的接缝，直线与端线交接处的绝缘跟槽部绝缘的电气强度相同。另外，由于经过真空压力浸胶，绝缘内部气隙极少，所以不容易产生局部放电，介质损耗小。但是，连续式绝缘的工艺复杂、成本较高。还有，在运行过程中，在热和机械的作用下，连续式绝缘容易产生松动和分裂，特别是槽口部分更是如此，从而显著降低该处的电气强度。此外，由于浸渍沥青胶，受沥青软化点温度限制，连续式绝缘运行允许温度较低。

四、旋转电机中的电场分布及防电晕措施

（一）旋转电机中的电场分布

在旋转电机定子槽部的绕组与槽壁间存在一定的空气间隙，这样在具有高电位的导线与具有零电位的铁芯之间既有固体绝缘层，又有薄层空气间隙，两层介质互相串联，由于空气的介电常数比固体绝缘的小，因此在交流电压下电机槽部薄层空气隙中的电场较强，而空气的耐电强度远比电机的固体绝缘低（如环氧云母带的耐电强度不小于260kV/cm，而空气的约为30kV/cm），所以电机槽部薄层空气隙最容易发生电晕放电。另外，定子铁芯槽部的棱角比较突出，特别是通风道处更是这样，这些地方电场强度很高，空气层更容易发生放电。

电机绕组在制造过程中，尽管经过热压或浸胶，绝缘中难免存在气隙，这些气隙在高电压作用下也要发生电晕放电。

高压电机端部槽口处的电场分布更为不均匀，不但存在垂直绝缘表面的电场分量，而且存在很强的沿绝缘表面的电场切线分量。由于导线对地（铁芯）电容和绝缘

层的体积电容的分布作用，体积电容电流分布不均匀，越是靠近槽口，电容电流越大，沿绝缘的电位梯度越高，电场越强，这里的气隙越是容易发生电晕放电，因此电机端部槽口处的电晕常常比槽内的更为严重。

（二）旋转电机的防电晕措施

电晕放电的危害很大，从实践中可以看到，电晕放电会使电机绝缘表面出现白色或黄色粉末，严重时可以使绝缘表面烧成许多如虫蛀的小洞，明显地缩短电机的使用寿命。因此，无论是制造厂还是运行部门都十分重视电机的防电晕问题。

1.电机槽部的防电晕措施

（1）改善工艺、改善材料，以尽量减少由于制造或运行带来的绝缘内部的气隙。

（2）在绕组的外层包以半导体玻璃丝带，在定子绕组下线前将定子槽内壁涂以半导体漆，从而将绕组固体绝缘与铁芯间的气隙短路，减小气隙上所承担的电压，以抑制电晕的发生。

（3）下线以后，绕组应压紧密，若间隙过大，用半导体适形材料或半导体波纹板等塞紧。

以上槽部所用半导体材料，一般要求其表面电阻率在$10 \sim 10^3 \Omega \cdot m$内，若太低，有可能将铁芯硅钢片间短路而增加铁损。

2.电机绕组出槽口处的防电晕措施

电机绕组出槽口处的防电晕措施主要是设法改善沿面电压分布不均匀性。具体方法如下：

（1）沿出线处的端部绝缘表面涂半导体漆或包半导体带，其电阻率为$10^6 \sim 10^8 \Omega \cdot m$，增大表面的电导电流，以减小由于电容电流的作用带来的电位分布不均匀性。

对于额定电压较高的电机，还可以将半导体层分为多级，离槽口越近，所用半导体阻值越小。

近年来，国内外不少电机厂采用碳化硅半导体漆，由于它属于非线性半导体材料，其阻值随外加电场强度的增高而减小，如槽口处场强过高，它就自动降低阻值，减小该处场强，从而自动调节电位分布。

（2）采用内屏蔽方法就像高压套管那样，在绝缘层中加进不同长度的均压极板（内屏蔽），通过强制内部场强较均匀分布来改善绝缘表面的电场分布。内屏蔽层数不宜过多，1～2层即可，而且宜与绝缘层外的半导体层配合使用。内屏蔽的材料现在用的是半导体玻璃丝布。

第二章　电气设备绝缘测量与试验

第一节　绝缘电阻和吸收比测量

用兆欧表来测量电气设备的绝缘电阻是一种简单易行的绝缘试验方法。绝缘电阻的测量在设备维护检修时，广泛地用作常规的绝缘试验。

一、兆欧表的工作原理

兆欧表（亦称摇表）是测量设备绝缘电阻的专用仪表，它以手摇直流发电机（也可能是交流发电机通过晶体二极管整流代替）作为电源，它的测量机构为流比计，它有两个绕向相反且互相垂直固定在一起的电压线圈和电流线圈，它们处在同一个永磁磁场中，它可带动指针旋转，由于没有弹簧游丝，故没有反作用力矩，当线圈中没有电流时，指针可以停留在任意位置。

二、绝缘电阻的测试方法

测量时将端子接于套管的法兰上，将另一端接于导电芯柱，如果不接屏蔽端子，则从法兰沿套管表面的泄漏电流和从法兰至套管内部体积的泄漏电流均流过电流线圈，此时兆欧表测得的绝缘电阻值是套管的体积电阻和表面电阻的并联值。为了保证测量的精确，避免由于表面受潮等而引起的测量误差，可在导电芯柱附近的套管表面缠上几匝裸铜丝（或加一金属屏蔽环），并将它接到兆欧表的屏蔽端子上，此时由法兰经套管表面的泄漏电流将直接回到发电机负极，而不经过电流线圈，这样测得的绝缘电阻便消除了表面泄漏电流的影响。故兆欧表的端子起着屏蔽表面泄漏电流的作用。

测量绝缘电阻时规定以加电压后 60s 测得的数值为该被试品的绝缘电阻值。当被试品中存在贯穿的集中性缺陷时，反映泄漏电流的绝缘电阻将明显下降，用兆欧表测量时，便可很容易发现，在绝缘预防性试验中所测得的被试品的绝缘电阻值应等于或大于一般规程所允许的数值。但对于许多电气设备，反映泄漏电流的绝缘电阻值往往变动很大，它与被试品的体积、尺寸、空气状况等有关，往往难以给出一定的判断绝缘电阻的标准。通常把处于同一运行条件下，不同相的绝缘电阻值进行比较，或者把本次测得的数据与同一温度下出厂或交接时的数值及历年的测量记录相比较，与大修前后和耐压试验前后的数据相比较，与同类型的设备相比较，同时还应注意环境的可比条件。比较结果不应有明显的降低或有较大的差异，否则应予以注意，对重要的设备必须查明原因。

常用的兆欧表的额定电压有500V、1000V、2500V及5000V等几种，高压电气设备绝缘预防性试验中规定，对于额定电压为1000V及以上的设备，应使用2500V的兆欧表进行测试；而对于1000V以下的设备，则使用1000V的兆欧表。

三、吸收比的测量

对于电容量较大的设备，如电机、变压器等，我们还可以利用吸收现象来测量其绝缘电阻值随时间的变化，以判断其绝缘状况，通常测定加压后15s的绝缘电阻值和60s时的绝缘电阻值，并把后者对前者的比值称为绝缘的吸收比；对于大容量试品，还需测定加压后10min的绝缘电阻值和1min时的绝缘电阻值，把前者对后者的比值称为极化指数。

对于不均匀试品的绝缘（特别是对B级绝缘），如果绝缘状况良好，则绝缘的吸收比远大于1，吸收现象特别明显。如果绝缘受潮严重或是绝缘内部有集中性的导电通道，由于泄漏电流大增，吸收电流迅速衰减，使加压后60s时的电流基本上等于15s时的电流，绝缘的吸收比值将大大下降，约等于1。因此，利用绝缘的吸收曲线的变化或吸收比值的变化，可以有助于判断其绝缘状况。

需要注意的是，有些设备的集中性缺陷虽已发展得很严重，以致在耐压试验中被击穿，但耐压试验前测出的绝缘电阻值和吸收比均很高，这是因为这些缺陷虽然严重，但还没有贯穿两极的缘故。因此，只凭测量绝缘电阻和吸收比来判断绝缘状况是不完全可靠的，但它毕竟是一种简单而且有一定效果的方法，故使用十分普遍。

四、测量结果分析

测量绝缘电阻和吸收比能发现绝缘中的贯穿性导电通道、受潮、表面脏污等缺陷，因为存在此类缺陷时绝缘电阻会显著降低；但不能发现绝缘中的局部损伤、裂缝、分层脱开、内部含有气隙等局部缺陷，这是因为兆欧表的电压较低，在低电压下这类缺陷对测量结果实际上影响很小。

五、影响因素

（1）温度的影响：一般温度每下降10℃，绝缘电阻增加到原来的1.5～2倍。为了比较测量结果，需将测量结果换算成同一温度下的数值。

（2）湿度的影响：绝缘表面受潮（特别是表面污秽）时，沿绝缘表面的泄漏电流增大，泄漏电流流入电流线圈中，将使绝缘电阻读数显著下降，引起错误的判断。为此，必须很好地清洁被试品绝缘表面，并利用屏蔽电极接到兆欧表的屏蔽端子的接线方式，以消除表面泄漏电流的影响。

六、测量绝缘电阻时的注意事项

（1）测试前应先拆除被试品的电源及对外的一切连线，并将其接地，以充分释放残余电荷。

（2）测试时以额定转速（约120r/min）转动兆欧表把手（不得低于额定转速的80%），待转速稳定后，接上被试品，兆欧表指针逐渐上升，待指针读数稳定后，开始读数。

（3）对大容量的被试品测量绝缘电阻时，在测量结束前，必须先断开兆欧表端子与被试品的连线，再停止转动兆欧表，以免被试品的残余电荷对兆欧表反充电而损坏兆欧表。

（4）兆欧表的线路端与接地端引出线不要靠在一起，接线路端的导线不可放在地上。

（5）记录测量时的温度和湿度，以便进行校正。在湿度较大条件下测量时，必须加以屏蔽。

第二节　介质损耗角正切的测量

介质损耗角正切值是在交流电压作用下，电介质中电流的有功分量与无功分量的比值，它是一个无量纲的数。在一定的电压和频率下，它反映电介质内单位体积中能量损耗的大小，它与电介质体积、尺寸、大小无关。由于绝缘的状态跟绝缘体的能耗有对应的关系，因此从测得的正切值数值能直接了解绝缘情况。

介质损耗角正切值的测量是判断绝缘状况的一种比较灵敏和有效的方法，从而在电气设备制造、绝缘材料的鉴定以及电气设备的绝缘试验等方面得到了广泛的应用，特别对受潮、老化等分布性缺陷比较有效，对小体积设备比较灵敏，因而介质损耗角正切值的测量是绝缘试验中一个较为重要的项目。

因套管绝缘其体积小，故介质损耗角正切值测量是一项必不可少且较为有效的试验。当固体绝缘中含有气隙时，随着电压的升高，气隙中将产生局部放电，使正切值急剧增大，因此在不同电压下测量正切值，不仅可判断绝缘内部是否存在气隙，而且可以测出局部放电的起始电压，显然起始电压的值不应低于电气设备的工作电压。

在用介质损耗角正切值判断绝缘状况时，除应与有关标准规定值进行比较外，同样必须与该设备历年的正切值以及与处于同样运行条件下的同类型其他设备相比较。即使正切值未超过标准，但当与历史数据或与同样运行条件下的同类型其他设备比，正切值有明显增大时，必须进行处理，以免在运行中发生事故。

第三节　局部放电的测量

局部放电是指电气设备绝缘系统中有部分绝缘被击穿的电气放电现象，是由绝缘局部区域内的弱点造成的。常用的固体绝缘不可能做得十分纯净致密，总会不同程度地包含一些分散性的异物，如各种杂质、水分、小气泡等。在外加电压作用下，这些异物附近将出现比周围更高的电场强度。当外加电压高到一定程度时，这些部位的电场强度超过了该处杂质的电离场强，使之产生电离，即发生局部放电。

局部放电的存在虽然不会使电气设备的绝缘立即发生贯穿性击穿，但它所产生的物理和化学效应却会引起绝缘缺陷进一步扩大，导致绝缘的长期耐电强度降低，达到一定程度后甚至会导致绝缘的击穿和损坏。因此，根据绝缘在不同电压下的局部放电强度和变化趋势，就能判断绝缘内部是否存在局部缺陷，预示绝缘的状况，估计绝缘电老化的速度。局部放电的测量是绝缘试验的一项重要内容。按《电力设备预防性试验规程》规定，对于变压器、互感器、套管、电容器等电气设备的绝缘预防性试验，都要进行局部放电的测量。

一、局部放电的检测方法

（一）非电检测法

1.噪声检测法

用人的听觉检测局部放电是最原始的方法之一，显然这种方法灵敏度很低，且带有试验人员的主观因素。改用超声波探测仪等做非主观性的声波和超声波检测，常被用作放电定位。

近年来，采用超声波探测仪的情况越来越多，其特点是抗干扰能力相对较强、使用方便，可以在运行中或耐压试验时检测局部放电，适合预防性试验的要求。超声波探测仪进行局部放电的工作原理：当绝缘介质内部发生局部放电时，在放电处产生的超声波向四周传播，直达电气设备外壳的表面，在设备外壁贴装压电元件，在超声波的作用下，压电元件的两个端面上会出现交变的束缚电荷，引起端部金属电极上电荷的变化或在外电路中引起交变电流，由此指示设备内部是否发生了局部放电。

2.光检测法

沿面放电和电晕放电常用光检测法进行测量，且效果很好。绝缘介质内部发生局部放电时会释放光子而产生光辐射。不过，测量局部放电所发出的光量只有在透明介质的情况下才能实现，有时可用光电倍增器或影像亮化器等辅助仪器来增加检测灵敏度。

3.化学分析法

用气相色谱仪对绝缘油中溶解的气体进行气相色谱分析，是20世纪70年代发展起来的试验方法。通过分析绝缘油中溶解的气体成分和含量，能够判断设备内部隐藏的缺陷类型。其优点是能够发现充油电气设备中一些用其他试验方法不易发现的局部性缺陷（包括局部放电）。例如，当设备内部有局部过热或局部放电等缺陷时，其附近的油就会分解而产生烃类气体及H_2、CO、CO_2等，它们不断溶解到油中。局部放电所引起的气相色谱特征是C_2H_2和H_2的含水量较大。这种方法灵敏度高、操作简便，且设备不需停电，适合绝缘在线诊断，获得了广泛应用。

（二）电气检测法

1.无线电干扰测量法

由于局部放电会产生频谱很宽的脉冲信号（从几千赫到几十兆赫），所以可以利用无线电干扰仪测量局部放电的脉冲信号。

2.介质损耗法

由于局部放电伴随着能量损耗，所以可以利用电桥来测量被试品的介质损耗角正切值随外加电压的变化，由局部放电损耗变化来分析被试品的状况。

二、测量结果的分析判断

局部放电试验与其他绝缘试验的主要区别在于它能检测出绝缘中存在的局部缺陷。局部放电的强度比较小时，说明绝缘中的缺陷不太严重；局部放电的强度比较大时，则说明缺陷已扩大到一定程度，而且局部放电对绝缘的破坏作用加剧。试验规程规定了某些设备在规定电压下的允许视在放电电荷量，可将测量结果与规定值进行比较。如果规程中没有给出规定值，则应在实践中积累数据，以获取判断标准。

三、注意事项

测量局部放电时，除了一些高压试验的注意事项外，还必须注意：

（1）试验前，被试品的绝缘表面应当清洁干燥，大型油浸式试品移动后需停放一定时间，试验时试样的温度应处于环境温度。

（2）测量时应尽量避免外界的干扰源，有条件最好用独立电源。试验最好在屏蔽室内进行。

（3）高压试验变压器、检测回路和测量仪器三者的地线需连成一体，并应单独用一根地线，以保证试验安全和减少干扰。高压引线应注意接触可靠和静电屏蔽，并远离测量线和地线，以避免假信号引入仪器。

（4）仪器的输入单元应接近被试品，与被试品相连的线越短越好，试验回路尽可能紧凑，被试品周围的物体应良好接地。

第四节　工频耐压试验

工频耐压试验是鉴定电气设备绝缘强度最有效和最直接的方法。它可用来确定电气设备绝缘的耐受水平，可以判断电气设备能否继续运行，是避免在运行中发生绝缘事故的重要手段。

工频耐压试验时，对电气设备绝缘施加比工作电压高得多的试验电压，该试验电压称为电气设备的绝缘水平。耐压试验能够有效地发现导致绝缘抗电强度降低的各种缺陷。为避免试验时损坏设备，工频耐压试验必须在一系列非破坏性试验之后再进行，只有经过非破坏性试验合格后，才允许进行工频耐压试验。

按国家标准规定，进行工频交流耐压试验时，在绝缘上施加工频试验电压后，要求持续1min，这个时间的长短一是为保证全面观察被试品的情况，同时也能使设备隐藏的绝缘缺陷暴露出来。该时间不宜太长，以免引起不必要的绝缘损伤，使原本合格的绝缘发生热击穿。运行经验表明，凡经受得住1min工频耐压试验的电气设备，一般都能保证其安全运行。

一、工频试验变压器

产生工频高压最主要的设备是工频高压试验变压器，它是高压试验的基本设备之一，工频试验变压器的工作原理与电力变压器相同，但由于用途不同，工频试验变压器又独有一些特点。

（一）工频试验变压器的特点

工频高压试验变压器的工作电压很高，一般都做成单相的，变比较大，而且要求工频试验变压器的工作电压可在很大的范围内调节。由于其工作电压高，对绕组绝缘需作特别考虑，为减轻绝缘的负担，应使绕组中的电位分布尽量保持均匀，这就要适当固定某些点的电位，以免在试验中因被试品绝缘损坏发生放电所引起的过渡过程使电位分布偏离正常情况太多，从而避免导致其绝缘损坏。当试验变压器的电压过高时，试验变压器的体积很大，出线套管也较复杂，给制造工艺带来很大的困难。故单个的单相试验变压器的额定电压一般只做到750kV，更高电压时可采用串级获得。三相的工频高压试验变压器用得很少，必要时可用三个单相试验变压器组合成三相。

工频试验变压器工作时，不会受到大气过电压或电力系统内过电压的作用，而且不是连续运行，因此其绝缘裕度很低。在使用时应该严格控制其最大工作电压不超过其额定值。工频试验变压器的额定容量应满足被试品击穿（或闪络）前的电容电流和泄漏电流的需要，在被试品击穿或闪络后能短时地维持电弧。这就是说，试验变压器的容量应保证在正常试验时被试品上有必需的电压，且在被试品击穿或闪络时，应保证有一定的短路电流，所以试验变压器的容量一般是不大的。

工频试验变压器的高压侧额定电流在0.1～1A，电压在250kV及以上时，一般为1A。

对于大多数试品，一般可以满足试验要求。由于工频试验变压器的工作电压高，需要采用较厚的绝缘及较宽的间隙距离，所以其漏磁通较大，短路电抗值也较大，试验时允许通过短时的短路电流。

工频试验变压器在使用时间上也有限制，通常均为间歇工作方式，一般不允许在额定电压下长时间的连续使用，只有在电压和电流远低于额定值时才允许长期连续使用。由于工频试验变压器的容量小、工作时间短，因此，工频试验变压器不需要像电力变压器那样装设散热管及其他附加散热装置。

工频试验变压器大多数为油浸式，分为金属壳及绝缘壳两类。金属壳变压器又可分为单套管和双套管两类。单套管变压器的高压绕组一端接外壳接地，另一端（高压端）经高压套管引出，如果采用绝缘外壳，就不需要套管了；双套管变压器的高压绕组的中点通常与外壳相连，两端经两个套管引出，这样，每个套管所承受的电压只有额定电压的一半，因而可以减小套管的尺寸和质量，当使用这种形式的试验变压器时，若高压绕组的一端接地，则外壳应当按额定电压的一半对地绝缘起来。

（二）串接式工频试验变压器

当单台工频试验变压器的额定电压提高时，其体积和质量将迅速增加，不仅在绝缘结构的制造上带来困难，而且费用也大幅度增加，给运输上亦增加了困难，因此对于需要500～750kV以上的工频试验变压器时，常将2～3台较低电压的工频试验变压器串接起来使用。这在经济、技术和运输方面都有很大的优点，使用上也较灵活，还可将两台接成二相使用，万一有一台试验变压器发生故障，也便于检修，故串接装置目前应用较广。

二、调压方式

（一）对工频试验变压器调压的基本要求

（1）电压可由零至最大值之间均匀地调节；

（2）不引起电源波形的畸变；

（3）调压器本身的阻抗小、损耗小，不因调压器而给试验设备带来较大的电压损失；

（4）调节方便、体积小、质量轻、价廉等。

（二）常用的调压方式

（1）用自耦调压器调压。自耦调压器是最常用的调压器，其特点为调压范围广、漏抗小、功率损耗小、波形畸变小、体积小、质量轻、结构简单、价格低廉、携带和使用方便等。当工频试验变压器的容量不大（单相不超过10kV·A）时，该调压方式被普遍使用。但由于它存在滑动触头，当工频试验变压器的容量较大时，调压器滑动触头与线圈接触处的发热较严重，因此这种调压方式只适用于小容量工频试验变压器中的调压。

（2）用移圈式调压器调压。用移圈式调压器调压不存在滑动触头及直接短路线匝的问题，功率损耗小，容量可做得很大，调压均匀。但移圈式调压器本身的感抗较大，且随调压的状态而变，波形稍有畸变，这种调压方式被广泛地应用在对波形的要求不是十分严格，额定电压为100kV及以上的工频试验变压器上。

（3）用单相感应调压器调压。调压性能与移圈式调压器相似，对波形的畸变较小，但调压器本身的感抗较大，且价格较贵，故一般很少采用。

（4）用电动机—发电机组调压。这种调压方式不受电网电压质量的影响，可以得到很好的正弦电压波形和均匀的电压调节。如果采用直流电动机做原动机，则还可以调节试验电压的频率。但这种调压方式所需要的投资及运用费用都很大，运行和管理的技术水平要求也较高，故这种调压方式只适用于对试验要求很严格的大型试验基地。

三、工频高压的测量

在工频耐压试验中，试验电压的准确测量也是一个关键的环节。工频高压的测量应该既方便又能保证有足够的准确度，其幅值或有效值的测量误差应不大于3%。测量工频高压的方法很多，概括起来讲可以分为两类：低压侧测量和高压侧测量。

（一）低压侧测量

低压侧测量的方法是在工频试验变压器的低压侧或测量线圈（一般工频试验变压器中设有仪表线圈或称测量线圈，它的匝数一般是高压线圈的1/1000）的引出端接上相应量程的电压表，然后通过换算，确定高压侧的电压。在一些成套工频试验设备中，还常常把低压侧电压表刻度换算成高压侧的电压刻度，使用更方便。这种方法在较低电压等级的试验设备中，应用很普遍。由于这种方法只是按固定的匝数比来换算的，实际使用中会有较大高电压工程的误差，一般在试验前应对高压与低压之比予以校验。有时也将此法与其他测量装置配合，用于辅助测量。

（二）高压侧测量

在工频试验变压器高压侧直接测量工频高压的方法有以下几种：

（1）用静电电压表测量工频电压的有效值。静电电压表是试验现场常用的高压测量仪表。测量时，将静电电压表并接于被试品的两端，即可直接读出加于被试品上的高电压值。

（2）用球隙测量工频电压的幅值。测量球隙是由一对相同直径的铜球构成。当球隙之间的距离与铜球直径之比不大时，两铜球间隙之间的电场为稍不均匀电场，放电时延很小，伏秒特性较平，分散性也较小。在一定的球隙距离下，球隙间具有相当稳定的放电电压值。因此，球隙可以用来测量交流电压的幅值，也可用来测量直流高压和冲击电压的幅值。测量球隙可以水平布置（直径25cm以下大都采用水平布置），也可作垂直布置。使用时，一般一极接地。测量球隙的球表面要光滑，曲率要均匀。使用时下球极接地，上球极接高压。标准球径的球隙放电电压值与球间隙距离的关系已制成国际通用的标准表，利用球隙放电现象及查表就可以得到测量电压值。

四、试验分析

对于绝缘良好的被试品，在工频耐压试验中不应击穿，被试品是否击穿可根据下述现象来分析。

（1）根据试验回路接入表计的指示进行分析：一般情况下，电流表指示突然上升，说明被试品击穿。

（2）根据控制回路的状况进行分析：如果过流继电器整定适当，在被试品击穿时，过流继电器应动作，使自动空气开关跳闸；若过流继电器整定值过小，可能在升压过程中，因电容电流的充电作用而使开关跳闸；当过流继电器的整定值过大时，即使被试品放电或小电流击穿，继电器也不会动作。因此，应正确整定过流继电器的动作电流，一般应整定为工频试验变压器额定电流的1.3～1.5倍。

（3）根据被试品的状况进行分析：被试品发出击穿响声或断续的放电声或出现冒烟、出气、焦臭味、闪弧、燃烧等都是不允许的，应查明原因。这些现象如果确定是绝缘部分出现的，则认为被试品存在缺陷或被击穿。

五、注意事项

（1）被试品为有机绝缘材料时，试验后应立即触摸绝缘物，如出现普遍或局部发热，则认为绝缘不良，应立即处理，然后再做试验。

（2）对夹层绝缘或有机绝缘材料的设备，如果耐压试验后的绝缘电阻值，比耐压试验前下降30%，则认为该被试品不合格。

（3）在试验过程中，若由于空气的温度、湿度、表面脏污等影响，引起被试品表面滑闪放电或空气放电，不应认为被试品不合格，需经清洁、干燥处理之后，再进行试验。

（4）试验时调压必须从零开始，不允许冲击合闸。升压速度在40%试验电压以内，可不受限制，其后应均匀升压，升压速度约为每秒钟3%的试验电压。

（5）耐压试验前后，均应测量被试品的绝缘电阻值。

（6）试验时，应记录试验环境的气象条件，以便对试验电压进行气象校正。

第五节　直流泄漏电流的测量与直流耐压试验

一、直流泄漏电流的测量

测量泄漏电流的原理和用兆欧表测量绝缘电阻的原理相同，不过直流泄漏电流试验中所用的直流电源一般均由高压整流设备供给，用微安表来指示泄漏电流，它与用兆欧表测绝缘电阻相比的优越之处是试验电压高，并可以随意调节，对不同电压等级的被试设备施以相应的试验电压，可比兆欧表测绝缘电阻更有效地发现一些尚未完全贯通的集中性缺陷，同时在试验的升压过程中，可以随时监视微安表的指示，以便及时了解绝缘情况。另外，微安表比兆欧表读数更灵敏。

（1）进行直流泄漏试验时，对被试品额定电压为35kV及以下的电气设备施加10～30kV的直流电压；对额定电压为110kV及以上的设备施加40kV的直流电压。试验时按每级0.5倍试验电压分阶段升高电压，每阶段停留1min后，微安表的读数即为泄漏电流值。与此同时，可以把泄漏电流与加压时间的关系、泄漏电流与试验电压的关系绘制成曲线图进行全面的分析。

（2）直流泄漏试验时，泄漏电流的判断标准在试验规程中作了一些规定。对泄漏电流有规定的设备，应按是否符合规定值来判断。对规程中无明确规定的设备，应进行同一设备各相之间的相互比较，或与历年的试验结果的比较及同类型的设备的互相比较，就其变化来分析判断。

二、直流耐压试验

（一）直流耐压试验方法

目前在发电机、电动机、电缆、电容器等设备的绝缘预防性试验中广泛地应用直流耐压试验。它与工频耐压试验相比，主要有以下一些特点：

（1）在进行工频耐压试验时，当被试品电容较大时，需要较大容量的试验设备，在一般情况下不容易办到。而在直流电压作用下，没有电容电流，故做直流耐压试验时，只需供给较小的（最高只达毫安级）泄漏电流，加上可以用串级的方法产生直流高压，试验设备可以做得体积小而轻巧，适用于现场预防性试验的要求。

（2）在进行直流耐压试验时，可以同时测量泄漏电流，并根据泄漏电流随所加电压的变化特性来判断绝缘的状况，以便及早地发现绝缘中存在的局部缺陷。

（3）直流耐压试验比工频耐压试验更能发现电机端部的绝缘缺陷。其原因是在交流电压作用下，绝缘内部的电压分布是按电容分布的，在交流电压作用下，电机绕组绝缘的电容电流沿绝缘表面流向接地的定子铁芯，在绕组绝缘表面半导体防晕层上产生明显的电压降落，离铁芯越远，绕组上承受的电压越小；而在直流电压下，没有电容电流流经绕组绝缘，端部绝缘上的电压较高，有利于发现绕组端部的绝缘缺陷。

（4）直流耐压试验对绝缘的损伤程度较小。工频耐压试验时产生的介质损耗较大，易引起绝缘发热，促使绝缘老化变质。对被击穿的绝缘，工频耐压试验时的击穿损伤部分面积大，增加了修复的困难。

（5）由于直流电压作用下在绝缘内部的电压分布和工频电压作用下的电压分布不同，直流耐压试验对设备绝缘的考验不如工频耐压试验接近实际运行情况。绝缘内部的气隙也不像在工频电压作用下容易产生游离、发生热击穿，相对来说，直流耐压试验发现绝缘缺陷的能力比工频耐压试验差。因此，不能用直流耐压试验完全代替工频耐压试验，两者应配合使用。

（6）直流耐压试验时，试验电压值的选择是一个重要的问题。如前所述，由于直流电压下的介质损耗小，局部放电的发展也远比工频耐压试验时弱，故绝缘在直流电压作用下的击穿强度比工频电压作用下高，在选择直流耐压试验的试验电压值时，必须考虑到这一点，并主要根据运行经验来确定。例如对发电机定子绕组，按不同情况，其直流耐压试验电压值分别取2～3倍额定电压；对油纸绝缘电力电缆，2～10kV电缆取5倍额定电压；15～30kV取4倍额定电压；35kV以上等，在强电场作用下，这些缺陷处有可能发生局部，分别取2.6、2倍的额定电压。直流耐压试验时的加压时间也应比工频耐压试验长一些，例如发电机试验电压是以每级0.5倍额定电压分阶段升高的，每阶段停留1min，读取泄漏电流值；电缆试验时，在试验电压下持续5min，以观察并读取泄漏电流值。

（二）直流高压的测量

当试验时，若被试品的电容量较大，或滤波电容器的数值较大，同时其泄漏电流又非常小时，其输出的直流电压较为平稳，此时，被试品上所加的直流电压值可在工频试验变压器的低压侧进行测量，然后换算出高压侧的直流电压值。但一般情况下，最好在高压侧进行测量。高压侧测量直流电压的方法通常有下列几种：

（1）用高值电阻串联微安表或电压表配高值电阻分压器。这两种方法是测量直流高压的常用而又比较方便的方法。使用分压器时，应选用内阻极高的电压表，如静电电压表、晶体管电压表、数字电压表或示波器等。

（2）用高压静电电压表测量直流高压的平均值。

（3）用球—球间隙测量直流高压的峰值。

第六节　冲击高压试验

电力系统中的高压电气设备，除了承受长时间的工作电压作用外，在运行过程中，还可能会承受短时的雷电过电压和操作过电压的作用。冲击高压试验用来检验高压电气设备在雷电过电压和操作过电压作用下的绝缘性能或保护性能。由于冲击高压试验本身的复杂性等原因，电气设备的交接及预防性试验中，一般不要求进行冲击高压试验。

雷电冲击电压试验采用全波冲击电压或截波冲击电压，这种冲击电压持续时间较短，约数微秒至数十微秒，它可以由冲击电压发生器产生；操作冲击电压试验采用操作冲击电压，其持续时间较长，数百至数千微秒，它可利用冲击电压发生器产生，也可利用变压器产生。许多高电压试验室的冲击电压发生器既可以产生雷电冲击电压波，也可以产生操作冲击电压波。

一、冲击电压发生器

冲击电压发生器是产生冲击电压波的装置。如前所述，雷电冲击电压波形是一个很快地从零上升到峰值然后较慢地下降的单向性脉冲电压。这种冲击电压通常可以利用高压电容器通过球隙对电阻电容回路放电而产生。

二、多级冲击电压发生器

由于受到整流设备和电容器额定电压的限制，单级冲击电压发生器的最高电压一般不超过200～300kV。但实际的冲击电压试验中，常常需要产生高达数千千伏的冲击电压，就只有多级冲击电压发生器才能做到。多级冲击电压发生器的工作原理简单说来就是利用多级电容器并联充电，然后通过球隙将各级电容器串联起来放电，即可获得幅值很高的冲击电压。适当选择放电回路中各元件的参数，即可获得所需的冲击电压波形。

冲击电压是非周期性的快速变化过程。因此，测量冲击电压的仪器和测量系统必须具有良好的瞬变响应特性。冲击电压的测量包括峰值测量和波形记录两个方面。目前，最常用的测量冲击电压的方法有：①测量球隙；②分压器—峰值电压表；③分压器—示波器。球隙和峰值电压表只能测量冲击电压的峰值，示波器则能记录波形，即不仅能指示冲击电压的峰值，而且能显示冲击电压随时间的变化过程。

第三章　高压断路器与操作机构的检修及维护

第一节　真空断路器的检修及维护

一、检修周期与项目

（一）概述

真空断路器具有灭弧能力强、分断能力高；触头电磨损小、电寿命长；触头开距小、机构操作力小、机械寿命长；结构简单、维修方便等优点。真空断路器采用了特制的真空元件，随着近年来制造工艺水平的提高，灭弧室部分故障明显降低。根据运行部门和检修部门的统计，真空断路器运行中发生的事故中，操动机构所占的比重最大，其次为一次导电部分。因此，真空断路的定期检修周期主要取决于操动机构。

（二）真空断路器的检修周期

目前，对真空断路器的检修周期没有统一的规程可依，一般根据断路器的运行状况和运行部门的具体情况来决定。建议参考以下几点进行：

1.大修

4～6年一次。

2.小修

每年进行一次。

3.临时性检修

（1）断路器存在重大缺陷影响安全运行时。

（2）正常操作（分、合负荷电流）累计次数达到厂家规定值时。

（3）开断额定短路电流次数达到厂家规定值时。

（4）真空灭弧室更换时。

（三）检修维护项目

1.定期检修

真空断路器本体不需要检修，只需进行维护检查，其检修项目如下：

（1）真空断路器投运后3～6个月进行一次真空度检查，以后每隔一年检查一次。真空开关灭弧室真空度的检查包括：①查看灭弧室外观有无裂纹、破损；②查看灭弧室两端焊接面有无明显的变化、移动和脱落；③拆开拉杆与拐臂的连接轴销，用于拉动动触杆检查其是否能自动，使真空灭弧室在外部气压的作用下始终自动保持在闭合状态，当自闭力很小或不返回时，说明真空度减小；④交流耐比试验检验（3～6年一次），此方法是真空度检查简单易行的方法。

（2）接触行程检查。真空断路器灭弧室经过多次分、合负荷电流，特别是开断短路电流后，触头在电弧作用下有磨损和烧坏，一般规定电磨损不超过3mm，检查方法是测量真空开关管的接触行程并与上次测量结果做比较。如接触行程变化较小，可进行调整处理，如触头累计磨损量超过要求时应及时更换灭弧室。

（3）检查易磨损部件的磨损情况，严重的更换。

（4）检查各可动部分的紧固螺栓有无松动。真空断路器在关键部件上都由红色油漆标定位置。

（5）检查所有连接件和紧固件的状况，防止松弛和变形，传动连接杆的焊接部位有无断裂。

（6）活动摩擦的部件应添加润滑油。

（7）清扫支柱绝缘子、绝缘拉杆、灭弧室动静触头两端的绝缘支撑杆和真空灭弧室绝缘外壳表面的灰尘，保持真空断路器的清洁。

（8）按真空断路器的试验项目、周期和要求进行试验。

2.临时检修

重点对需要临时检修的项目进行检修，同时对有条件检修的部分进行检修。

二、真空断路器的检修与调试

（一）真空灭弧室真空度测定

（1）真空灭弧室的真空失效有以下两种情形

①机械寿命终了，波纹管破裂或其他意外事故导致灭弧室外壳破裂漏气，使灭弧室处于大气状态。这样的灭弧室工作时会产生击穿，灭弧室的颜色会因大气中的水气作用而改变，比较容易判断。

②真空泡并非处于大气状态，而是由于种种原因，使灭弧室内压强高于允许值，使灭弧室不能正常工作，比较难以判断。

（2）通常检查真空度的方法有以下三种

①观察法：观察开断电流时的弧光。正常开断时弧光为淡青色。经屏蔽罩反射后呈黄绿色；若颜色为紫红色，可能真空失效。

②工频耐压法：这是一种比较可靠的检查方法。将灭弧室两触头拉至额定开距，逐渐增大触头间的工频电压，如灭弧室不能耐受额定工频耐受电压1min，即可认为灭弧室真空度不合格。此外，工频试验时要注意：真空灭弧室的触头要保持在额定开距。对整机来说，只要分闸即可。

③真空度测试仪测试法：这是一种比较准确的方法。使用这种仪器可以迅速准确地测出灭弧室内真空度高低。

（二）真空灭弧室的更换

当真空断路器开断短路电流达到技术条件所规定的次数后，在定期检查后若发现漏气，应更换。

1.更换应遵循的规则

安装新灭弧室之前，必须将导电接触面砂光。装配后，其动导电杆必须仔细调整，使其保持在灭弧室的中间。安装完毕后做工频耐压试验。测量并调整行程至合格、测回路电阻。

全部合格后，必须进行不带负载电动操作，数次后方能投入运行。

2.更换程序（ZN28-10为例）

（1）拆卸：断路器分闸—拆下导电杆导向板—拆下拐臂—拆下导电夹紧固杆—拧下绝缘子固定螺栓—拧下真空灭弧室静端面固定螺栓—取下灭弧室。

（2）安装：断路器分闸—灭弧室装入静支架并拧紧真空灭弧室静端固定螺栓—

安装上动支架—拧紧绝缘子的固定螺柱—拧紧导电夹紧固螺杆—装上拐臂—安装上导电杆导向板。

安装导杆时，导杆与动导电杆间加调整垫圈，螺旋导杆，使导杆上端伸出导向板5±1mm。紧固后，灭弧室不应受弯矩，变曲变形，不得大于0.5mm。动支架安装时不得压在导向套上，动支架与导向套之间的间隙为0.5～1.5mm。

（三）主要调试指标与调试（ZN28−10为例）

1.额定开距

触头开距指断路器在分闸状态时，灭弧室动、静触头间的距离。根据使用电压的不同，触头开距的选择一般为3～6kV，开距为8～10mm；12kV开距为10～15mm；40.5kV开距为20～25mm。开距对灭弧室工作影响很大，开距尺寸从零开始增大，绝缘水平也随之提高。当开距增大到某一数值后，绝缘水平的变化就不明显了，若继续增大开距，将严重影响真空灭弧室的机构寿命。ZN28−10的标准规定为11±1mm。

（1）测量方法：在灭弧室动、静触头刚接触时，参照灭弧室固定部件上一点在动触杆上标记一点位置，然后将动触杆分闸到位，参照固定部件同一点，在动触杆上再标记一点，动触杆上两点之间的距离即为触头开距。

（2）调整方法：

①旋转与真空泡动导电杆的连接杆，若开距大，则松几扣；反之，则紧几扣。

②增减缓冲器垫法：增加厚度可减小开距，反之则增大开距。（此法仅适用于以限位器为橡皮垫或毡垫的开关）

2.超行程

超行程也称压缩行程。真空开关的超行程与少油开关超行程的概念完全不一样。它指的是动触头由分闸位置运动至静触头接触后，断路器触头弹簧被压缩的位移。ZN28−10的标准规定为4±1mm。压缩行程调整很重要，其重要性在于：

（1）在一定程度的电磨损状态下，保证触头有较大的接触压力。

（2）保证动触头合闸过程中的缓冲。

（3）提高断路器的刚分速度，改善灭弧性能。

3.分、合闸速度的测量与调整

断路器的分、合闸速度，一般是指触头在闭合前或分离后一段行程内的平均速度。真空断路器在出厂前，分、合闸速度已由厂家调试合格，故在安装和检修中一般可不再测试，但出现下列情况之一时，必须进行测试：

（1）更换了真空灭弧室。

（2）重新调整了触头行程。

（3）更换或改变了触头弹簧、分闸弹簧或弹簧机构的合闸弹簧。

（4）操动机构、传动机构解体检修后，应注意以下两点：

①速度的测量：真空断路器测量合与分的速度要用真空开关机械特性测试仪来完成。

②调整：调节分闸弹簧的长度可以使合分速度达到标准值。

调整注意：分闸弹簧拉紧后，可提高分闸的速度和时间。但同时降低了合闸速度和加长了合闸时间，应综合考虑。

（5）三相不同期：指三相分合闸的最先、最后的时间差。其测量与速度测量一起做。

调整时，结合压缩行程调整，通过旋转动触杆连接，可以调整三相触头分、合闸时触头接触和分离时的同步性。

（6）测量每相导电回路的电阻。

（7）断路器每相间、断口间及对地的工频耐压试验。

第二节　SF_6断路器的检修及维护

一、SF_6断路器原理概述

（一）SF_6气体的特性

SF_6气体是由法国两位化学家Moissan和Lebeau合成的，后成功地作为高压开关及其设备的绝缘和灭弧介质。如今，在高压、超高压及特高压领域，SF_6气体几乎成为断路器和组合电器（GIS，gas insulated metal-enclosed switchgear）的唯一绝缘和灭弧介质。其特性如下：

（1）SF_6是一种无色、无味、无臭、不燃亦不助燃，在常温下化学性能稳定的惰性气体。常温下，密度为空气的5倍；常压下，升华温度为－63.8℃，常温下，直至$21\times 9.8\times 10^4$Pa的气压下仍为气态。所以它的压力与温度的关系能遵守理想的气体定律。

（2）SF_6气体热导率低，但由于其黏度较低且密度较高，热容量大，故总的热传导能力高于空气2～5倍。

（3）SF_6气体分子结构呈正八面体，属于完全对称型。被激励的硫原子与6个氟原子间的极强的共价键相连，键合距离小，键合能量高，化学性能稳定，不易电离。

（4）SF_6气体分子具有强负电性，而且体积大，容易捕获电子吸收其能量，生成低活动性的稳定负离子。在电场力作用下，负离子较自由电子自由行程短，运动速度慢，复合过程强烈。因此，在9.8×10^4Pa气压下，其绝缘性能超过空气2倍，在$3\times 9.8\times 10^4$Pa气压下，绝缘能力和变压器油相当。

（5）SF_6气体分子在电弧高温作用下分解为低氟化合物；一旦促使它分解的能量解除，分解物将急速再结合为SF_6。结合时间不大于10^{-6}s。因此，在电流过零时，弧隙介电强度恢复极快，大约为空气的100倍。

由于以上原因，SF_6气体具有良好的灭弧和绝缘性能。SF_6断路器具有广阔的发展前景。目前的高压断路器、SF_6断路器就是例证。

（6）纯SF_6无毒、无腐蚀性，但其分解物遇水后会变成腐蚀性电解质，会对设备的内部某些材料造成损害，酿成运行故障。通常使用的材料如铝、钢、铜、黄铜几乎不受侵蚀，但玻璃、瓷、绝缘纸及类似的材料极易损害，而且和腐蚀物质的含量有关。其他绝缘材料如环氧树脂、聚乙烯、氧化聚甲烯、聚四氟乙烯、聚氯乙烯等所受影响不大。故在断路器中应避免使用硅材料，并设置活性氧化铝、碱石灰等吸附剂，以排除SF_6气体的水分和分解物。

（7）SF_6的电晕起始电压与击穿电压相近，电晕放电容易发展成全间隙击穿。因此在运行中，不允许出现电晕，故SF_6断路器内部尽量避免棱角，采用同轴圆柱体结构。

（8）SF_6与环保。最近几年，SF_6气体与环保即与生态、大气臭氧层和温室效应逐渐受到人们的关注。纯SF_6气体无色、无味、无臭、不燃、化学性能稳定，对生态完全没有影响。溶水性极低，不会对地面水、地下水和地球构成潜在危险。

（二）SF_6断路器的分类

（1）根据SF_6断路器的电压等级在电力系统中的作用，是否要求单相重合闸的不同，可分为单相操动式和三相联动式SF_6断路器。

（2）根据结构形式的不同，可分为支柱式SF_6断路器、落地罐式SF_6断路器、气体绝缘金属封闭式组合电器用断路器等。

（3）根据所配置操动机构类型的不同，可分为液压机构式、气动机构式、弹簧机构式SF_6断路器。

（4）根据单相断口的多少，可分为单断口、多断口SF_6断路器。在多断口SF_6断路器的灭弧室中，又有带并联电容和带并联电阻之分。

（三）SF_6断路器的基本结构

SF_6断路器的基本结构主要包括：

（1）导电部分。导电部分包括动、静弧触头和主触头或中间触头以及各种形式的过渡连接等，其作用是通断工作电流和短路电流。

（2）绝缘支持部分。绝缘部分包括SF_6气体、瓷套、绝缘拉杆等，其作用是保证导电部分对地之间、不同相之间、同相断口之间有良好的绝缘状态。

（3）灭弧部分。灭弧部分包括动触头、静触头、喷嘴以及压汽缸等部件，其作用是提高熄灭电弧的能力，缩短燃弧时间，既要保证可靠地开断大的短路电流，又要保证开断小的电感性电流不截流，或产生的过电压不超过允许值，开断小的电容性电流不重燃。

（4）操动机构。主要指各种形式的操动机构和传动机构，它的作用是实现对断路器规定的操作，并使断路器能够保持在相应的分、合闸位置。

（四）SF_6断路器灭弧室的结构原理

SF_6断路器灭弧室结构按吹弧方式的不同，分为双吹式、单吹式、外吹式和内吹式；按灭弧介质压气方式的不同，分为单压式、双压式、旋弧式和自吹式灭弧室；按触头运动方式的不同，分为变开距和定开距灭弧室。

1.按吹弧方向分类

（1）单吹式。在吹弧时气体沿单一方向从汽缸中流出，经喷口吹拂电弧。

（2）双吹式。在吹弧过程中，SF_6气流能从两个方向吹拂电弧，即起始阶段先经动、静触头内孔形成内吹，将电弧根部吹至弧触头孔内，产生堵塞效应，使气流上游区的压力迅速增高；接着当喷嘴喉部离开静弧触头时，汽缸中的高压力SF_6气体从喉道喷出，吹拂电弧（此时气流速度可达音速）。

（3）外吹式。从喷嘴喉部喷出的SF_6气体首先沿着动、静弧触头之间的电弧表面，然后再从喷嘴与静触头之间的间隙向外喷出。

（4）内吹式。从喷嘴喉部喷出的SF_6气体穿透弧柱后，沿动、静弧触头中心喷出。

2.按灭弧原理分类

（1）单压式灭弧室。压气式断路器内的SF_6气体只有一种压力。灭弧所需压力是在分闸过程中由动触杆带动压气缸（又叫压气罩），将汽缸内的SF_6气体压缩而建立的。当动触杆运动至喷口打开时，汽缸内的高压力SF_6气体经喷口吹拂电弧，使之熄灭。吹弧能量来源于操动机构。因此，压气式SF_6断路器对所配操动机构的分闸功率要求较大。

（2）双压式灭弧室。灭弧室内部具有两种不同的压力区，即低压区和高压区。高、低压力区间设有气泵。断路器分闸过程中，排气阀自动打开，自高压力区排向低压力区的SF_6气体途经喷口吹拂电弧使之熄灭。双压式SF_6断路器结构复杂，现已被淘汰。

（3）旋弧式灭弧室。在静触头附近设置有磁吹线圈，开断电流时，线圈自动地被电弧串接进回路，在动、静触头之间产生横向或者纵向磁场，使被开断的电弧沿触头中心旋转，最终熄灭。

（4）自吹式灭弧室。依靠磁场使电弧旋转或利用电弧阻塞原理，由电弧的能量加热SF_6气体，使之压力增高形成气吹，从而使电弧熄灭。这种灭弧室开断小电流时，电弧能量小、气吹效果差，因而必须与压气式结构结合使用。

3.按触头运动方式的不同分类

（1）定开距灭弧室。断路器的触头由两个带喷嘴的空心静触头和动触头组成，弧隙由两个静触头保持固定的开距，在开断电流过程中，断口两侧引弧触头间的距离不随动触头的运动而发生变化。

①定开距灭弧室的特点

a.由于利用了SF_6气体介质绝缘强度高的优点，触头开距设计得比较小。触头从分离位置到熄弧位置的行程很短，电弧能量小，有利于提高开断性能。

b.压气室距电弧较远，绝缘拉杆不易烧坏，弧间隙介质强度恢复较快。

c.压气室内SF_6气体利用率不如变开距高。为保证足够的气吹时间，总行程要求较大。

②定开距灭弧室的工作原理

a.合闸状态。动触头跨于两个静触头之间，构成电流通路。

b.压气过程。分闸时，由绝缘拉杆带动动触头和压气缸组成的可动部分运动，压气室内的SF_6气体被压缩，建立高气压。

c.开断短路电流过程。动触头离开静触头的瞬间，在静触头和动触头之间便形成电弧。同时，将原来动触头所密封的压气室打开面产生气流，吹向两个带喷嘴的空心静触头内孔，对电弧进行纵吹，使电弧强烈冷却而熄灭。

d.分闸状态。是指断路器由合闸位置转为断开位置。

（2）变开距灭弧室。灭弧室可动部分由动触头、喷嘴和压气缸组成。在开断电流过程中，动、静弧触头之间的开距随动触头的运动而发生变化。

①变开距灭弧室的特点

a.压气室内的气体利用率高。从开始至吹弧后的全部行程内，都对电弧吹拂。

b.喷嘴能与动弧触头分开。可根据气流场的要求来设计喷嘴形状，有助于提高气吹效果。

c.开距大、电弧长、电弧电压高、电弧能量大。

d.绝缘的喷嘴易被电弧烧伤。

②变开距灭弧室的工作原理

在开断电流时，由操动机构通过绝缘拉杆使带有动弧触头和灭弧喷嘴的压气缸运动，使其内部的SF_6气体受到压缩，建立高气压，并使高压气体形成高速气流经喷嘴吹向电弧，使电弧强烈冷却而熄灭。

a.合闸状态。主触头与弧触并联，电流基本上经过主触头流通。

b.压气过程。电流已由主触头转移到弧触头上流通，但还没有形成电弧，压气缸中的SF_6气体开始被压缩，而于其喷嘴还没有被打开，这一阶段可称为压气阶段。

c.吹弧过程。动、静弧触头分离即产生电弧，随着动触头及运动系统继续向下运动，压气缸中的SF_6气体继续被压缩，同时高压气体被打开的喷嘴吹向被拉长的电弧，电流过零时就熄灭。

d.分闸状态。当电弧熄灭后，动触头及运动系统继续运动到分闸位置。

（3）变开距“自能”式灭弧室。变开距“自能”式灭弧室是在变开距灭弧室基础上进一步改进的，代表着最新发展和研究成果。其灭弧基本原理是当开断短路电流时，依靠短路电流自身的能量来建立熄灭电弧所需要的部分吹气压力，另一部分吹气压力靠机械压气建立，开断小电流时，靠机械压气建立起来的气压熄灭电弧。

①变开距“自能”式灭弧室的优点

a.具有较好的可靠性，由于需要的操动功率小，可采用故障率比较低的、不受气候、海拔高度、环境条件影响的弹簧操动机构。

b.在正常的工作条件下，几乎不需要维修。

c.安装容易、体积小、耗材少，对瓷套的强度要求低、轻巧、结构简单。

d.由于需要的操动功率小，因而对构架、基础的冲击力小。

e.具有较低的噪声水平，可安装在居民住宅区。

f.不仅适合于大型变电站，也适合于边远山区和农村小型变电站使用。

②变开距“自能”式灭弧室的工作原理

a.合闸状态。此时，静弧触头和静主触头并联到灭弧室的上部接线端子上，电流主要通过主触头导通。

b.开断短路电流过程。开始分闸时，主触头比弧触头先分开，弧触头分开的瞬间，电弧在静、动弧触头之间形成。电弧使压气室里的气体加热，气体压力迅速升高到足以熄灭电弧，止回阀同时关闭。当喷嘴打开时，压气室中储存的高压气体通过喷嘴吹向电弧，当电流过零时使之熄灭。而动触头系统在操动结构的带动下，继续向下运动，辅助压气室中的气体压力继续升高到超过止回阀的反作用力时，辅助压气室底部的止回阀打开，使辅助压气室中过高的气体压力释放，而且止回阀一旦打开，要维持分闸的操动力不会很大，故不需要分闸弹簧太大的能量。

c.开断小电流过程。当开断负荷电流、小电感性电流、小电容性电流时，由于电弧能量不能产生足以熄灭电弧的压力，这时必须依靠辅助压气室内储存的高压气体经过止回阀、压气室辅助吹气熄灭电弧。

d.分闸状态。当电弧熄灭之后，动触头继续运动到分闸位置。

（五）SF_6断路器的相关附件

1.SF_6断路器气体监视装置

SF_6断路器的绝缘和灭弧能力在很大程度上取决于SF_6气体的密度和纯度，所以对SF_6气体的监测十分重要。SF_6断路器应装设密度监视装置，即密度表，每日定时检查并记录SF_6气体的压力。

一般的监测装置有压力表、压力继电器、密度表和密度继电器。压力表是起监视作用的，密度继电器是起控制和保护作用的，而SF_6气体密度表同时具有监视、控制和保护作用。目前，在运设备已基本使用能够进行温度补偿可直接读取SF_6压力数值的SF_6气体密度表。

2.并联电容和并联电阻

并联电容（也叫均压电容）和并联电阻（也叫合闸电阻）都是与断路器灭弧断口相并联的，是改善断路器分闸或合闸特性的重要附属元件。在高压断路器中，有的灭弧断口上并联电阻，有的并联电容，在363kVSF_6、550kVSF_6断路器灭弧断口上，也可同时并联电容和并联电阻。

（1）并联电容的作用。

①使开断位置每个断口的电压均匀分配。

②开断过程中恢复电压均匀分配。

③使每个断口的工作条件接近相等。

④在断路器分闸过程中，降低断路器触头间弧隙的恢复电压速度，提高近区故障的开断能力。

并联电容应能耐受断路器的2倍额定相电压2h，其绝缘水平应与断路器断口间的耐压水平相当。

（2）并联电阻的作用。降低断路器操作过电压和隔离开关操作时的重击穿过电压。

（3）并联电阻分类。

①按安装方式，一般设计为两种：并联电阻片与辅助断口置于同一瓷套内；并联电阻与辅助断口不在同一瓷套内，串联后并联在灭弧室两端。

②按工作原理分为先合后分式、瞬时接入式、随动式三种。

3.净化装置和压力释放装置

（1）净化装置。主要由过滤罐和吸附剂组成，主要作用是吸附SF_6气体中的水分和SF_6经电弧的高温作用产生的化合物。

（2）压力释放装置。

①以开启和闭合压力表示其特征的，称为压力释放阀，一般装设在GIS或罐式SF_6断路器上。

②开启后不能再闭合的，称为防爆膜，一般装设在支柱式SF_6断路器上。

二、SF_6断路器灭弧室检修技术

（一）检修目标及要点

（1）检修目标。解体SF_6断路器灭弧室，检查灭弧室内的各部件，并针对损坏部

件进行维修。

（2）检修要点。检查触头、触指烧蚀及磨损情况是维护中的关键，行程和超行程测量是必做的科目。

（二）安全措施

在严格执行回路检修标准安全措施规定以外，还应做好以下几点。

（1）检查断路器的分闸位置，断路器储能电源、分合闸控制电源均在断开位置。

（2）将断路器机构储能释放。

（3）断路器内SF_6气体已按规定回收，作业人员必备SF_6防护用品。

（三）组织技术措施

参加施工的人员应经过培训，了解SF_6断路器的特性，熟悉SF_6断路器的结构、动作原理及操作方法，对出现的故障应有一定的分析处理能力，掌握防止SF_6气体中毒的防护措施。进行本工作的人员不少于3人，其中，工作负责人应有相关工作经验，并具有高级工及以上资质人员担任。

（四）检修准备

（1）着装。正确佩戴安全帽，穿工作服、工作鞋，高空作业时，必须佩戴安全带，着装整齐符合电气作业的规定要求。

（2）防护。按规定回收SF_6气体，打开灭弧室后，所有人员撤离工作现场30min。

（3）所需工具及器材。

（4）准备工作。

①正确填写工作票。

②分析作业中的危险点及控制措施，填写具有现场易于操作规定。

③简明扼要、语言清晰地宣读工作票，明确交代安全注意事项。

④工器具、零部件摆放整齐，并保持作业现场安静、清洁。

（五）作业流程及工艺标准

（1）利用回收装置将断路器内的SF_6气体进行回收。

（2）静触头检查。

①卸下六个M12螺栓，用两个M12的螺钉将静触头座顶起来，两个定位销不要拆卸，以备断路器检修完毕后，用以定位用，细心取出弧触头座。

②检查静弧触头应紧固，顶端烧损大于2～3mm，外径严重烧损时应更换。用M6顶丝定位（顶丝螺纹涂有红色的螺纹紧固剂，在以顶丝为中心大约半径5mm的圆周上均匀打三个眼冲固定）。可用一字螺丝刀卸下，使用静弧触头检查扳手将其拆下更换。表面涂有微碳润滑脂，紧固力矩120N·m。

③检查静触头应紧固，没有发热变色现象，并有一定弧度。表面镀银应光洁无烧痕、划伤、脱落，涂有微碳润滑脂，可用抛光纱布轻缓抛光，用软的无毛布加溶剂（无水酒精）清洁。紧固力矩390N·m，M6顶丝定位。

检查导电杆无变形弯曲，表面光洁，紧固力矩300N·m。

（3）动触头和喷口检查。

①用喷口装配工具插入喷口槽中拧松拆下，检查喷口的烧损情况，喷口孔直径大小无变化，内壁应光洁，轻微洗拭（轻微烧损，可用800号水砂纸修磨光洁），严重时更换。动弧触头（铜钨合金）使用铜钨合金动弧触头检查扳手装配，表面涂有微碳润滑脂，紧固力矩120N·m。再旋入喷口，未完全旋入前稍感有些紧，必须再进一步旋入，直到旋入已感到轻松时表明组装已完成。

②检查动触头应紧固，表面镀银应光洁无烧痕、划伤、脱落，涂有微碳润滑脂。检查压气缸应紧固无变形，表面镀银应光洁无烧痕、划伤、脱落，涂有微碳润滑脂。

③检查活塞杆无变形，表面清洁无划痕。表面磷化处理钢制。与活塞配合后摩擦系数不宜过大，手拉动活塞杆应能拉动。

④检查活塞固定螺栓（M12）标记，紧固力矩48N·m。活塞内孔挡圈、铜套表面光滑无磨损，涂有本顿润滑脂（注：铜套、内孔与活塞杆使用不同的金属材料制作，为防咬死，可在内孔镶套铜套，减少传动的摩擦损耗）。

（4）滑动密封装配。拆下固定螺栓，取下胶圈，取下盖板内的孔胶圈，取下胶垫组合（由3个聚四氯乙烯垫和4个橡胶垫组成），涂有润滑脂，取下铜垫，取下弹簧，检查弹力有无变形；拆下法兰，取下内孔胶圈；胶圈、胶垫按工艺更新组装；检查操作杆表面有无划伤，是否光滑。

（5）更换吸附剂。灭弧室打开后，必须更换吸附剂。吸附剂装在帽盖内，每极约需0.4kg。吸附剂应在烤箱内加热烘干后，装入断路器内尽快密封，并迅速抽真空，以减少吸附剂吸收过多大气中的水分，一般应在空气相对湿度不大于80%、时间不超过30min为宜。

（6）瓷套检查。瓷套应无碎裂损坏，法兰和瓷套浇合处良好，两端的瓷平面应平整光洁。内壁用无水酒精清洗干净。两端法兰及每个螺孔内应清洗干净，完毕后用塑料袋封口。

（7）检修注意事项。

①本体解体。回收气体后，运往空调无尘专用SF_6断路器检修车间检修或搭建的简易检修棚（要求无尘、防风、干燥），工作人员应穿戴工作服和防护手套。当拆开断路器本体时，若内部有形成的残余物，工作人员还要戴上有过滤装置的防护面具，以免吸入微小的尘埃和酸气。若发现本体内部有粉末状的分解物，必须清除。可用真空吸尘器吸出粉末，也可仔细擦拭拆开的部件，不可以用吹风机吹拭。SF_6分解物、粉尘等包括吸附剂应置于容器内按化学垃圾处理办法包装深埋。

②拆卸灭弧单元。应手动至合闸位置，吊卸上瓷套，拆卸中间法兰与下瓷套螺栓，最大提升量不得大于150mm，拆除活塞杆与绝缘杆之间的轴销上挡圈，拆除轴销。

③导电部件的接触表面用酒精清洁后，立即用干的无毛布或餐巾纸擦拭，并涂导电脂或微碳润滑脂。这些工作必须在5min内完成，15min内装配完，并用塑料布包裹防尘。

④旧的轴用挡圈拆下后就不可再使用了，重装时必须更换。挡圈张开套在圆销上的过程中，挡圈张开的尺寸不得大于1mm，否则不得使用。

⑤轴销的退出与插入，不得用力敲打，必须使用手动操动机构装置进行往返运动，使轴销自然脱落。

⑥每一相操作杆与拐臂之间的连板不可互换。它是根据每相本体内传动系统公差积累单独设计的，是保证接触行程的。

⑦所有螺栓的紧固应用力矩扳手，按照规定的力矩紧固，并重新做标记。

⑧拆卸过的O形密封圈必须更换新的。

⑨清除密封面上的密封胶不可用锯条等硬物清理，以防划伤密封面。可用酒精把密封面上的密封胶浸湿，然后用竹片轻轻清理。用酒精清洗密封圈、密封槽、密封面，不许有伤痕或灰尘，以防漏气，严格按规定使用密封胶。

⑩装配静触头座和灭弧室瓷套时用定位销定位。

（8）充气检漏。

①充SF_6气体。断路器在充SF_6气体的过程中需对密度继电器进行核对，SF_6气体充至额定压力（折算到环境温度20℃时的额定压力）。

②对断路器各接触面及管路接头检漏，检漏仪器不应报警。

三、SF_6断路器的充、补气技术

（一）检修目标及要点

（1）检修目标。熟练掌握对SF_6断路器补充SF_6气体的流程以及气体回收技术，正确、规范地完成气体充、补、回收过程。

（2）检修要点。微水测量、检漏是必做的科目，检修人员应做好自我防护。

（二）安全措施

在严格执行检修标准安全措施规定以外，还应做好以下几点。

（1）检修人员必须按规定做好防护措施，位于上风侧和高位区，作业完毕及时清洗双手及身体外露部位。

（2）充气管与本体连接时应稳妥，防止SF_6压力对管路的冲击造成设备损坏或人员受伤。

（三）组织技术措施

参加检修的人员应经过培训，了解SF_6气体的特性和管理知识，熟悉SF_6断路器的结构、动作原理及充气方法，对出现的故障应有一定的分析处理能力。

（四）作业准备

（1）着装。正确佩戴安全帽，穿工作服、工作鞋，高空作业时，必须佩戴安全带，着装整齐符合电气作业规定的要求。

（2）防护。按规定充装SF_6气体，对连接管路、本体管路进行冲洗，户外充气时，工作人员应在上风侧；户内充气时，要开启通风装置，人员防止中毒。回收SF_6气体，打开灭弧室后，所有人员撤离工作现场30min，如在室内工作应开启通风装置。

（五）新设备充装SF_6气体工艺要求

充、补气后，断路器内部的压力应按照SF_6气体的温度、压力曲线进行温度修正，对阀门、接头等位置进行检漏。

解体大修后的充气顺序为：抽真空—关闭真空泵阀门及断路器阀门—关闭真空泵—开启断路器充气阀门—开启钢瓶阀门—打开减压阀—充补气至额定压力—关闭减压阀—关闭钢瓶阀门—关闭断路器充气阀门—拆除连接断路器充气阀门的接头—断路器阀门装上封盖。

注意事项为：

（1）抽真空133Pa以下，维持真空泵30min才可以充气。

（2）必要时，在充气完成后应对断路器进行几次分、合闸操作，使灭弧室和支持瓷套内气体对流。

（六）充、补气注意事项

（1）当气瓶内的压力降至0.1MPa时，要停止充气；充、补气后，应称钢瓶的质量，以计算断路器内气体的质量，瓶内剩余气体质量应标出。

（2）充、补气后至少24h，才可进行含水量的检测。

（3）如果是密度继电器发出的补气信号，应查明是密度继电器误发信号，还是断路器出现漏气，以利于正确处理。

（4）不同型号断路器规定的压力值不同，有绝对压力值与相对压力值之分，充气时应注意。充气后应等待足够的时间使断路器的内部温度与环境温度达到平衡后，读取压力值，进行适当调整，最终达到额定压力。

（5）充气所使用的工器具，包括减压阀门、压力表连接管（最好选用金属不锈钢管）应妥善保管，防潮、防污。充气时应将SF_6钢瓶斜放，使瓶嘴低于瓶底，以减少瓶中水分带入设备。充气的流量要适当减小，使液态的SF_6充分汽化。

四、SF_6断路器常见故障及典型案例分析

（一）SF_6气体压力降低发信号

首先，检查SF_6气体压力表压力并将其换算到当时的环境温度下，如果低于报警压力值，则为SF_6气体泄漏，否则可排除气体泄漏的可能。检查密度继电器接点是否进水、受潮导致短路，检查二次回路有无故障。

1.SF_6气体泄漏

检查最近气体填充后的纪录，如气体压力以大于0.01MPa/年的速度下降，必须用检漏仪检测，更换密封件和其他已损坏的部件。

（1）具体方法：如泄漏很快，可充气至额定压力。

①检看压力表，同时用检漏仪查找管路接头漏点。

②用包扎法逐相逐个检查密封部位，查找漏点。

（2）主要泄漏部位及处理方法为：

①焊缝。处理方法为补焊。

②支持瓷套与法兰连接处、法兰密封面等。处理方法：更换法兰面密封或瓷套。

③灭弧室顶盖、提升杆密封、三连箱盖板处。处理方法：处理密封面、更换密封圈。

④管路接头、密度继电器接口、压力表接头。处理方法：处理接头密封面更换密封圈，或暂时将压力表拆下。

⑤如发现SF_6气体泄漏应检测微水含量。

2.二次回路或密度继电器故障

依次检查密度继电器信号接点及二次回路相应接点，密度继电器有故障的应更换。

3.密度继电器设计不合理

部分厂家生产的密度继电器在密封上不良，出现受潮甚至进水导致内部节点短路。处理方法：改变密度继电器安装位置，对密度继电器的接头部位加涂密封胶。

（二）运行中密度继电器或压力表读数波动原因

（1）由于负荷电流较大且波动较大引起。这是因为密度继电器只能补偿由于环境温度变化而带来的压力变化，而不能补偿由于断路器内部温升引起的压力变化。运行中，如果密度继电器的读数在额定值上方波动且同负荷电流的变化一致，可认为属正常现象。

（2）由于密度继电器安装在断路器的外部，在其温度补偿时为环境温度，而断路器中的SF_6气体温度由于瓷套导热慢的原因会滞后于环境温度的变化，这就导致在一天时间内密度表的指示会有所偏移。通常上午外界环境温度升高时，压力指示偏低；下午外界环境温度降低时，压力指示偏高。

（三）SF_6气体微水含量超标

1.SF_6气体微水含量超标的原因分析

（1）新气水分不合格。处理方法：充气前检测新气含水量应不超过68μL/L。

（2）充气时带入水分。原因：由于工艺不当，如充气时气瓶未斜放，管路、接口未干燥，装配时暴露在空气中的时间过长等。

（3）绝缘件带入的水分。原因：在长期运行中，有机绝缘材料内部所含的水分慢慢释放出来导致含水量增加。

（4）吸附剂带入的水分。原因：如果吸附剂活化处理时间过短，安装时暴露在空气中的时间过长，其可能带入水分。

（5）透过密封件渗入的水分。原因：大气中水蒸气的分压为设备内部的几十倍甚至几百倍，在压差作用下水分渗入。

（6）设备渗漏。原因：充气接口、管路接头、铸铝件砂孔等处空气中的水蒸气渗透到设备内部，造成微水升高。

2.SF_6气体微水含量超标如何处理

（1）利用回收装置回收设备内的SF_6气体。

（2）用真空泵抽真空，真空度达到133.32Pa以下开始计时。

（3）维持真空泵运转至少30min。

（4）停泵并与泵隔离，静止30min后读取真空度值。

（5）再静止5h，读取真空度值。

（6）要求两次真空度值小于66.66Pa，否则重复（3）、（4）、（5）步骤。

（7）对设备充SF_6气体至0.05～0.1MPa，静止12h后测量含水量应小于450μL/L，可认为合格，若大于450μL/L则应重新抽真空，并用高纯度的N_2（99.99%）充至额定压力，进行内部冲洗。

（8）若含水量达450μL/L，可将SF_6气体充至额定压力，静止12h以上，测量含水量应不大于150μL/L，即处理完毕。

第三节　少油断路器的检修

一、检修周期和项目

（一）检修周期

目前，我国不少地区和单位都开展了状态检修的研究，提倡“该修才修，修必修好”的检修新思路，在科学监测判断的基础上，延长了检修周期，同一种设备不同地区和单位所掌握的检修周期不尽相同。所以，设备检修周期应以各单位或国家有关检修规程的规定为准，以下常规检修周期仅供参考。

1.大修周期

（1）一般新安装的少油断路器投入运行一年后应进行一次大修。

（2）12～40.5kV少油断路器一般3～4年进行一次，60～252kV少油断路器一般4～6年进行一次，可根据设备的健康状况延长或缩短周期。淘汰型号或老旧产品应根据具体情况适当缩短周期。已按大修项目进行临时性检修的断路器，可从该次临时性检修日期算起。

2.小修周期

一般每年一次。可根据设备的健康状况或生产厂要求适当延长或缩短周期。

3.临时性检修

（1）断路器开断短路需进行临时性检修的开断次数按照各单位的规定进行，单位无规定时按部颁检修规程或制造厂的规定执行。

（2）当断路器存在严重缺陷，影响继续安全运行时，应进行临时性检修。

（二）检修项目

1.大修项目

（1）断路器的外部检查及修前试验，放油。

（2）导电系统和灭弧单元的分解检修。

（3）绝缘支撑系统（支持瓷套等）的分解检修。

（4）变直机构和传动机构的分解检修。

（5）基座的检修。

（6）更换密封圈、垫。

（7）操动机构的检修。

（8）复装及调整试验（包括机械特性试验和电气、绝缘试验）。

（9）除锈刷漆，绝缘油处理注油或换油。

（10）清理现场，验收。

2.小修项目

（1）断路器外部的检查和清洁，渗漏油处理。

（2）消除运行中发现的缺陷。

（3）检查外部传动机构和弹簧等。

（4）检查所有螺栓、螺帽、开口销。

（5）清扫检查操动机构，加润滑油。

（6）预防性试验。

3.临时性检修项目

按照断路器需处理的问题、缺陷或改造方案确定。

二、SN_{10}-10型断路器的检修

SN_{10}-10型少油断路器是户内式结构，在牵引变电所有10kV电力网时用在电力线路中。与之配套的操动机构为CD型直流电磁操动机构，它多与电流互感器、隔离开关等其他电器设备一起装成固定高压开关柜。

SN_{10}-10型少油断路器的本体结构特点是：每相单箱单断口，三相联动悬臂式结构。

（一）本体结构及主要部件的作用

1.金属框架

由角钢、槽钢、钢板焊接而成，固定在高压开关柜内。框架上固定有4条强力分闸弹簧，合闸时弹簧拉长储能，分闸时释放能量，使断路器快速分闸。

2.支持绝缘子

6个棒式绝缘子（每相两个）将断路器油箱固定在金属框架上。它是带电部分与

地的主绝缘，同时支持断路器油箱组成悬臂式结构。

3.传动系统

该断路器的传动系统由若干个拐臂、大轴和四连杆机构组成，用于改变方向传递操作功能，使断路器分合闸。

4.灭弧装置（油箱）

SN_{10}–10型少油断路器的灭弧装置，它的主要组成部分有：

（1）铸铁帽部分。铸铁帽上有注油螺栓用于检修时加油；排油阀门，用于分闸时排出电弧产生的多余油气，起泄压作用；油标用于监视油位；用于接线的接线板；惯性油气分离器，油气分离器固定在铸铁帽内。

惯性油气分离器由三片带很多斜孔的油气分离片组成。当高压油气喷向油气分离器时，高温油气在斜孔内冷却，改变方向，利用油、气的质量不同、惯性不同而将油、气分离。油附着在斜孔内壁上流回灭弧室以减少断开过程中油的损耗，多余的油气从排气阀门排出。

（2）高强度环氧树脂玻璃钢筒部分。玻璃钢筒主要固定灭弧室等元件，并承受燃弧时产生的油气高压力。

铸铁帽下部固定有静触头支持座，支持座上固定有梅花形插入式静触头。静触头内有孔，孔内有单向球阀。球阀的作用是：其一，合闸时导电杆挤压孔内油，关闭单向球阀，利用油的反压力，使导电杆平滑减速，吸收合闸终了导电杆多余的动能，减小机械振动，起合闸缓冲作用；其二，分闸时，电弧产生的高温高压油气冲向触头内孔，使球阀关闭，高压油气从触头外侧吹弧道上喷，减小触头烧损。

静触头支持座上装有静触头防护罩，将该处的空间分为两部分。断路器分闸时球阀关闭，使高压油气从外侧吹弧道进入铁帽气室。同时，电弧在定弧铁片上燃烧，起到保护触头的作用。

静触头防护罩下面有6片灭弧片组成的多油囊三级横吹、二级纵吹的灭弧室。

灭弧室下面有绝缘衬筒，起灭弧室的定位作用，衬筒内的导电条、滚动触头装置，导电杆通过其中，起导电和导向作用。滚动触头（中间触头）沿导电条随导电杆运动（滚动接触），使断路器完成分合闸。

（3）底罩部分。底罩凸出部分装有主轴，其外拐臂与传动绝缘杆相连。内拐臂通过导电板与导电杆铰接，内拐臂上固定有缓冲胶皮垫。当导电杆分合闸冲程过大时，起缓冲作用。底罩下部装有油缓冲器，起分闸缓冲和合闸定位作用。下部还装有放油螺栓，便于放油。

（二）灭弧过程

断路器在合闸位置时，横吹口被导电杆堵住。当分断有电流电路时，导电杆向下运动。触头分离后产生电弧，在横吹口未打开之前，电弧在封闭空间燃烧，油被蒸发、分解形成高压油气泡，建立高压力区，并开始向横吹口喷射。一旦横吹口被导电杆高速向下运动，灭弧室下部新鲜冷油从纵道被挤上，形成油流，集中向第一横吹口喷射，填补导电杆让出的空间，起压油吹弧作用。在横吹和压油吹弧的作用下，大电流电弧被强烈冷却而熄灭。在断开小电流时，油气压力较低，横吹不强烈。所以电弧被拉长至灭弧室下半部，凹槽内的油变为油气，从中心孔向上喷，形成纵吹。在横吹、纵吹、压油吹的作用下，小电流电弧在过零后熄灭。显见压油吹对熄灭小电流电弧起很重要的作用。

（三）本体的检修

SN_{10}–10型断路器本体的检修，应首先将本体分解，然后按其部件进行检修。本体分解的顺序可分为上帽、静触座、灭弧室、绝缘筒、下接线座及导向装置、动触杆、基座、副筒等。

1.本体的检修工艺

本体的检修工艺及方法如下：

（1）拧下放油螺栓，将油箱内的脏油全部放出。

（2）拆下上、下出线端子上的母线。

（3）用内六角扳手和活动扳手将上帽打开。

2.检修要求

卸下上帽上的排气孔盖、油气分离器和回油阀，将全部零部件清洗干净，按相放好，并达到下列要求：

（1）上帽侧壁上的排气孔要畅通，如有异物堵塞应清除。

（2）逆止（回油）阀密封应良好，钢球完好转动灵活。若密封不良可用小锤轻敲钢球，使其有可靠的密封线。

（3）按拆卸相反顺序装好上帽。两边相上盖的定向排气孔与中间定相排气孔的夹角为45°。

（4）分别取出三相静触头，按相放好，用专用工具将触指及弧触指从触座上卸下，取出弹簧片，并检查、清洗，其质量要求如下：

①触指卸弧，触指导电面烧损严重的应更换，轻微的用0号砂布修复。导电接触面应光滑平整，烧伤面积达30%且深度大于1mm时，应更换。铜钨合金部分烧伤深度大于2mm时，应更换。

②检查触头架与触座的接触面，触座与触指的接触面如有烧伤痕迹，若轻微的用0号砂布修复，若严重的应更换。触头架与触座接触应紧密、可靠。

③检查触座的触指尾槽内积垢是否清除干净，隔栅是否完整。隔栅应无裂纹、缺齿现象，固定隔栅的圆柱销无脱落及退出现象。

④检查弹簧片有无变形和损坏，弹簧片有烧伤或变形过大的应更换。弹簧片弯曲度不大于0.2mm，否则应更换弹簧片。

⑤检查逆止阀的密封情况（用嘴吹一下），如密封不严，可按上帽回油阀处理方法处理。逆止阀内不应有铜熔粒及杂质，钢球动作灵活，挡钢球的圆柱销两端应铆好、修平，不得退出。

⑥检查绝缘套筒的漆膜是否完整，有无剥落、起层、起泡现象，并清洗干净。烧损严重的应更换。

⑦按拆卸相反顺序，重新装好静触头，组装触指时，要注意必须将弧触指装于对准灭弧室横吹气道的方向。

（5）用专用工具拧下灭弧室顶部的上压环，取出绝缘环、灭弧片、挡弧片吸绝缘衬垫。用合格的绝缘油清洗灭弧片和调整垫片，检查灭弧片及绝缘件的烧损情况。烧损轻微的可用0号砂布轻轻擦拭弧痕，烧损严重的应更换。

灭弧片表面应光滑平整、无碳化颗粒、无裂纹及损坏。处理后的灭弧片，第一片长孔径不得超过28mm和32mm，其余灭弧片孔径不得超过26mm，绝缘体无烧损。

检查导电杆的动触头的烧损情况。如触头部分烧损严重时，可用专用工具拧下动触头，处理或更换；烧损轻微的可用0号砂布修复。动触头铜钨合金部分烧伤深度大于2mm时应更换，导电接触面烧伤深度大于0.5mm时亦应更换。检查动触头与导电杆的连接是否松动，如有松动可用专用工具予以拧紧。拧紧时不要用力过猛，其连接应紧密牢固。导电杆的弯曲度应小于0.15mm。

（6）检查油箱中、下部其他零部件有无异常现象，如没有则不必拆卸，只需用清洁的变压器油冲洗干净，将绝缘筒上部被电弧轻微灼伤的部位刷洗干净即可。具体做法如下：

①用专用工具检查连接绝缘筒与基座的4个螺栓是否松动，螺栓要均匀拧紧，绝缘筒内的铝压圈应平整，受力均匀。

②检查绝缘筒与下接线座装配的连接密封，以及下接线座装配与接线基座的连接密封是否密封良好，有无渗、漏油现象，否则需处理或更换密封圈。

③用螺钉旋具检查下接线座装配导向板上的螺丝是否松动，导向板是否破损，有损者应修复。

④取下基座外的绝缘拉杆，用手转动小拐臂，检查导电杆有无阻滞现象。检查滚动触头与导电杆接触应良好。

⑤用绝缘油清洗绝缘筒、下接线座装配和接线基座，拆下油缓冲器，对缓冲器进行检查，并将基座内的污油放掉并进行冲洗。

（7）SN_{10}–10Ⅲ型断路器副油箱检修：

①打开副油箱上盖，检查触指有无烧伤痕迹，并用清洁的变压器油清洗。轻微烧伤者，用0号砂布修复，严重烧伤者应更换。

②转动副基座外的小拐臂，检查运动有无阻滞现象，并使副导电杆处于合闸位置，冲洗后检查动触头有无烧伤，处理方法与静触头相同。检查动触头与导电杆连接是否松动，松动的用专用工具拧紧。

③检查副油箱中、下部的其他零部件有无异常现象，用变压器油冲洗干净，有问题的应修复。

④用螺钉检查导电条上的导向板是否松动，如有松动应重新拧紧。

（四）框架和传动部分的检修

框架及传动件的检修可分为：主轴检修、框架及分闸限位器检修、合闸弹簧及合闸缓冲弹簧检修、支持绝缘子检修、传动连杆的检修。

1.框架的检修

（1）检查分闸弹簧、合闸缓冲弹簧有无严重锈蚀和永久变形，如有应更换。拆下分闸弹簧、合闸缓冲弹簧。

（2）检查支持绝缘子有无裂纹、破损，浇装处有无松动现象，有问题者应处理或更换。

（3）检查框架的各部件焊缝有无开焊现象，如有应补焊。

（4）检查分闸限位器有无变形，如果变形使滚子碰不到限位器时，应加垫重新调整。

2.传动部分的检修

（1）检查大轴上各拐臂焊接有无开焊现象，必要时应进行补焊。检查主轴与垂直连杆拐臂的连接是否良好。用汽油清洗传动轴、拐臂上的油污并涂上润滑油。

（2）检查绝缘拉杆表面有无放电痕迹，漆膜是否脱落。如有放电痕迹则应更换，若漆膜脱落，可补绝缘清漆。

（五）断路器的组装

SN_{10}-10型断路器各部分检修、调整后，应按技术要求进行整体组装。

（1）将检修好的断路铝按相安装在框架装配上，各相中心距为250mm，三相本体应垂直在一个平面上，拧紧四个固定螺栓。

（2）依次安装下出线座和绝缘筒，更换全部密封圈，用专用工具将绝缘筒内下压环上的四只内六角螺栓均打系，老筒与下压环间的弹簧须卡入槽内。

（3）依次装入灭弧室的绝缘衬圈、灭弧片、调整垫片，注意最下面的绝缘衬圈的安装方向，以保证横吹弧道与上接线座的接线端子方向相反。

（4）拧紧铜压圈，使之将火熄灭。检查灭弧片高度是否符合要求，可通过增减绝缘衬垫的数量来调整。

（5）转动基座外拐臂，检查导电杆的动作情况，导电杆的动作情况应灵活，无卡涩现象。

（6）暂不要安装静触座及上管，以便进一步测量尺寸和导电杆行程。

（7）断路器本体注入合格的变压器油。

（8）将装配好的电磁操动机构或弹簧操动机构，通过连杆与本体连接在一起。连杆的长短应使断路器的有关机械特性参数符合技术要求。

（六）常见故障处理

1.摇臂转轴

摇臂转轴部分的常见故障是渗油，其原因及处理方法如下：

（1）骨架橡胶油封有气孔、裂纹、破损机械损伤或有毛边。应仔细检查骨架橡胶油封的外观，将内圈翻过来检查，如有损伤、缺陷时应进行更换。

（2）转轴和轴孔不光滑、有毛刺时，用0号砂布砂光处理，使轴和孔内壁光滑、配合良好。

（3）骨架橡胶油封压缩量调节螺母不适当。骨架橡胶油封装配前将其浸泡在酒精中一段时间，擦拭干净，检查无变形、变质后再使用，紧固螺钉时四周用力均匀，调节合适，使其平整无压扁现象。

2.触指

若静触指脱落，卡在灭弧片中间，合不上闸。产生这种现象的原因有以下两个方面：弹簧片弯曲，失去弹性；隔栅与触座间公差配合过大。修理时可将不合格的弹簧片更换掉，以及更换合格的隔栅或触座。

3.引弧触指

引弧触指的常见故障是触指、弹簧片与触座、隔栅的接触部位烧伤，其原因有：弹簧片失去弹性，致使触指与触座接触不良，应更换合格的弹簧片。

引弧触指与引弧触指紫铜部分烧伤，原因是静触座逆止阀钢球行程过大引起的，处理方法是将逆止阀转个方向，重新钻孔加铆钉，使钢球的行程在0.5 ~ 1mm。动、静触头中心不正，合闸时撞击触指，使之变形倒下，烧伤灭弧片，其原因有：下压环与绝缘筒间的弹簧圈压扁、变形或断裂而脱落；下压环上的四个内六角螺栓紧固的不均匀或未拧紧；静触座装配不正；大绝缘筒发生沿层断裂；燃弧间隙过小。

上述故障可用如下方法处理：

（1）更换压扁变形的弹簧圈，重新组装，使弹簧全部进入槽内。

（2）下压环上的四个内六角螺栓应对角均匀紧固。

（3）松开上帽与上接线座间的四只内六角螺栓，调整静触座装配的位置，重新对角均匀紧固四只内六角螺栓，或者同时将触头架与触座间的三只螺栓松开调整接触座的位置。

4.基座底部缓冲器

基座底部缓冲器圆盘渗油，其原因是密封圈与圆盘上的槽沟配合公差太大，使密封圈压缩量不够；密封圈运行中产生永久变形。处理方法：更换较粗的密封圈使压缩量达1/3左右。

断路器本体的故障还有圆柱销两端的挡圈脱落，其原因可能由于挡圈质量不良、变形、开口销脱落所致，应当更换挡圈及开口销。

三、SW6-110/220型少油断路器的检修

（一）本体结构和各主要部件的作用

SW6-110/220型断路器每相都由两个相同形式的灭弧室V形串接起来连同支持绝缘子组成Y形结构单元，操作时三相联动。

SW6-110/220组成的结构单元，可以像积木式累积，将两个Y单元串接起来，可

成为220kV断路器；将三个Y单元串接起来，可成为330kV断路器。

该断路器主要由底架、支持瓷套管、中间机构箱和灭弧装置等部件组成。

1.底架

底架固定在较低的水泥基础上（高约900mm），底架主要由水平拉杆，主、副分闸弹簧，油缓冲器，油箱，放油阀，分、合闸位置指示器，水平变直杆等组成。

水平拉杆用于连接操动机构和断路器三相本体，传递操作功，使断路器三相联动分、合闸。水平拉杆上装有主、副分闸弹簧。合闸时主分闸弹簧拉长、副分闸弹簧压缩储存能量，分闸时释放能量使断路器快速分闸。副分闸弹簧的作用是为了提高断路器的初分速度，保证开断性能。

油缓冲器起分闸缓冲作用，用于吸收分闸过程即将结束时多余的动能，防止设备剧烈的振动，同时起分闸定位作用。

水平变直杆用于将水平方向的力变为垂直方向的力，也称拐臂、大轴。

2.支持瓷套管

瓷套管外面有较大的伞裙，以适应室外恶劣的气象条件。瓷套管内充满了变压器油。瓷套管内装有绝缘提升拉杆。拉杆下部与水平变直杆相连，上部与中间机构箱变直机构相连。瓷套管支持着中间机构箱和灭弧装置。

3.中间机构箱

中间机构箱用钢板制成，运行时带电，箱内充满变压器油并装有两套准确椭圆变直机构，用于将提升杆短距离的垂直方向的运动，变为两导电杆互为70°角的长距离的直线运动，完成分、合闸操作。

中间机构箱及两个灭弧装置中的油是互相连通的，共装油约120kg。

4.灭弧装置

灭弧装置每相有两个。组成一个互为70°角的“V”形串联结构。

（1）静触头装置。铝帽内的安全阀盖（装有安全阀片）将铝帽分成两个气室，形成三级膨胀油气室分离机构。安全阀边缘有6mm小孔沟通两个气室。电弧产生的高压油气经过纵吹弧道时受到周围变压器油的冷却进入油层上面的第一气室，压力和温度降低，油、气分离，油流回灭弧室，一部分气经6mm小孔进入第二气室再次降温、降压，油气分离，以节约变压器油。剩余油气从排气门排出断路器。

当进入第一气室的油气压力过高时，由于6mm小孔的液压作用很小，此时，高压油气将冲破安全阀片进入第二气室，通过排气门排至大气中，从而保护了断路器。因此，灭弧装置的吹弧道必须通畅。

油标用于指示灭弧装置内的油面，油面的高低对灭弧性能有较大影响，油面过高，使第一气室空间减小，油气压力过高导致安全阀动作；油面过低，使排出的高温油气在油中冷却不够，第一气室的油气温度过高，可能引起喷油或喷火。

铝压圈和铝法兰配合，起压紧、固定下面的玻璃钢筒的作用。上衬套在灭弧室上部用于压紧固定灭弧室。铝压圈的逆止阀用于防止电弧产生的高压油气进入外瓷套和玻璃钢筒之间，避免了外瓷套承受高压力，从而保护了外瓷套。正常时，逆止阀是打开的，以使夹层的油与铝帽的油互相连通。

铝压圈上的排气管主要用于检修时注油排气和排出运行时外瓷套与玻璃钢筒夹层中产生的高压气体。

静触头支持座与铝帽螺栓连接。支持座下部装有梅花形插座式静触头，外带铜钨保护环，以达到接触电阻值的要求和减少金属蒸汽，保证正常开断电流时接触面不致烧毁。

支持座上部装有压油活塞、压油弹簧。合闸时，导电杆插入静触头，使压油活塞向上运动，压油弹簧储能，起合闸缓冲作用。分闸时，压油弹簧释放能量，推动活塞向下运动，压油喷向弧道，缩短回流时间，消除导电杆让出的短时“真空”，提高弧道的绝缘强度，缩短燃弧时间。

（2）外瓷套管。外表面有较大的伞裙，以适应恶劣的气象条件，增加沿面放电距离，同时起灭弧装置中导电部分的绝缘作用。但其不是高强度瓷套，不能承受高压力。

（3）玻璃钢筒。外瓷套管内装有一个特制高强度环氧树脂玻璃钢筒，用来承受灭弧时产生的高压力，同时起压紧、保护外瓷套管的作用和动、静触头间的绝缘作用。

（4）灭弧室。玻璃钢筒内装有灭弧室。SW6-110型断路器灭弧室是由4种13个零件组成的多油囊6级纵吹灭弧室。它由6块灭弧片和5块衬环相叠组成，由两根环氧树脂玻璃钢管定位。玻璃钢管除定位外，同时连通灭弧室上、下部油路，以利于回油和导电杆向下运动时使下部压力不致过高。

灭弧室在电弧燃烧时利用自能产生纵吹，使电弧冷却，长度拉长，弧柱变细，并及时将分离的油气排出，电流过零时，尽快恢复绝缘强度，使电弧不再复燃。

（5）下衬筒。灭弧片下面装有环氧树脂玻璃钢衬筒，起支持灭弧室及灭弧室的定位作用。

（6）下铝法兰、中间触头放油阀。中间触头为不可分触头。其特点是动触杆与触头只有相对运动而不相互分离，起导电杆导向作用。下法兰用于支持外瓷套、玻璃钢筒，并与中间机构箱相连。下铝法兰上开有孔与放油阀相连。两灭弧室用导电板将电路相互连通。

（二）灭弧过程

当断路器分断有电流的电路时，动、静触头分离产生电弧。随着动触杆向下运动，电弧被拉入灭弧室依次与油囊中的油接触，使油蒸发、分解形成高压油气泡，在压力差的作用下，高压油气通过灭弧片中心的圆孔连续对电弧向上纵吹，使电弧冷却并熄灭。

属于自能式灭弧的油断路器，其灭弧能力与电弧电流大小有关。电弧电流越大，电弧能量越大，产生的油气压力越高，吹弧越强烈，灭弧能力越强。电弧电流小，则灭弧能力弱，电流过零时弧隙介质介电强度小容易复燃，开断电容电流时还会出现过电压。

为提高油断路器开断小电流电弧的能力，在现代的少油断路器中，设置压油活塞装置。静触头座内装压油活塞后，触头分离时，弹簧力推动活塞向下运动，将活塞下面的油压入弧隙中，可以消除“真空”现象，迅速提高弧隙的绝缘强度，有利于小电流电弧的熄灭。

断路器也采用逆流原理，导电杆采用下拉式。即分闸导电杆向下运动，电弧产生的高温高压油向上喷，将电弧中的带电质点迅速向上排出弧道，有利于弧隙绝缘强度的迅速恢复。导电杆向下运动，将电弧向下拉，与弧根接触的是下部冷油，可以降低电弧和触头的温度，使热游离减弱。同时其向下运动，总有一部分冷油向上挤进灭弧室，形成附加机械油吹，对熄灭小电流电弧极为有利。

少油断路器灭弧室中的油量较少，在额定断流容量下，开断一两次后，灭弧室中的油就碳化变黑了，油的绝缘强度将降低。故少油断路器不适合频繁操作。

（三）断路器的整体拆卸

1.起吊灭弧装置

使断路器处于分闸位置，然后将灭弧装置、中间机构箱、支持瓷套内的油放尽（不允许先放油后分闸，因为中间机构箱内无油就无缓冲作用），拆除连接导线，用起吊绳套在第一个瓷裙上，并在稍微收紧后拧下灭弧装置与中间机构箱的固定螺钉，即可将灭弧装置沿导电杆运动方向抽出。

2.吊下中间机构箱

从中间机构箱的两边窗孔内拆除提升杆与机构箱连板的连接销，拧下机构箱与铁法兰之间的紧围螺钉后，吊下中间机构箱，取出密封垫圈（也可以将中间机构箱连同两个灭弧装置一起吊下）。

3.拆卸支座及支持瓷套

从底架的侧孔内取下提升杆与内拐臂连接的销子，取出提升杆，然后均匀松开底架与铁法兰之间的紧固螺钉，抽出卡固弹簧，吊下支持磁套、取下密封垫圈。

整体拆卸后，再对各部件进行解体、检修。

（四）灭弧装置的检修

1.灭弧装置的解体与检修

（1）卸下铝帽顶盖，拆去上盖板和通气管。

（2）拆卸压油活塞压板与静触头座连接的螺钉，拆下压板（取压板时防止弹簧跳起），取出弹簧和活塞。将弹簧和活塞进行清洗并检查压油活塞弹簧是否变形，活塞杆上的绝缘头是否完好。

（3）拧开静触头座与铝帽凸台连接的螺钉，取出静触头座。检查静触指的烧伤情况，如轻微烧伤者用砂纸打光，而每片触指的烧伤面积达1/3以上者应进行更换。更换时可将黄铜套外侧的四个螺钉拧下，取下铜套即可更换。

（4）用专用扳手旋下铜压圈，取出上衬筒、调节垫、灭弧片和衬垫、下衬筒，将拆下的部件放在清洁的变压器油中清洗干净，检查其烧伤情况及灭弧片中心孔的尺寸，第一块灭弧片的中心孔直径超过36mm时，必须更换。

（5）用套筒扳手拧下铁压圈上的四个压紧螺钉，再用专用工具逆时针方向退下铝法兰，取出铁压圈和铝压圈（注意在拧下压紧螺钉时要将铝帽扶好）取下铝帽和瓷外套，然后按逆时针方向旋下玻璃钢筒，将其清洗干净放干燥处保存。

（6）从下法兰上，拧下固定中间触头的螺钉，取下中间触头，再将下法兰翻转（底朝上），拧下底部螺钉，取出密封油毡垫。检查中间触头有无过热和放电痕迹，检查油毡垫密封是否良好。

2.灭弧装置的组装

灭弧装置的组装应在中间机构箱检修和组装完毕之后按拆卸的相反顺序进行，在组装过程中应注意以下几点：

（1）装上中间触头后，在紧固其螺钉时应检查导电杆的运动是否灵活。

（2）为了使弧道能建立起高速气流进行强烈吹弧，必须保证排气通道畅通。为此，在组装灭弧室时要注意以下两个尺寸：

①铝帽凸台的上端面至铜压圈上端之间的距离不小于15mm；

②保护环与第一块灭弧片之间的距离为30±1.5mm（引弧距离）。

（3）在装入下衬垫和灭弧片之后，为保证引弧距离达30±1.5mm，故对第一片灭弧片上端至铝帽凸台上端面的距离有比较严格的要求：沈阳高压开关厂的产品为328±1.5mm，西安高压开关厂的旧产品应调到331±1.5mm、新产品为326±1.5mm。如达不到上述尺寸可以调节衬筒的垫片数。

（4）拧紧铁压圈的螺钉，以压紧铝帽。此时，注意检查瓷套管与下法兰周围间隙和瓷套与铝帽周围的间隙都应均匀。

（5）拧入通气管时，注意通气管下端螺纹应全部旋入铝压圈内，并与盖板上的孔对穿。

（6）装入静触头时，应用行程测量杆拧入导电杆的铜钨合金触头上（不能太紧，以免拆卸时将铜钨触头一起带下来），将导电杆拉入静触头内，使中间触头与静触头同心后，才能紧固铝帽凸台上固定静触头的螺钉，此时用手拉动导电杆，运动应灵敏。装入压油活塞后，其尾部螺钉暂时不安装，待断路器调整完毕后再装。

（五）中间机构箱的解体与检修

1.中间机构箱的结构

中间机构箱由两个对称的准确椭圆机构组成，通过它将提升杆的垂直运动变为两个对称的斜向直线运动，总行程为390mm。每一个准确椭圆机构由三块连板和上、下两个滑道组成。

2.中间机构箱的解体、检修

（1）打开所有窗孔的盖板。

（2）将两个上滑道的滑动轴销抽出，取出滚轮。

（3）将导电杆拉出，卸下导电杆末端的连接轴销，取下导电杆。

（4）从箱体两侧的轴窗孔内抽出连板与轴窗孔的固定轴销。从两旁侧窗孔中取出变直机构。

（5）将拆下的部件放在汽油中洗净，然后检查变直机构各连板有无变形、裂纹和毛刺等现象。

检查上滑道板的焊接处有无脱焊或断裂现象，滑道、滚轮和连接轴销有无磨损现象。

检查箱体有无渗油现象。根据检查的情况，对各部件存在的缺陷进行修理或更换。

3.中间机构箱的组装

（1）将变直机构从侧窗孔放入，然后将连板固定在轴窗孔上，再将导电杆的末端与连板固定。

（2）装上两个上滑道的滚轮和轴销，并检查两个轴销之间要保持2mm的间隙，以免相对运动时卡坏连板。下滑道的连接轴与轴销暂时不装，待最后进行整体组装时，再与提升杆连接。

（六）传动主轴的解体与检修

位于底架长方盒上的传动主轴，连接着内、外拐臂，是传动系统主要的部件。

1.解体

（1）取下外拐臂与水平拉杆轴销。

（2）拆开底架长方盒的盖板，松开外拐臂的紧固螺钉，抽出外拐臂，取出键销、外轴套、弹簧及黄铜垫圈。

（3）从底架长方盒内取出传动主轴、内轴套及密封橡皮垫圈。

2.检修

将拆下的零件清洗干净，检查内、外拐臂和主轴有无磨损、裂纹现象，磨损严重的应更换。检查传动主轴有无弯曲现象，键销和键槽配合得是否紧密。密封垫圈与弹簧有无变形现象。

3.组装

先将内拐臂侧的轴套装在主轴上，再套上三个密封圈（密封图凹槽一面向着有油的一侧，并涂二硫化钼）。

将主轴从长方盒内穿入，为了使主轴位于孔的中心，应先将外轴套装上，待主轴中心对准后，取下外轴套。然后将黄铜垫圈、弹簧装入，用外轮套压紧，最后装上键销与固紧螺钉（内、外拐臂夹角为90°）。

组装后检查主轴传动是否灵活，两拐臂不带负载时传动力不能大于8kgf。再进行分合闸检查：

（1）检查内拐臂中心是否与缓冲器中心一致。

（2）将断路器分闸，检查缓冲器的压缩行程是否为38～40mm，未达到此尺寸时可以调节垫片的数目（缓冲器压到距极限位置还应留有10mm的间隙）。

（3）断路器处于分闸位置时，外拐臂的大、小轴中心垂直距离：沈阳高压开关厂产品为67 ± 1mm，西安高压开关厂产品为66 ± 1mm。

（七）断路器的整体组装

1.支持瓷套与底架的连接

（1）吊起支持瓷套，将连接铁法兰套入，并将法兰水平托起，然后从法兰侧面小孔塞入卡固弹簧（让弹簧绕支持瓷套一圈），再放下法兰，使法兰均匀地压在支持瓷套的凸缘上。

（2）将底架上的密封橡皮垫圈垫好，对准底架上的螺钉孔将支持瓷套放下，对角旋紧法兰螺钉（拧紧时用力应均匀，以防瓷套底部裂开）。

（3）在支持瓷套内放入提升杆，然后在底梁长方盒的侧窗孔内用销子把提升杆与内拐臂连接起来，提升杆拧入接头的深度应大于30mm（最好拧到头）。将提升杆扶正，测量其20mm圆孔的下沿与支持瓷套上端面的距离是否为102mm，达不到此尺寸可以适当改变提升杆的拧入深度。

2.中间机构箱（连同灭弧装置）与支持瓷套的连接

（1）将上铁法兰套入支持瓷套，放上L形密封圈，吊起中间机构箱，放在支持瓷套上，（L形密封应对准中间机构箱下法兰的密封槽，并将上、下法兰的螺孔对准），稍抬起铁法兰，穿入卡固弹簧，均匀拧紧铁法兰上的螺栓。

（2）将油缓冲器打到分闸时的位置，调节提升杆的拧入深度，使滚轮下滑到滑道下沿的尺寸为15 ± 3mm时，用轴将提升杆与连板连接起来（注意提升杆的拧入深度不能小于30mm）。

3.连接相间的水平拉杆与操动机构之间的传动拉杆

（1）当内拐臂将油缓冲器压到分闸位置时，各断路器的外拐臂应相互平行，满足这一条件就可以将相间水平拉杆连接起来。

（2）断路器的油缓冲器分闸到底且液压操作机构的工作缸活塞也分闸到头以后，可以将传动拉杆连接起来。注意连接对各牵引杆拧入螺套的深度不能小于 20mm。

（八）组装后的调整

1.行程与超行程的调整

（1）要求导电杆的总行程为390^{+10}_{-15}，超行程为60 ± 5mm。

（2）测量方法。测量前，进行“慢合”操作，观察有无卡涩现象，防止在快速合闸时因超行程过大而损坏其他零件。测量时，先将行程测量杆拧入导电杆端头，超行程测量管在行程测量杆外，直接放在压油活塞尾部。以压油活塞的压板为基准点，分别测量出在分、合闸位置下测量杆和测量管伸出的长度，测量杆的差值为导电杆的总行程、测量管的差值为超行程。

（3）调整方法。

①调整总行程。由于内外拐臂的相对位置（90° 关系）已定，故导电杆的总行程只与工作缸的行程有关。在工作缸的行程一定[（130 ± 1）mm]的情况下，总行程已无调节的余量。这时，如果发现总行程过于偏大或偏小，则表明机构有问题，必须认真检查，一般容易出现的问题是：

a.传动系统的杠杆、连杆之间的配合间隙太大。

b.底架传动主轴弯曲变形或键松动。

c.操作机构和本体之间的传动拉杆、水平拉杆不在一条直线上。

d.安装基础刚度不够或地脚螺钉没有拧紧。

②调整超行程。影响超行程的因素如下：

a.总行程增大（或减小），超行程也随之增大（或减小）。

b.中间机构箱的尺寸加大（或减小），则超行程也加大（或减小）。提升杆每拧出一圈，中间机构箱相应增大3mm，超行程亦增加5mm（不影响总行程）。

c.导电杆拧出一圈，超行程相应加大2mm（不影响总行程）。

（4）调整需注意以下几点：

①分闸位置必须保证各个油缓冲器的压缩行程为38 ~ 40mm。

②先调行程，后调超行程，先调第一相，再调第二相、第三相。

③为保证导电杆连接螺纹有足够的强度，在尺寸为15 ± 3mm时，与导电杆相连的调节杆螺纹外露部分不得大于53mm（不包括螺母厚度，但包括与螺纹直径相同的无螺纹部分）。

④快速分闸前，底架长方盒内必须充满变压器油，否则分闸油缓冲器不起作用。

2.三相同期的调整和合闸保持弹簧的调整

三相同期的调整，可由适当改变超行程的大小来达到。

在断路器处于合闸位置时，合闸保持弹簧的有效长度应为450mm（可以达到460mm），否则应进行调整（用收紧或放松弹簧的尾部螺钉来调整）。

弹簧调好后，将断路器合闸，然后将操动机构箱（CY3型）的高压油放掉，检查断路器能否可靠地闭锁在合闸位置。

断路器调好后，一定要将压油活塞的尾部螺钉装上。

第四节　操作机构的检修及维护

一、弹簧操动机构检修维护

（一）弹簧操动机构的原理概述

1.弹簧操动机构的基本作用

弹簧操动机构主要由储能机构、电气系统和机械系统组成。

（1）储能机构。包括储能电动机、传动机构、合闸弹簧和连锁装置等。在传动轮的轴上可套装储能的手柄和储能指示器。全套储能机构用钢板外罩保护或装置在同一铁箱内。

（2）电气系统。包括合闸线圈、分闸线圈、辅助开关、连锁开关和接线板等。

（3）机械系统。包括合、分闸机构和输出轴（拐臂）等。

操作机构箱上装有手动操作的合闸按钮、分闸按钮和位置指示器，在操动机构的底座或箱的侧面备有接地螺钉。

2.弹簧操动机构结构概述

以CT14型弹簧操动机构为例：CT14型弹簧机构采用夹板式结构，机构的储能驱动部分和合闸驱动部分为凸轮—四连杆机构，在机构的右、中侧板之间布置凸轮、半轴、扇形板、输出轴、缓冲器、分合闸指示器、合闸电磁铁等零部件；在机构的左、中侧板之间布置棘轮、驱动块等零部件；转换开关、计数器、手动分合闸按钮等分别布置在机构箱的上部；储能电动机、加热器等布置在机构的下方；在左侧板的外面装有接线端子、小型断路器等；储能弹簧和切换电动机回路的行程开关布置在左、右侧板上面，机构通过固定在机构下部两个角钢上的安装孔，以及机构箱后面的安装孔用4个M20的螺栓与断路器相连。

CT14型弹簧操动机构的合闸弹簧储能方式有电动机储能和手动储能，分、合闸操作有分、合闸电磁铁操作和手动按钮操作。

（1）技术要求。参数是决定设备的重要依据，也是生产企业的设计设备保证其性能的基本要求。

①储能电动机。采用HDZ型交直流两用单相串激电动机。采用600mm（直径20mm）的储能手柄时，最大操作力小于370N。

②主拐臂用于将合闸弹簧势能通过连杆的传动使断路器实现分、合闸，它的输出轴工作转角为57°～60°。

③辅助开关用于接通转换分、合闸控制回路，同时将分、合闸状态下的信号通过导线传输，实现信号监视。辅助开关选用F9-20I/W型，共有10对动合触点，10对动断触点，允许长期通过电流不小于10A。

④行程开关用于控制储能电动机运转，当弹簧达到设计位置时断开电源，从而限制储能电动机继续运转；具有一对动合和一对动断触点，触点能通过的持续电流不小于5A。

（2）合闸储能。

（3）维持储能。弹簧储能后，并不需要立刻将能量释放使用，故需要一套机构将弹簧的势能储存起来。

（4）合闸与维持合闸。

（5）分闸操作。分闸操作分为手动按钮操作和分闸电磁铁操作两种。

（二）弹簧操动机构的检修技术

1.检修的目的和任务

（1）机构外观检查。

（2）储能回路检查。

（3）储能时间检查。

（4）机构联板、传动杆件、分合闸缓冲器、拐臂及各轴销检查。

（5）合分闸掣子动作间隙、驱动凸轮与合闸拐臂滚子之间的间隙检查。

2.检修作业准备

（1）技术资料准备。包括说明书、预防性试验规程、试验报告、检修报告、作业指导书（卡）。

（2）工器具及材料。包括活口扳手（10cm）、开口扳手（12～14cm）、钢板尺（600mm）、钳子、尖嘴钳、螺丝刀（一字、十字）、万用表、机油壶、工具车。

（3）材料准备。包括润滑脂、凡士林、棉布、汽油、油漆等。

（三）危险点预控分析

1.防触电伤害

（1）断开机构电动机电源，用万用表测量后，确认无电压。

（2）断开机构控制回路电源，确认控制熔断器已断开。

2.防止机械伤害

（1）检修前必须释放弹簧能量，确认合闸弹簧无拉伸或压缩（释放状态）。

（2）机构与断路器本体处于分闸状态，确认分闸弹簧处于无拉伸或压缩（释放）状态。

（四）弹簧操动机构的测量与调整技术

1.断路器分、合闸的速度及分、合闸的时间测量

（1）分、合闸速度。断路器的分、合闸速度包括刚分速度、刚合速度和最大分合闸速度，通常认为刚分速度是动、静触头分离后10ms内的速度，刚合速度是动、静触头闭合前10ms内的速度，分、合闸的最大速度是指触头在整个行程上某一区间的最高速度。

（2）调整断路器所配置CT14机构速度的步骤为：分、合闸速度的调整通过调整分合闸弹簧预拉伸长度来实现，用示波器及测速板测量。

刚合速度在上限，调整合闸弹簧的紧固螺栓使其减少（松动缩短）外露长度，反之应紧固螺栓使其延长外露长度，合闸弹簧的预拉伸范围为15～30mm。

（3）配用弹簧机构时，断路器的速度是如何调整的。这种断路器的合闸能量是由操动机构储能弹簧供给的，合闸速度由储能弹簧的能量决定。因此，可通过直接改变储能弹簧的拉伸长度来调整断路器的合闸速度。

一般配用弹簧机构的断路器都得装设分闸弹簧。断路器的分闸速度是通过分闸弹簧的拉伸（或压缩）来调整的，在速度调整时，一般应先调整分闸速度使之合格，然后再调整合闸速度。

（4）弹簧操动机构必须装有未储能信号及相应的合闸回路闭锁装置。由于弹簧机构只有当它已处在储能状态后才能进行合闸操作，因此必须将合闸控制回路经弹簧储能位置开关触点进行连锁。弹簧未储能或正在储能过程中均不能进行合闸操作，并且要求发出相应信号。

另外在运行中，一旦发出弹簧未储能信号，就说明该断路器不具备一次快速自动重合闸的能力，应及时进行处理。

2.动作电压的调整

（1）合闸不合格的调整。合闸不合格一般通过改变合闸电磁铁铁芯螺栓的长短来实现，反复进行调整直至合格。

合闸电磁铁拉杆螺钉的调整，调节连接合闸电磁铁铁芯的拉杆长度应使铁芯露出合闸电磁铁约20mm。

（2）分闸不合格的调整。凸轮连板机构的半轴位置调整是改变分闸扣接量来实现的。半轴位置正确与否直接关系到机构动作的可靠性和安全性。机构在合闸位置时，半轴与扇形板扣接量的调整是通过调整螺钉来实现的，调整在2～4mm的范围内，半轴由于惯性将继续按顺时针方向转动，这个转动的极限位置是通过调整限位螺钉来控制的，要求半轴转动到极限位置时，半轴的平面与地平面平行。

（3）合闸连锁板位置的调整。合闸位置连锁板的调整是通过调节拉杆的长度来实现的，要求在机构输出处于分闸的极限位置时连锁板还应向下推动2～3mm。

（4）储能维持定位件与滚轮之间扣接量的调整。扣接量的多少关系到合闸能量的释放，这个扣接量通过调整定位件与手动合闸按钮之间的拉杆长度来实现。

一般应使滚轮扣接在定位件圆柱面的中部附近，当合闸电磁铁吸合到底时，应能可靠地将定位件与滚轮解扣。

（5）转换开关的调整。转换开关与输出轴之间的动作关系由调节它们之间的拉杆长度来实现。调整时应松开与之连接的M6螺母，延长或缩短拉杆长度使其接点接触良好，调整完成后应紧固螺母。

（6）分、合闸指示牌的调整。分、合闸指示牌的位置调整通过调节连接它和输出轴之间的拉杆来实现。

（7）行程开关的调整。行程开关位置的调整通过行程开关本身及其安装板上的安装孔来实现，调整中应保证当挂弹簧拐臂到储能位置时使行程开关接点分断，同时还应保证行程开关的行程有一定的裕度（超行程约2mm），以免损坏行程开关。

二、液压操动机构检修维护

液压操动机构利用液体不可压缩的原理，以液压油作为能量传递介质，将高压油送入工作缸两侧来实现断路器分、合闸操作。因此，其优点是输出功率大、延时小、动作快；负载特性配合好、噪声小；速度易调变、可靠性高、维修方便等。缺点是加工工艺要求高，如果制造或装配不良，容易渗漏油，速度特性易受环境温度的影响。

（一）液压操动机构的原理概述

1.液压操动机构分类

（1）按储能方式，可分为非储能式和储能式两种。一般来说，非储能式用于隔离开关，储能式用于35kV及以上的断路器或110kV及以上的单压式SF_6断路器。

（2）按液压作用方向，可分为单向传动式和双压传动式两种。

（3）按液压传动方式，可分为间接（机械—液压混合）传动和直接（全液压）传动两种。

（4）按充压方式，可分为瞬时充压式、常高压保持式、瞬时失压—常高压保持式三种。

常高压保持式液压操动机构是目前使用较为普遍的一种结构形式。瞬时失压—常高压式液压操动机构的最大优点是结构简单、制造维修方便，合闸结束后无须任何连锁装置，由高压油直接保持。由于分闸时只需失压即可动作，因此固有分闸时间短而稳定。但是，它的工作缸利用率低，对密封元件的质量要求较为严格。

2.液压操动机构结构原理

（1）液压机构组件的布置。断路器配有一台液压柜，内装有控制阀（带分合闸电磁铁）、油压开关（微动开关）、电动油泵、手力泵、防震容器、辅助储压器、信号缸、辅助开关、主油箱、三级阀（三相联动操作机构有）等元件。

液压柜（液压机构）与断路器每相间用油管连接，断路器每相中的密度继电器和主储压器漏氮报警装置与汇控柜之间也用电缆连接。

①在每相支柱下设工作缸，采用全液压联动，可排除液压系统的相互干扰，易实现相间分、合闸操作的同步。

②每个工作缸旁装有主储压器，可实现快速供油且油压降低，并可缩短合闸时间。

③在每个工作缸旁装有辅助油箱，可实现分闸时快速排油，以缩短分闸时间。

④采用弹簧油压行程开关监测油压，可减小环温变化对压力整定值的影响。

⑤采用防震容器，可减小油泵打压时的压力波动。

⑥信号缸传动辅助开关结构可靠，信号缸能缩短辅助开关触点的切换时间，以保证断路器的自卫能力。

⑦采用防震型油压力表，可减小油泵运转时机械震动对压力表的影响；压力表的

油路设有阀门，巡视时打开，运行时可将阀门关闭，以提高使用寿命。

（2）液压操作机构主要元件的作用及工作原理。

①工作缸作用及工作原理。工作缸是完成断路器分、合闸的驱动装置与供排油阀组成一个驱动整体，也是液压机构的执行元件。

它和提升杆连接，带动三连箱中的拐臂使断路器分、合闸运动。

工作缸的原理：当液压系统打压后，常高压油进入工作缸活塞分闸侧，使断路器保持分闸状态，而工作缸活塞合闸侧为零压，当断路器接收合闸命令后，合闸高压油经管路进入工作缸的合闸端，由于活塞合闸端截面积大于分闸端面积，利用压差原理推动活塞向合闸方向运动，带动断路器合闸。当断路器接收分闸命令之后，活塞合闸侧高压油经排油阀排至副油箱，而后返回主油箱。活塞分闸侧常高压油推动活塞向分闸方向运动，带动断路器分闸。液压操动机构采用差压式动作原理。

②供排油阀的作用及工作原理。供排油阀是液压系统中的执行元件并与工作缸组成驱动整体。它用于控制工作缸中高压油的充入和排放，完成活塞的上（合闸）、下（分闸）运动。

工作原理：供排油阀的行程、开距以及定径孔的大小，决定了断路器的分、合闸速度的大小和分、合闸时间的快慢。当接到合闸命令后供油阀打开，同时排油阀关闭，高压油经供油阀进入工作缸活塞合闸侧使断路器合闸；当接到分闸命令后，排油阀打开，同时供油阀关闭，工作缸活塞合闸侧的油经排油阀迅速排入辅助油箱，工作缸活塞分闸侧常高压油推动活塞使断路器分闸。

③控制阀的作用及工作原理。控制阀是分闸一级阀、合闸一级阀及二级阀的装配体，是液压机构的核心，它接收分、合闸命令去执行分、合闸动作。

防慢分的结构：当控制阀处于合闸位置液压系统油压降为零时，由于二级阀内部的钢球位于阀杆上的“V”形槽内，钢球施加在阀杆上向下的合闸力大于复位弹簧的弹力，从而使阀杆保持在合闸位置。这样在重新打压时，使二级阀可靠地保持在合闸位置。

当控制阀处于分闸位置液压系统油压降为零时，由于钢球不进入槽内，阀杆维持在分闸位置，这样在重新打压时，断路器也不会有任何异常动作。

在正常操作条件下，分、合闸操作时，由于二级阀内阀杆所受钢球作用的轴向力，远小于分、合闸操作时阀杆所受的液压力，所以不会影响液压机构的分、合闸动作性能。

④主储压器的作用及工作原理。主储压器是液压操作系统的能源，为断路器提供

分、合闸使用。

工作原理：储压器是液压操作系统的能源，储压器活塞上部预先充有18MPa的压缩氮气储能时，油泵打压将高压油压入储压器活塞下部，当油压高于预压力时，则油压推动活塞向上运动，进一步将氮气压缩，从而储存了能量；当压力升高至32.6MPa时，油泵停止打压，储能结束，以备断路器分、合闸使用。

⑤油压开关的作用及工作原理。“压力监视”是液压机构的重要组成部分之一，它主要用于测量、监视液压系统的压力值，也可借助于该部分的放油阀将液压系统高压油放回油箱。

油压开关组件由四部分组成：安全阀、压力继电器、辅助储压器、压力表。安全阀：当油泵停止工作时，逆止阀关闭，安全阀被隔离在高压系统之外。如果油泵在环境温度比较低时打开，而在油泵停止工作期间，环境温度过分升高（如日照），液压系统中会产生过压，此时安全阀起动泄压。安全阀也会在液压系统受到非正常的过压时开启。

油压开关是液压系统中的主要元件（微动开关4只，最多可装6只，4只分别为：油泵起动和停止、合闸闭锁、分闸闭锁、失压闭锁），它能反映液压系统的压力数值。当压力低到31.6MPa时，起动电动油泵补压至32.6MPa时油泵停止。

对应的压力值如下。

合闸闭锁：若油泵不起动补压压力降到27.8MPa时，断开合闸操作回路。

分闸闭锁：当压力降到25.8MPa时，断开分闸操作回路。

⑥油泵的作用及工作原理。油泵在机构中作为储能的主要部件，高压油泵是径向双柱塞油泵，它的功能是完成将低压油经过电动机旋转，带动曲轴使柱塞双向运动，将预储存的气体进行压缩形成势能。

工作原理：当电动机运转带动曲柄转轴转动，曲柄转轴每旋转一周，推动柱塞向阀座做压油运动一次，柱塞被推动时，吸油阀关闭，油被压缩使排油阀打开，高压油进入高压油管，同时另一个柱塞在弹簧的作用下，做吸油运动，即吸油阀打开，低压油箱内的油进入泵腔，当曲柄转轴转动180°，该柱塞推动压油。两个柱塞做交替压油和吸油动作，将低压油变成高压油至额定压力，储能结束。

高压油进入防震容器后，由于防震容器内存有少量空气，因而油压的脉冲被减小。高压油途经逆止阀后，对主储压器、辅助储压器、油压开关中的辅助储压器同时储能。

当油泵停止打压时，逆止阀自动关闭，将电动油泵和手动油泵从高压系统中隔离出来，以减少油压泄漏及便于油泵检修。

正常情况下，当储压器内预充氮气压力在规定值时，高压油压力数值由已调好的油压开关中的压力控制微动开关来控制。如果控制油泵的电气回路发生故障且油泵打压超过规定值，则安全阀动作，释放高压油，以保证液压系统不出现危险的过压。

⑦手动油泵的作用及工作原理。手动油泵是液压机构的辅助储能设备，它主要用于调试断路器，也用于液压元件局部的漏油试验和强度考核，在不得已的情况下（所有电源全停），可以用手动油泵储能进行断路器分、合闸操作。手动油泵与电动油泵功能相同。

工作原理：手柄上下运动时，带动柱塞上下运动，当柱塞向上运动时，逆止阀钢球首先关闭，使腔内压力降低形成真空，进而变成负压。由于压力差的关系，进油管侧的低压油经过阀座上的小孔，把钢球推开，进入负压腔内，完成手动油泵的吸油过程。当柱塞向下运动时，压缩吸入腔内的油，首先使逆止阀钢球，使腔内的油不能返回低压油箱；然后高压油经过阀座上的另一个小孔把钢球顶开，进入接头的高压腔内，完成压油的过程，这样循环进行达到额定压力值。

⑧信号缸的作用及工作原理。信号缸是液压机构的信号源，它显示断路器机构所处的分、合闸位置，给出分、合闸位置信号以及接通或断开分、合闸操作回路。

工作原理：当液压系统打压后，常高压端（信号缸的分闸端）就充有高压油，而合闸端则为零表压，断路器和液压系统处于分闸状态。当液压系统接收合闸命令之后，合闸高压油同时经各自的管路进入断路器工作缸和信号缸的合闸端，由于信号缸齿条两端的活塞截面积不相等，合闸端大于分闸端，利用压差原理合闸端活塞推动齿条向分闸端移动，齿条带动齿轮轴转动，齿轮轴带动辅助开关转动，从而达到信号缸与断路器同步合闸。当液压系统接收分闸命令后，断路器工作缸和信号缸合闸高压油经泄压阀和管路排至低压油箱，常高压油推动工作缸和信号缸向合闸端运动，信号缸齿条带动齿轮轴转动，齿轮轴带动辅助开关转动，从而达到信号缸与断路器同步分闸的目的。

⑨三级阀的作用及工作原理。对汇总分配二级阀送来的液压油传输信号，经调节上部螺栓可防止断路器重新打压时造成的慢分。

工作原理：三级阀有二出口和三出口两种，二出口三级阀使用在LW6–500型断路器上，控制一级两个支柱。三出口三级阀使用在LW6–220型三相联动断路器上，它将二级阀送来的合闸信号分配给A、B、C三相，起动各相的供排油阀，使断路器合闸。螺塞是为慢分闸而设计的，若断路器处在合闸状态，某种原因油压降为零，若要重新打压必须将螺塞往下拧，使顶杆将阀杆压在阀座上，使液压系统保持在合闸位置。此时起动油泵打压，高压油通过三级阀直接进入供排油阀的供油阀而进入工作缸活塞合闸侧，使断路器仍保持在合闸位置。按下合闸按钮，使合闸一级阀及二级阀处在合闸状态，将螺塞拧回原位。

（二）液压操动机构的检修项目

（1）检查油过滤器及液压油的过滤器或更换。

（2）压力开关的检查校验。

（3）液压元件的检查。

（4）压力表的检查及校验。

（5）辅助回路和控制回路绝缘电阻测量。

（6）保压试验。

（7）油泵打压时间检查。

（8）分、合闸油压降检查。

（9）动作电压校验。

（10）检查连锁、防跳及非全相合闸等辅助控制装置的动作性能。

（三）断路器液压操动机构的检查方法

1.外观检查

（1）检查油箱的油位，无油压时超过油位指示器的上限，当系统建立压力时，油面将自动下降至规定油位线（不带油出厂的机构除外）。

（2）检查操动机构箱内务管接头处是否有渗油痕迹。

（3）检查电气面板上各元件是否有损坏，接线是否有脱落。

2.常高压系统检查

（1）进行放气。油泵放气：在起动油泵前，必须先把液压泵上的放油阀打开。这时，油箱内的油液因自重而慢慢地经过滤油器进入油泵低压侧，见油溢出时，立即关闭放油阀。

液压系统放气：①打开放油阀，起动液压泵，使管道中一部分气体通过放油阀放入油箱；②将断路器慢分、慢合，并分别置于分、合闸位置，打开位于液压系统最高点的放气阀（螺钉），关闭放油阀，起动油泵，待放气阀处乳状油液消失后，关闭油泵，放气完毕，拧紧放气阀。

（2）起动油泵。当油压上升至比预压力大1.0～2.0MPa时，关闭液压泵，观察机构箱内各处的外泄情况。若有，适当地拧紧螺母，如发现已经拧紧，则应拆开观察，仔细检查是否安装偏斜，如偏斜，则应重新装正。若卡套本身已损坏，则应调换。

3.压力继电器的活塞杆行程检查

实质上，活塞杆的行程就是从侧面反映预压力的变化情况，以系统压力为零时的活塞杆位置为基准点，当油泵起动至说明书所规定的油压而自动停止时，活塞杆的露出长度为L（一般制造厂均提供该数据），若实测值大于该值，说明氮气侧已进油；若实测值小于该值，则说明已漏氮。当油泵自动停止时，压力表上的压力读数已大于说明书中规定的停止压力值（扣除环境温度影响后），也可以说明氮气侧已进油；若压力表读数低于规定的停止压力值，说明漏氮。

4.阀系统检查

将油泵加压至自动停止，分别将开关处于分、合闸位置上，隔30min，记录下压力值和环境温度，并测量压力继电器活塞杆伸出的长度值，隔24h并扣除环境温度影响后，比较压力表读数，压力下降值一般不超过1.0～2.0MPa，活塞杆长度下降一般不得超过10～20mm（参见相应的说明书规定）。若超过规定值，说明机构阀系统内部泄漏较大，应予以解体检查。

5.油泵流量检查

自蓄压筒预压力开始，升至油泵自动停止所需的时间，一般应小于3min。

6.安全阀动作压力检查

如果有安全阀，将油泵升压至停止压力后，人为接通油泵起动触点，油压继续上升，当达到安全阀动作压力时，必须释放油压，且压力不再上升。否则，应予以调整。

7.压力继电器动作压力检查

检查压力继电器各触点的动作压力值是否符合制造厂说明书的规定值。

8.传动系统检查

进行断路器慢分、慢合动作：

（1）慢合：打开放油阀，将油压释放至零，关闭放油阀，按下合闸电磁铁顶杆，起动油泵，断路器应慢合闸（当断路器合足时，表上压力便骤增至蓄压筒预压力），观察各传动部分，应运动灵活，无任何卡住停顿、跳动现象，并细听，在断路器内部应无异常响声。

（2）慢分：打开放油阀将油压释放至零，再关闭放油阀，按下分闸电磁铁顶杆，起动油泵，断路器应慢慢分闸（当断路器分足时，表上压力便骤增至预压力），同慢合一样，观察灵活性和细听有无异常响声。

（3）在慢分、慢合过程中，如有必要，可对工作缸（或断路器）的行程进行测量。

（4）还应观察信号缸（如果有的话）、辅助开关、分合闸指示牌、计数器等元件的转换正常与否。在确信断路器及操动机构的动作情况正常后，方可进行快速操作。

9.防“失压慢分”检查

首先，使断路器处于合闸位置，然后打开放油阀，使系统油压释放至零，再关闭放油阀，起动油泵，使系统重新建立压力，此时的断路器及操动机构仍应维持在合闸位置。

第四章　变压器的检修及维护

第一节　变压器的检修

一、变压器的概述

（一）电力变压器的构成

电力变压器（大容量变压器）主要由器身、油箱、冷却装置、保护装置、出线装置五大部分组成，其由下述各部分构成。

（1）器身。其中包括铁芯、绕组、绝缘、引线、分接开关等部件。

（2）油箱。包括油箱本体（箱盖、箱壁、箱底、钟罩下节油箱等）及附件（放油阀门、油样阀门、小车、接地螺栓、铭牌等）。

（3）冷却装置。包括散热器或冷却器。

（4）保护装置。包括储油柜、油表、防爆管、呼吸器、测温元件、热虹吸（净油器）、气体继电器等。

（5）出线装置。包括高、中、低压套管等。

（二）变压器主要部件的功能、构造及其工作原理

1.铁芯

铁芯是变压器的主要部件之一，其对变压器性能有很大的影响。

（1）铁芯的构成。变压器铁芯由芯柱和铁轭构成。三相变压器的铁芯有三根芯柱，每根芯柱上放置着每相的一、二次绕组。

（2）铁芯的叠装。变压器铁芯通常采用厚度为0.35mm的硅钢片，经过裁剪制成

形片，分层叠装成形的铁芯。为了增加硅钢片的电阻率，钢片中渗入4%～5%的硅，而且钢片的两面经氧化形成漆膜，使片间有良好的绝缘，以降低涡流损失。为了避免钢片在叠装时形成明显的气隙，常以2～3片作为一个叠层，使相邻叠层间的接缝彼此覆盖，以降低整个磁路的磁阻。

硅钢片有热轧和冷轧两种，晶粒有有趋向和无趋向之分。由于冷轧钢片顺辗轧方向的磁导率高，垂直辗轧方向的磁导率低，故叠片在冲剪时应裁成斜切式。

为了能充分利用圆形绕组内空间中的面积，节约用铜量，铁芯柱的截面多制成内接多级阶梯形。大型变压器的铁芯还设有油道，以利变压器油循环，加强散热效果。铁轭截面有矩形、T形和阶梯形几种。

（3）铁芯的夹紧。铁芯叠装之后，要用槽钢夹件将上、下铁轭夹紧，大型变压器的夹紧螺栓要穿过铁轭。为了不使夹件和夹紧螺栓中形成涡流损失，在夹件、螺栓与铁轭之间必须用绝缘纸板和套筒进行绝缘。夹紧装置松动必将增加变压器在运行中的噪声。

（4）铁芯的接地。为了防止在运行中变压器铁芯、夹件、压圈等金属部件感应悬浮电位过高而造成对地放电，这些部件均需单点接地。铁芯接地的方法是用薄铜片，一端夹于铁轭与两硅钢片之间，另一端夹在夹件与绝缘纸板之间。接地片一般放在低压侧，引出线侧。大型变压器的铁芯接地是用套管引出，该套管运行中应可靠接地。

2.绕组

绕组也是变压器的主要部件之一。变压器每相的一、二次绕组通常同心地套装在一根铁芯柱上。由于低压绕组对铁芯的绝缘要求低，故将其布置在贴靠铁芯的内层，高压绕组布置在外层，如此可借低压绕组之助，提高高压绕组和铁芯间的绝缘水平，小容量变压器的高压绕组通常采用高强度漆包线、纱包线绕制在绝缘纸板卷成的圆筒上，形成圆筒形线圈，线匝的层间垫以绝缘或油道。

大容量变压器高压绕组多采用连续式，连续式绕组的盘与盘之间有横向油道，以加强绕组的绝缘加冷却。低压绕组由于导线截面较大、根数较多，一般采用螺旋形绕组，分为单组螺旋和多组螺旋。多根导线并绕时，母线多取径向排列，因导线所处位置不同，外层导线每匝长度比内层长得多，为避免争导线长度和阻抗相差太大，致使电流在各条导线中分布不均，增大铜损，故在绕制中需将导线换位。

3.油箱和变压器油

油箱是油浸式变压器的外壳，变压器的器身置于油箱的内部，箱内注满变压器油。油箱分箱盖、箱体、箱底三部分。

中小型变压器多制成箱式，即将箱壁与箱底焊接成一个整体，器身置于箱中。检修时，需要将器身从油箱中吊出。

大型变压器油箱皆制成钟罩式，即将箱盖和箱体制成一体，罩在铁芯和绕组上。这将为检修提供方便，检修时只需把钟罩吊起，器身则显露出来，这要比吊起沉重的铁芯方便得多。近年来，10000kVA以上的电力变压器多制成钟罩式。

油箱中注满变压器油，其作用是为了冷却和绝缘。变压器油的主要指标是绝缘强度、黏度、酸价、闪点、凝固点、水溶性酸等。

变压器油要求十分纯净，不含杂质，如酸、碱、硫、水分、灰尘、纤维等。即使其中含有少量的水分，也将使其绝缘强度大大降低，同时水分将腐蚀金属，降低散热能力。故油面应避免与空气接触，以防止受潮和氧化，降低绝缘和散热能力。

4.储油柜、呼吸器和防爆管

（1）储油柜的作用。变压器在运行中，因铁芯和绕组发热，会使油温增加，油的体积因此而膨胀。如果不设储油柜，油将不能注满油箱，因此，必须留有足够的空间，以供油膨胀之用。由于箱体的截面很大，当变压器负荷降低时，油温下降，体积缩小，油面将会与大面积的空气接触，如不设置储油柜，势必加速油的吸潮和氧化。设置储油柜之后，为变压器油提供了膨胀室，缩小了油与空气的接触面积，可大为延缓油吸潮和氧化的速度，且可防止因油膨胀导致箱体受高压而产生爆炸。

此外，设置储油柜之后，可使油面高度超过箱盖和套管的高度，使绝缘套管中充满变压器油，以增加引出线的绝缘强度。储油柜通过连通管，经气体继电器、蝶形阀与箱体连通。储油柜上设有监视油面的油位表，储油柜上端设有加油孔，储油柜内装有与空气连通的管子，该管的下端装有呼吸器。这根管子的高度应高于变压器油温最高时的油面高度，以防止油的溢出。

（2）防爆管的作用。防爆管是变压器的安全保护装置，800kVA以上的变压器皆应设这种保护装置。防爆管的下端开口接于油箱盖，与油箱相通，上端用2～3mm的玻璃密封。储油柜顶部用小管与防爆管相通。当变压器内部发生故障时，变压器油被分解，产生大量气体，呼吸器排放不及，致使储油柜和防爆管上部气体压力增大；当压力增至0.5个大气压时，气体和油将冲破防爆管的密封玻璃向外喷出，降低油箱内的压力，防止油箱爆炸。

（3）呼吸器的作用。呼吸器内部装有用氯化钴浸渍过的硅胶，具有很强的吸潮能力，当含有水分的空气经呼吸器进入储油柜时，水分将被硅胶所吸收，以减小进入变压器的空气的水分含量。呼吸器下端有一个油封装置，使空气不能直接经呼吸器进入变压器，以降低油的吸潮和氧化速度。硅胶除能吸潮之外，还能起到指示剂的作用，因其吸潮饱和时，颜色由蓝变红。一般硅胶变色达2/3时，值班人员应通知检修人员更换，以保证呼吸器的有效作用。

5.绝缘套管

为了将变压器绕组的引出线从油箱内引出到油箱外，则引线在穿过接地的油箱时，必须将带电的引线与箱体靠地绝缘，所用的绝缘装置便是绝缘套管。目前广泛使用的绝缘套管有以下几种。

（1）10kV瓷套管。10kV及以下的引出套管为单体瓷质绝缘套管。瓷套内穿过一根导电的铜杆，该铜杆以空气和瓷套绝缘。

（2）60kV的瓷套管。60kV及以下采用瓷质充油式绝缘套管，该套管的导电杆与瓷套间充油绝缘，故套管与变压器箱体相通。因为储油柜中的油面高于套管顶部，因此，套管顶部及套管与箱盖的接合处皆有橡胶密封垫圈，以防止渗漏油。套管的顶端有一个放气螺孔，变压器安装或大修后，必须将该螺孔打开，待油溢出后，将套管内的空气排净，再拧紧堵塞螺钉，以防套管内存有空气，在强电场作用下而击穿。

（3）电容式套管。如110kV全密封油浸纸质电容式套管，这种套管的铜制芯管上包有锡箔和绝缘纸，其分层缠成线垂形。套管内注变压器或电缆油，形成自身的密封体，不与变压器箱体相通。套管内部装有供测量和保护用的电流互感器，110kV及以上的出线均采用这种类型的套管，其优点是体积小、重量轻。

6.变压器的冷却装置

变压器的冷却装置是将变压器运行中由损耗所产生的热量散发出去，以保证变压器安全运行的装置。其冷却方式有如下几种。

（1）油浸自冷式。油浸自冷式一般为平板式箱壁冷却，即在箱壁上焊有散热片，以增加散热面积。容量稍大的变压器，采用管式散热器，即在箱壁周围纵向焊上上、下端皆与油箱内腔相通的散热钢管，增大散热面积并为油循环提供通路，以加强散热效果。

（2）油浸风冷式。当变压器容量超过5000kVA时，因其散发的热量大，如完全依靠自然冷却，则需很多的散热器。这一方面会导致变压器的体积和占地面积都大，另一方面也会抬高变压器的造价。因此，在拆卸式散热器框内，装上冷却风扇，以加速散热器中油的冷却。

（3）强迫油循环冷却。强迫油循环冷却分为风冷和导向冷却方式。

①强迫油循环风冷。YF型强迫油循环风冷却装置其工作原理：用潜油泵将油箱中上层热油抽出，经上部联管进入冷却器的上油室，热油靠导风筒上的风扇送风冷却后，由潜油泵打入油箱底部，从而冷却铁芯和绕组。如此一来，油温再次升高，借助潜油泵的抽力，热油再次快速上升到箱体顶部从而形成油循环。

②强迫油循环导向冷却。这种冷却方式是用潜油泵将油送入绕组、铁芯内的油道中，使其热量直接被冷却油带走。箱体上层的热油由潜油泵抽出，经水冷却器冷却后，由潜油泵打入油箱底部，形成强迫油循环。

7.温度计

温度计是用来测量油箱上层油温的，通过对油温的监视，可判断变压器运行是否正常。按变压器容量的大小，温度计可分为水银、信号和电阻温度计3种，下面来介绍这3种温度计的工作原理和适用场合。

（1）电阻温度计。电阻温度计又称为遥测温度计，用于遥测油温的场合，其构成原理是惠斯通电桥。测温电阻由铜线绕制，放在变压器油箱中，该电阻与校正电阻、平衡电阻串联后，构成电桥的一臂。当变压器油温变化时，测温电阻的阻值随之变化，电桥失去平衡。于是指温计便可显示相应的油温值。

（2）信号温度计。容量为8000kVA以上，对110kV的电网包括6300kVA的电力变压器多采用电阻温度计和信号温度计。信号温度计的结构组成部件包括带电气接点的温度计表盘和测温管，两者之间用金属软管连接起来。测温管固定在油箱顶盖上的一个开口的套筒内，套筒内注满变压器油。测温管和金属软管之间用管接头连接。软管的另一端接到温度计的气压弹簧管，管内充满氯甲烷。当油温变化时，氯甲烷的压力随之变化，致使弹簧管变形，导致表针偏转，指示出相应的温度值。在指针的轴上固定一个接触板，它沿着两个带有触头的扇形片滑动，两个扇形片分别接到黄色和红色的示位指针上。当油温上升到示位指针所整定的数值时，两对接点分别接通，发出信号或者起动冷却系统的自动装置。信号温度计的接点容量，对交流220V，电流为0.25～0.3A。信号温度计表盘装于油箱侧面，距地高度为1.5m。大型变压器装有两个信号温度计，以测量不同位置的上层油温。

（3）水银温度计。在中、小型电力变压器上，用刻度为0～150℃的水银温度计。通常，把温度计放在上端开口的、用薄钢管制作的外罩中，顶部有盖子，通过钢法兰把温度计安装到油箱盖上。测温筒插到油箱里面，经常工作在绝缘油当中。水银温度计安装在电力变压器的低压侧，以便监视温度。

（三）变压器过负荷及并列运行

1.变压器过负荷

变压器过负荷是指变压器在运行时传输的容量超过了变压器的额定容量。变压器过负荷能力的大小和持续时间取决于：①变压器的电流和温度不要超过规定的限值。②在整个运行期间，变压器的绝缘老化不超过正常值，即不损害正常的预期寿命。这是因为，当变压器的负荷超过额定值时，将产生诸如变压器的绕组、绝缘部件、油、铁芯等温度升高的效应，并使变压器的寿命缩短。

（1）变压器正常过负荷。变压器的实际负荷情况存在昼夜不均和季节性差异，且大部分运行时间的负荷都低于额定负荷，没有充分发挥其带负荷能力；而且年平均环境温度一般也低于规定的温度。若仍可获得规定的使用年限，将平时欠负荷和低温期间所少损耗的寿命用于补偿过负荷期间多损耗的寿命。因此，油浸式变压器在必要时完全可以过负荷运行，这种必要时所允许的过负荷，称为正常过负荷。可见变压器的正常过负荷是以不牺牲其正常寿命为原则而制定的。

有关规程规定，对室外变压器，总的过负载不得超过30%，对室内变压器不得超过20%。

（2）变压器事故过负荷。当电力系统发生故障时，为了保证重要用户的连续供电，允许变压器在短时间内过负荷运行，称为事故过负荷。可见，事故过负荷时变压器绝缘的老化加速则是次要的，所以事故过负荷和正常过负荷不同，它是以保证供电的可靠性为前提，以牺牲变压器的寿命为代价的。但因这种损失要比对用户停电带来的损失小得多，因此在经济上仍然是合理的。

变压器过负荷时，可采取下列方法予以消除：投入备用变压器；转移负荷；改变电网接线方式；按有关规定进行拉闸限电。

2.变压器并列运行

变压器并列运行是将两台或多台变压器的一次侧和二次侧绕组分别接在一起，同时向负载供电。

（1）并列运行的优点

①提高供电可靠性：当一台变压器退出运行时，其他变压器仍可照常供电。

②提高运行经济性：在低负荷时，可停运部分变压器，从而减少能量损耗，提高系统的运行效率，并改善系统的功率因数，保证经济运行。

③减少备用容量：为了保证供电，必需设置备用容量，变压器并列运行可使单台

变压器容量较小，从而做到减少备用容量。

④便于安排检修：当然，并列变压器的台数也不宜太多，因为在总容量相同的情况下，一台大容量变压器要比几台小容量变压器造价低，基建投资少，占地面积小；多台也不便于设备管理和检修。

（2）变压器并列运行的理想情况

①空载时并列的各变压器副边绕组之间没有环流；

②负载时各变压器对应相的电流相位相同；

③带负载后各变压器的负载系数相等。

（3）并列运行必须满足的条件

并列运行的变压器必须满足以下条件：

①变压器的连接组别相同，即要求极性相同、相位相同；

②变压器一、二次额定电压相等，即变比相同（一般允许有 ± 0.5%的差值）；

③变压器短路电压百分值（阻抗电压）相等（一般允许有 ± 10%的差值）。

除满足以上三个基本条件外，为合理分配负载，防止小容量的变压器过载，大容量的变压器得不到充分利用，要求投入并列运行的各变压器，最大容量与最小容量之比不宜超过3 ∶ 1。

（4）条件不满足时出现的后果

①变压器的连接组不同时，将会在变压器的副边绕组所构成的回路上产生一个很大的电压差，这样的电压差作用于变压器必然产生很大的环流，可烧坏变压器的绕组，因此连接组别不同的变压器绝对不能并列运行。

②变比不相等时，在并列运行的变压器之间也会产生环流，产生额外的损耗，也占用变压器的容量。

③短路电压百分值不相等时，各并列变压器承担的负载系数将不会相等。短路电压百分值小的变压器带的负荷较多，可能出现过负荷甚至有烧毁现象。

3.变压器损耗

在能量传递过程中，变压器本身将产生损耗。变压器的损耗分铜耗和铁耗两种。

（1）铜耗是电流在绕组中产生的电能损耗。铜耗分为基本铜耗和附加铜耗。基本铜耗是电流在一、二次绕组电阻上的损耗；附加铜耗包括因集肤效应引起的损耗以及漏磁场在结构部件中引起的涡流损耗等。铜耗大小与负载电流平方成正比，随着负载电流的变化而变化，故也称可变损耗。

（2）铁耗是交变磁通在铁芯中产生的磁滞和涡流损耗。铁耗包括基本铁耗和附加铁耗。基本铁耗为磁滞损耗和涡流损耗；附加铁耗包括由铁芯叠片间绝缘损伤引起的局部涡流损耗以及主磁通在结构部件中引起的涡流损耗等。铁耗与外加电压大小有关，而与负载电流大小基本无关，故也称为不变损耗。

（四）变压器的操作及注意事项

1.变压器合闸操作

（1）合闸前的检查

①检查各级电压的一次回路中的设备，变压器分接位置，并从母线开始一直到变压器出线为止；

②临时接地线、遮栏和工作牌等是否均已撤除，全部工作票是否都已交回；

③测定变压器绕组的绝缘电阻是否合格；

④检查变压器的断路器是否确在断开位置；

⑤投入变压器保护。

（2）变压器充电

变压器在正式投入运行前必须进行充电，这是为了检查变压器内部绝缘的薄弱点，考核变压器的机械强度以及继电保护能否躲过激磁涌流而不误动作。充电时究竟从变压器高压侧进行，还是从低压侧进行，则应进行如下分析：

①从高压侧充电时，低压侧开路，对地电容电流很小，由于高压侧线路电容电流的关系，使低压侧因静电感应而产生过电压，易击穿低压绕组，但因激磁涌流所产生的电动力小，系统容量大，所以对系统的冲击也小。

②从低压侧充电时，高压侧开路，不会产生过电压，但激磁涌流较大，可以达到额定电流的6～8倍。由于激磁涌流产生很大的电动力，易使变压器的机械强度降低及对系统产生很大冲击，继电保护可能躲不过激磁涌流而误动作。

根据以上分析可知，如果变压器的绝缘水平较高，则可从高压侧充电；若绝缘水平低，则从低压侧充电。另外还要考虑保护情况，如只有一侧有保护装置，则应从装有保护的一侧充电，以便在变压器内部故障时，由保护装置切断故障。若两侧均有保护装置，则可按接线和负荷情况，选择从哪一侧充电。

对备用的变压器，均应随时保证能投入运行，长期停用的备用变压器，应定期充电。

（3）合闸操作的顺序和原则

①先合电源侧隔离开关、断路器，后合负荷侧隔离开关、断路器。先合电源侧系

指装有保护装置的电源侧。具体的合闸操作顺序是：

a.投入一次侧隔离开关、中性点接地隔离开关、消弧线圈隔离开关；

b.投入冷却器；

c.投入一次侧断路器；

d.投入二次侧隔离开关；

e.投入二次侧断路器，并开始带负荷运行。

这样的操作顺序，既保证了不会发生带负荷合隔离开关，又可保证在合闸时若有故障，断路器能立即动作于跳闸。

②对于无断路器的变压器，可用隔离开关投运空载电流不超过2A的变压器。

③备用变压器的合闸有两种方法：一是正常运行情况下，工作变压器需要停运，而将备用变压器投入运行；二是在事故情况下，工作变压器自动跳闸，备用变压器自动投入运行。如果备用变压器、断路器拒动，则在确认工作变压器已退出运行的情况下，应立即快速手动投入备用变压器。

（4）合闸操作的注意事项

①对新投运、长期停运或大修后的变压器，在投运前，应按《电气设备预防性试验规程》进行必要的试验，试验合格后方能投入运行。

②新投运的变压器必须在额定电压下做五次冲击合闸试验；大修或更换、改造部分绕组的变压器做三次冲击合闸试验。

③强迫油循环风冷变压器投入运行时，应逐台投入冷却器，并按负荷情况控制投入的台数；变压器停运时，应先停变压器，冷却装置继续运行一段时间，待油温不再上升后再停运。

④在110kV及以上中性点直接接地系统中，投运和停运变压器时，在操作前必须将变压器的中性点接地，操作完毕后再视系统需要决定是否断开。

2.变压器拉闸操作

（1）拉闸前的准备

①变压器需停运而其负荷又要继续运行时，要考虑到备用变压器的负荷能力；

②空载变压器在拉闸时，要考虑到操作过电压对变压器绝缘强度的影响，故应在大修后做冲击试验。

（2）拉闸操作的顺序和原则

①先拉二次侧断路器、隔离开关，后拉一次侧断路器、隔离开关，即必须先拉开断路器，用断路器切断负荷电流。具体的拉闸操作顺序是：

a.断开二次侧断路器；

b.拉开二次侧隔离开关；

c.断开一次侧断路器；

d.拉开一次侧隔离开关，拉开中性点接地隔离开关，拉开消弧线圈隔离开关；

e.停用冷却器。

对无断路器的变压器可用隔离开关拉开10kV以下、容量320kVA以下的空载变压器；35kV、容量1000kVA的空载变压器；110kV，容量3200kVA的空载变压器。

（3）拉闸操作的注意事项

强迫油循环风冷式变压器停运时，应先停变压器，冷却装置继续运行一段时间，待油温不再上升后再停运。

3.变压器调压操作

系统的电压是在时刻变化的，当电压过高或过低时，可调整变压器的分接开关调压，即通过改变变压器高压绕组的匝数来调整低压侧的输出电压。

（1）无励磁调压操作：

无励磁调压操作，必须在变压器停电的状态下进行，调整分接开关的方法应严格按照制造厂规定的调整方法进行，防止分接调乱。为消除触头上的氧化膜及油污，变换分接时一般要求进行正反转动三个循环，然后正式变换分接。变换分接后，应测量绕组挡位的直流电阻，各相线圈直流电阻的相间差别不应大于三相平均值的2%，并与上次的数值比较，相对变化也不应大于2%，测得的数值记入现场试验记录簿和变压器专栏内。并检查销紧位置，还应将分接变换情况做好记录并报告调度部门。

中小容量的配电变压器大部分采用无励磁分接开关，一般有三个或五个挡位。三个挡位的每个挡位电压相差5%，Ⅱ挡是额定运行挡位；五个挡位的每个挡位电压相差2.5%，Ⅲ挡是额定运行挡位。例如，三个挡位分接开关的调整，欲使变压器二次侧的输出电压升高，则应将变压器的分接开关由Ⅰ挡调至Ⅱ挡或由Ⅱ挡调至Ⅲ挡（减少高压绕组的匝数）；反之，分接开关由Ⅲ挡调至Ⅱ挡或由Ⅱ挡调至Ⅰ挡（增加高压绕组的匝数），则输出电压降低。具体调整应按下列步骤进行：

①将变压器停电，断开两侧所有电源，并做好安全措施。

②拧开变压器上的分接开关保护盖，将定位销置于空挡位置。

③根据输出电压的高低，将分接开关调到相应的挡位。切换时要注意内部的响声并在整定位置来回转动数次，磨去接触面的油膜及油污。

④用欧姆表或测量用电桥测量三相绕组的直流电阻。

⑤检查分接指示器与实际位置是否相符。

⑥调压操作完毕后，解除所设的安全措施。

（2）有载调压变压器的调压操作：有载调压变压器的调压操作在变压器运行状态下进行。调整分接后不必测量直流电阻，但调整分接时应注意以下几个问题：

①若运行中操作有载分接开关，而变压器本体气体继电器的信号触点动作时，除对其气体进行观察检查外，还应进行色谱试验。在未查明原因之前，禁止操作有载分接开关，以免发生更大的事故。

②在两台变压器并联运行的情况下，操作机构连续调挡造成两台变压器出现压差，产生环流，可能引起保护动作，引起误跳闸。为防止这种现象发生，最好先将两台变压器解列运行，然后再操作调压，最后再并列。

③有载分接开关投运前，应检查其储油柜油位是否正常，有无渗漏油现象，控制箱防潮是否良好。用手动操作一个循环（升—降），挡位指示器与计数器应正确动作，极限位置的闭锁应可靠，手动与电动控制的联锁亦应可靠。

④对于有载开关的气体保护，其重瓦斯应投入跳闸，轻瓦斯则接信号。气体继电器应装在运行中便于安全放气的位置。新投运有载开关的气体继电器安装后，运行人员在必要时（有载筒体内有气体）应适时放气。

⑤有载分接开关的电动控制应正确无误，电源可靠。各接线端子接触良好，驱动电机转动正常、转向正确。

⑥有载分接开关的电动控制回路，在主控制盘上的电动操作按钮，与有载开关控制箱按钮应完好，电源指示灯、行程指示灯应完好，极限位置的电气闭锁应可靠。

⑦有载分接开关的电动控制回路应设置电流闭锁装置。当采用自动调压时主控制盘上必须有动作计数器，自动电压控制器的电压互感器断线闭锁应正确可靠。

⑧新装或大修后的有载分接开关，应在变压器空载运行时，在主控制室用电动操作按钮及手动至少试操作一个循环（升—降），各项指示正确，极限位置的电气闭锁可靠，方可调至要求的分解挡位带负荷运行，并加强监视。

⑨两台有载调压变压器并联运行时，允许在变压器85%额定负荷电流以下进行分接变换操作，但不能在单台变压器上连续进行两个分接变换操作。需在一台变压器的一个分接变换完成后再进行另一台变压器的一个分接变换操作。

⑩值班人员进行有载分接开关控制时，应按巡视检查要求进行，在操作前后均应注意并观察气体继电器有无气泡出现。

⑪当运行中有载分接开关的气体继电器发出信号或分接开关油箱换油时，禁止操

作，并应拉开电源隔离开关。

⑫当运行中轻瓦斯频繁动作时，值班人员应做好记录并汇报调度，停止操作，分析原因并及时处理。

二、检修周期和项目

（一）检修内容

变压器的检修分为计划性检修和非计划性检修。

（1）计划性检修分为大修和小修，两者以是否吊芯（吊罩）区分。

①大修：吊芯（或吊罩），对变压器进行较全面的检查、清扫和试验的检修。

②小修：消除变压器在运行中发现的缺陷，只对变压器油箱外部及其附件进行检修。

（2）非计划性检修又分为事故检修和临时检修

①事故检修：是指电气设备发生故障后被迫进行的对其损坏部分的检查、修理或更换。

②临时检修：是指电气设备在运行中发现有危及安全的缺陷或异常或进行的临时性的局部检查、修理或更换。

（二）检修周期

1.变压器的大修周期

（1）变压器一般在投入运行后5年内和以后每间隔10年大修一次。

（2）箱沿焊接的全密封变压器或制造厂另有规定者，若经过试验与检查并结合运行情况，判定有内部故障或本体严重渗漏时，才进行大修。

（3）在电力系统中运行的主变压器当承受出口短路后，经综合诊断分析，可考虑提前大修。

（4）运行中的变压器，当发现异常状况或经试验判明有内部故障时，应提前进行大修。运行正常的变压器经综合诊断分析良好，经总工程师批准，可适当延长大修周期。

2.变压器的小修周期

（1）小修一般每年一次，10kV配电变压器可以每两年小修一次。

（2）安装在特别污秽的地区的变压器，可以根据具体情况而定。

（三）大修前的准备工作

（1）查阅历年大、小修报告及绝缘预防性试验报告（包括油的化验和色谱分析报告），了解绝缘状况，检查渗漏油部位并做出标记。

（2）查阅运行档案，了解缺陷、异常情况，了解事故、出口短路次数和变压器的负荷。

（3）根据变压器状态编制大修技术、组织措施，并确定检修项目、检修方案和进度表。

（4）变压器大修应安排在检修间内进行。当施工现场无检修间时，需做好防雨、防潮、防尘和消防措施，并做好清理现场及其他准备工作。

（5）大修前进行电气试验，测量直流电阻、介质损耗、绝缘电阻及油试验。

（6）准备好备品、备件及更换用密封胶垫。

（7）准备好滤油设备及储油罐。

（四）大修的现场条件及工艺要求

（1）吊钟罩（或器身）一般宜在室内进行，以保持器身的清洁。如在露天进行时，应选在晴天。器身暴露在空气中的时间规定如下：①空气相对湿度不大于65%时，不超过16h；②空气相对湿度不大于75%时，不超过12h；③器身暴露时间从变压器放油时起计算直至开始抽真空为止。

（2）为防止器身凝露，器身温度应不低于周围环境温度，否则应用真空滤油机循环加热油，将变压器加热，使器身温度高于环境温度5℃以上。

（3）检查器身时应由专人进行，着装符合规定。照明应采用安全电压。不许将梯子靠在线圈或引线上，作业人员不得踩踏线圈和引线。

（4）器身检查使用工具应由专人保管并编号登记，防止遗留在油箱内或器身上。在箱内作业需考虑通风状况。

（5）拆卸的零部件应清洗干净，分类妥善保管，如有损坏应检修或更换。

（6）拆卸时，先拆小型仪表和套管，后拆大型组件。组装时顺序相反。

（7）冷却器、压力释放阀（或安全气道）、净油器及储油柜等部件拆下后，应用盖板密封，对带有电流互感器的升高座应注入合格的变压器油（或采取其他防潮密封措施）。

（8）套管、油位计、温度计等易损部件拆后应妥善保管，防止损坏和受潮。电容式套管应垂直放置。

（9）组装后要检查冷却器、净油器和气体继电器阀门，按照规定开启或关闭。

（10）对套管升高座，上部管道孔盖、冷却器和净油器等上部的放气孔应进行多次排气，直至排尽，并重新密封好并擦净油迹。

（11）拆卸无励磁分接开关操作杆时，应记录分接开关的位置，并做好标记；拆卸有载分接开关时，分接头应在中间位置（或按制造厂的规定执行）。

（12）组装后的变压器各零部件应完整无损。

（五）现场吊芯的注意事项

（1）吊芯工作应分工明确，专人指挥，并有统一信号，起吊设备要根据变压器钟罩（或器身）的重量选择，并设专人监护。

（2）起吊前先拆除影响吊芯工作的各种连接件。

（3）起吊铁芯或钟罩（器身）时，钢丝绳应挂在专用吊点上，钢丝绳的夹角不应大于60°，否则应采用吊具或调整钢丝绳套。吊起离地100mm左右时应暂停，检查起吊情况，确认可靠后，再继续进行。

（4）起吊或降落速度应均匀，掌握好重心，并在四角系缆绳，由专人扶持，使其平稳起降。高、低压侧引线，分接开关支架与箱壁间应保持一定的间隙，以免碰伤器身。当钟罩（器身）因受条件限制，起吊后不能移动而需在空中停留时，应采取支撑等防坠落措施。

（5）吊装套管时，其倾斜角度应与套管升高座的倾斜角度基本一致，并用缆绳绑扎好，防止倾倒损坏瓷件。

三、变压器现场检修的基本操作

（一）现场补油

1.储油柜缺油

由于本体或冷却器等渗漏油而造成储油柜油面过低看不见油面时，属于变压器本体缺油。通常要求变压器停电后打开储油柜注油孔，用滤油机补油到合适的油面为止。所用的油要求油号一样，电气性能及理化性能合格。补油最好不从变压器油箱下节门进油，因多数变压器箱底存有杂质和水，防止把它们搅起来，引起变压器绝缘下降。采用带电补油方法，必须有特殊的操作措施。

2.套管缺油

对110kV及以上充油型高压套管，当油面低于油位计底面时，在变压器停电情况下，补油专用工具，以同油号的耐压高于40kV的合格油从套管注油孔补油。如果套管渗漏油严重，已无法判定套管油面下降情况，应考虑更换合格的新套管。

（二）更换硅胶

运行中的变压器，当油的酸价增大比较显著时，应考虑更换新硅胶。硅胶应筛选6～8mm粒度的颗粒。更换硅胶可以在不停电的条件下进行。

对于安装在油箱上的净油器，首先是关闭净油器上、下两端蝶阀，注意关闭蝶阀时要求有手感，确保蝶阀已经完全关闭；然后打开下部放油塞，再打开上部放气塞，把油放尽；最后打开净油器的下法兰放出旧硅胶，打开上法兰并注意检查净油器进出口挡网是否良好；经检查后封闭下法兰，从上法兰倒入新硅胶（不必装太满），封上法兰（胶圈更换新的）。经检查后，可投入变压器使用。当净油器上、下蝶阀关闭不严时，不要强行更换硅胶，要停电处理解决，否则将会造成大量跑油。

对于冷却器上的净油器，可关闭进出两端蝶阀，卸下后才能更换硅胶。

更换下的大量旧硅胶，采用焙烧炉经过焙烧，可以还原后再使用。

（三）检修吸湿器

当吸湿器中的变色硅胶已由蓝变红时，应更换新硅胶。当发现吸湿器玻璃筒破裂时，应更换新吸湿器。检修吸湿器可以在不停电的情况下进行，检修中主要注意连接管是否畅通。

（四）更换胶囊

对于安装有胶囊的变压器，运行中发现油位计油面变化不正常时，可能有以下三种原因：

（1）胶囊外接吸湿器连通管堵塞。

（2）储油柜内的胶囊干瘪，原因是在安装胶囊时，没有将胶囊充满气，或者没有将储油柜中的空气放尽。

（3）胶囊在运行中有破裂。

以上三种情况，均可能造成储油柜油位计的油面不正常，应停电进行检查并检修。对于原因（1），通过清除连通管堵塞即可解决；对于原因（2）、（3），可打开储油柜顶部胶囊口法兰观察内部情况，如胶囊干瘪而无油为原因（2），如胶囊内有油，则是胶囊破裂，应更换新胶囊。

更换胶囊的方法是把油放至储油柜以下，打开储油柜一端的端盖，取出损坏的胶囊装入新胶囊（新胶囊在使用前先打压检漏），封好端盖，开始从储油柜顶部注油孔注油，当油面符合要求后停止注油，然后向胶囊充气。

在胶囊口装一临时气嘴，接一长胶管，接通氮气瓶，开起气瓶截门，缓缓向胶囊充气，使胶囊逐渐胀大。储油柜中的空气从注油孔中排出，当注油孔见油，立即停止给气，封闭注油孔。而后取下临时气嘴，装上吸湿器，更换胶囊工作结束。

干瘪胶囊的充气方法同上，对装有胶囊的储油柜，应特别注意充气问题，如只装胶囊而不充气，即没把储油柜中的空气排出，当变压器投入运行后，则可能造成防爆筒玻璃爆破、胶囊破裂，严重时可能造成气体继电器动作。

（五）风扇的检修或更换

按照工艺要求解体风机，清洗定子和转子，用专用工具更换轴承；风扇叶片的角度不得随意改变，否则会影响风机的出力和动平衡。对有问题的散热器风扇支架和风机叶片进行校正，可有效解决风机抖动的问题。检查电源回路接线盒内端子或熔丝是否有开路或接触不良，避免造成风机断相运行烧机事故。装复时，用500V绝缘电阻表测量绝缘电阻，应符合要求，装复后接上电源试运转，检查旋转方向和风向是否正确，有无杂音。断开电源从主轴转动的惯性大小检查主轴转动是否灵活，瞬间即停的电机说明有卡塞，应松开端盖螺丝重新校装主轴和端盖，上紧螺丝时应对角线旋紧，压力均衡，以保证电动机转子对中和灵活。更换风扇，安装牢固后通电试转，转向正确，风叶振动小，如振动大应做调平衡工作。

（六）更换温度表

旧温度表指示不正确时应更换新表计，多余导管要盘成200mm圆圈，固定在变压器油箱上，探头装入变压器油箱顶部上的套筒中，在安装孔中应装入少许变压器油，不然温度表指示将不正确。

（七）更换防爆筒玻璃

按防爆筒直径选取规定厚度的玻璃。安装玻璃时要对称逐渐拧紧螺母，均衡压紧，不然玻璃极易破裂。

（八）储油柜和油位计的检修

对大中型变压器的储油柜检修时先打开下部集污盒截门，放出残油，清理集污盒；打开储油柜端盖，对柜内进行清洁检查，除去污物，清洁干净，漆膜不好的除锈后刷一层绝缘清漆；拆洗油位计，清除玻璃管内外的油垢和污物；更换密封圈、垫，复装。对储油柜外部除锈刷漆，重画油面线。

对密封式储油柜，应检查胶囊或隔膜的密封是否完好，胶囊可用充气试验进行检查，如密封不严应找出漏点进行修补。还应检查铁磁式油位计是否灵活可靠，以保证油位准确。

（九）铁芯的检查

应对铁芯各部进行仔细的检查。铁芯应无变形，铁轭及夹件间的绝缘垫应良好，铁芯的绑扎或夹紧牢固可靠，夹件螺杆无松动；散热沟道畅通无杂物；拆开铁芯接地片后，用2500V绝缘电阻表（年代久远的老旧变压器可用1000V绝缘电阻表）测量铁芯、穿芯螺杆、铁轭夹件等的绝缘电阻。110kV及以下一般不低于100MΩ；220kV及以上一般不小于500MΩ。

（十）绕组的检查

检查绕组、静电屏绝缘层应清洁完整无缺损、层间绝缘垫块无变位和缺块现象，各部垫块轴向间成一垂直线，间距应相等；绕组的压钉应紧固，防松螺母应锁紧，绝缘围屏绑扎牢固，无松动、无损伤，围屏上所有线圈引出处的封闭应良好。变压器有围屏者，不必解除围屏，被屏蔽的项目可不检查。若变压器有多次出口短路的运行记录则要详细检查，且吊罩前需做绕组变形试验。

检查引出线，绝缘包扎良好，绝缘距离合格，固定支架牢固，电木螺丝无松动，与套管连接牢靠。检查导电杆有无过热现象，接线正确。重新装复时，引线的底部不能打扭，63kV及以上的套管引线根部的圆锥头应进入套管的均压球内。吊装时通过手孔观察。

对于运行时间长的老旧变压器，要特别注意绕组绝缘的老化情况，严重老化的应及时更换处理，暂时无法更换的在运行中要加强监视。

（十一）无励磁分接开关的检修

清洗检查无励磁分接开关的动静触头，做到清洁无油污，无烧伤，接触紧密，压力符合要求。用0.05mm × 10mm的塞尺检查，伸入深度不大于10mm。拆操动杆前，做好标记，恢复时传动杆应来回转动，转动盘灵活，与指示位置一致，定位销子完好无损，绝缘良好。直流电阻测试应合格。

（十二）油箱的检查

清洁油箱底部，清除油垢和金属微粒、焊渣。若有强油循环管路，应检查与下铁轭绝缘接口的密封情况。检查油箱顶部的定位钉，防止定位钉安装不当造成铁芯多点接地。检查磁屏蔽装置，应无松动和放电痕迹。

器身检查完毕后，应用合格的变压器油冲洗，确认无任何遗留物在箱体内及芯子上后，更换密封垫圈，恢复钟罩（或大盖）。

（十三）冷却器或散热器的检修

一般是处理渗漏油，视情况可采用堵漏胶或补焊进行处理。早期的冷却器或散热器由于连管或连接法兰的强度不够，在冷却器的自重下发生变形造成连接法兰变形而漏油。在大修时要校核，必要时加焊加强筋。冷却器（散热器）的所有密封衬垫都必须更换。蝶阀、活门渗漏的彻底修理只能在大修时才能进行。检查蝶阀的关闭是否紧密，更换转动轴的密封材料。检查和更换上、下集油箱的密封垫。恢复安装前用干净油冲洗。

检查冷却器二次控制回路的每组分控箱，检查热偶继电器触点。

（十四）套管的检修

对变压器油箱上的中、低压套管主要清洁检查套管釉面有无裂纹或闪络痕迹；导电杆有无电蚀造成的损伤或接触不良；密封胶垫和放气塞有无渗漏。110kV及以上的电容式套管应打开底部均压球，检查密封垫、放油塞的密封有无渗漏，拧紧导电管的铜螺母和均压球，检查顶部接头（将军帽），更换密封件，老式的将军帽曾由于顶部密封不严，导致雨水沿着导管内部渗入引线根部使线圈受潮，导致变压器击穿损坏的事故，应予以注意。另外，将军帽内导电部分的连接稍有松动或烧蚀都将引起直流电组不合格，应仔细检查。

（十五）测量绝缘电阻和吸收比

1.目的

测量绝缘电阻和吸收比可检查变压器的绝缘是否有集中的贯通性缺陷，如套管破裂、引线碰壳等；变压器整体或有贯通性的局部是否受潮；检验变压器干燥后是否合格；确认变压器是否进行耐压试验。

2.器材

变压器1台，绝缘电阻表2块，测量导线若干，棉纱适量。实际使用时仪表的选择：额定电压在10kV以上的变压器用2500V绝缘电阻表，量程不低于10000MΩ；额定电压在10kV及以下，用1000V或2500V绝缘电阻表。

3.步骤

（1）对被测变压器进行放电。

（2）仪表检测及接线：仪表的开路试验及测量导线的检查。

（3）转动仪表手柄，进行读数，读数后，从被测端子上取下测量线，停下仪表（或断开仪表的输出开关）。

（4）记下测量时的温度。

（5）对变压器被测绕组充分放电，再按测量顺序重复进行，直至做完。

4.结果分析

把测量结果与标准进行比较分析，做出正确判断。

（1）绝缘电阻，不得低于变压器出厂时试验数字的70%。

（2）与上次测量数字或与同类型变压器同绕组的绝缘电阻相比，不应有明显的差异。

（3）在测量温度为10～30℃，电压为35～65kV时，一般吸收比不低于1.3；在测量温度为10～30℃电压为65kV以上时，一般吸收比不低于1.5。

5.注意事项

（1）接线时，被测绕组各相短接后接入仪表，非测量绕组短接后再接地。

（2）接线时，两端不可接反，测量导线不能铰链和接地。测量完时，必须先拉开测量线头，再停转仪表。

（3）绝缘电阻作比较时，要在同一接线方式换算到同一温度下进行。

（4）试前后应对被试变压器进行充分放电。

（5）对新注满的变压器油，应静放一段时间后再测量：大型变压器静放24h后，小型变压器静放6h后。

（十六）绕组直流电阻的测量

直流电阻测量是变压器试验中一个重要的试验，无论变压器交接验收、小修、大修、故障检修及其改变分接头位置等都必须进行该项试验。

1.目的

直流电阻测量可检查绕组内部导线和引线的焊接质量；检查绕组并联支路连接是否正确，有无层间短路或内部断线；检查分接开关、引线和套管的接触是否良好；检查三相绕组的电阻是否平衡；核对绕组所用导线的规格是否符合设计要求。

2.测量方法

常见的方法有电桥法和变压器绕组直流电阻测试仪法。

电桥法也属于传统的测量方法，有单臂电桥（惠斯登电桥）和双臂电桥（凯尔文电桥）两种。当被测绕组的直流电阻在10Ω以上时，有单臂电桥测量；当被测电阻在10Ω以下时，采用双臂电桥测量。存在的问题是在测量大容量的变压器绕组直流电阻时，测量时间太长，会给测量带来不便（可采取如非测量绕组短路去磁法等方法，缩短充电时间）。

新型的变压器绕组直流电阻测试仪随着电子技术和微处理技术的发展，国内外出现了大量的变压器绕组直流电阻测试仪。

3.接线

根据所选用的测量方法，采用相应的接线。

4.测量结果判断

（1）1600kVA以上变压器的各相绕组电阻相互间的差别（又称相间差）不应大于三相平均值的2%，无中性点引出绕组的线电阻间的差别（又称线间差）不应大于三相平均值的1%。

（2）1600kVA及以下变压器的相间差别一般不大于三相平均值的4%，线间差别一般不大于三相平均值的2%。

（3）所测的值与以前（出厂或交接）相同部位测得的值比较，其变化不应大于2%。

5.注意事项

（1）在使用单臂电桥时，注意连接线的长度和粗细，最好导线长度不大于2.5m，截面积不小于2.5mm²。

（2）使用双臂电桥时，注意四个测量端子接线正确。

（3）带分接开关的变压器，测量时各分接头的位置分别测量，运行位置放在最后测量。

（4）有中性线引出的变压器，应尽量测相电阻。

（5）在测量过程中，不要因操作错误而损耗检流计。

（6）在使用变压器直流电阻测试仪时，测试过程时必须避免电源断电。

（7）测量时应记录绕组的温度。

第二节 常见故障的处理及运行维护

一、常见故障处理

（一）假油位

变压器储油柜油位计的油位随着变压器油温度的变化而变化。呼吸器、油表管等堵塞，都会形成假油位，故应检查呼吸器、油表管等是否畅通。密封式储油柜，在检修中，如果柜内的空气未排尽或加油方式操作不当，当油温变化时，柜内空气体积变化远大于油的体积变化，使油位不能正确反映油面高度。处理方法是停电后重新注油排气。

（二）渗漏油

变压器渗漏油的主要原因：箱体或金属部件有砂眼或裂纹、焊缝有裂纹或漏点、密封垫损坏失效或压缩过松过紧、放气螺钉渗油、蝶阀等部位装配不当等。砂眼、裂纹和焊缝不良可采用补焊的方法处理，但工艺要求较高。补焊有困难时可用堵漏胶修补。属密封垫或装配问题应更换密封垫，按工艺要求进行装配，密封垫不能压得过松或过紧，以压缩1/3左右为宜。

（三）套管渗漏

（1）35kV及以下的套管漏油部位一般为密封垫、排气塞、套管与变压器箱盖之间的密封处、导电杆与瓷套之间的密封胶环等部位，应视具体情况进行处理。

（2）110kV及以上电容式套管末屏和升高座内的电流互感器引线小套管密封圈是检查的重点。早期套管顶部的将军帽，因密封结构不合理易出问题，雨水可能渗入铜管使引线受潮而引发事故，在大、小修时应仔细检查。

（四）无励磁分接开关故障

无励磁分接开关动静触头接触不良或弹簧压力不足，或调换档位不到位引起开关接触不好，使接触电阻大幅增加，造成局部过热。可由色谱分析和绕组直流电阻测量情况综合判断得出结论，进行处理。所以在切换分接头后测量直流电阻，三相差值要符合规程规定。测试直流电阻时，应将分接开关手柄来回转动多次，以消除触头表面的氧化膜和油垢。

（五）铁芯多点接地故障

（1）常见的铁芯多点接地可能发生以下几点

①铁芯片与夹紧件之间的绝缘损坏，造成铁芯短路。

②铁芯底部垫脚受潮铁芯碰壳。

③穿芯螺杆的钢座套过长与铁芯接触。

④钟罩顶部运输用定位钉安装不当，与上夹件相碰，造成铁芯通过定位钉和外壳重复接地。

⑤因潜油泵轴承长期磨损金属粉末随油流沉积于箱底，与焊渣等一起形成桥路，与铁芯不固定接触，造成铁芯不稳定接地。

⑥厂内制造或检修时遗留在变压器内的金属物件如焊条、铁丝、工具等造成铁芯局部短路。铁芯多点接地会引起局部短路，产生环流，出现局部过热，使变压器油温升高，严重的甚至会引发变压器事故，必须尽快设法消除。

（2）查找铁芯多点接地的直流法和交流法

①直流法：拆开铁芯与夹件的连接片，在铁轭两侧的硅钢片上施加6～12V直流电压，用直流电压表顺序测量铁芯各硅钢片的对地电压，在移动测量过程中如出现零值或表针反转时，该处就是接地点。

②交流法：拆开铁芯与夹件的连接片，在低压绕组中接入220V交流电压，用交流毫安表顺序测量各硅钢片的对地电流，出现零值处即为接地点。

寻找变压器铁芯多点接地有时是一件非常麻烦的事，需要对变压器进行仔细分析和认真查找。一般新安装的变压器，发现穿芯螺杆钢套过长触碰铁芯或者钟罩顶部运输用定位钉盖板安装时未翻过来，触碰上夹件造成多点接地的情况较多，遗留金属物件的情况也时有发生。如果是大修吊芯或吊罩以后才出现多点接地，应仔细回忆分析检修中拆动过的部件，哪些可能引起多点接地，是否有遗留物件等，如果钟罩顶部运输用定位钉盖板未翻过来装，则触碰夹件接地的可能性比较大。如果变压器是在长期运行中逐渐出现多点接地现象，则有可能是绝缘受潮、箱底积水或潜油泵磨损的金属粉末进入变压器所致。若变压器在运行中发生外部短路冲击后突然出现多点接地，多是由于短路冲击引起铁芯和夹件位移相碰等原因造成。

变压器色谱分析出现裸金属过热或放电，有时还伴有绝缘过热，同时发现变压器局部过热或者油温异常升高时，可初步判断变压器出现多点接地。但有时变压器多点接地并未引起大的环流和过热，运行中不易发现，曾有过变压器穿芯螺杆钢套多点接地运行十多年并未出事的案例。变压器的电气试验项目（包括空载试验）对铁芯接地的反应都不灵敏，通过测量铁芯对地绝缘电阻可准确判断铁芯是否多点接地。

如果故障变压器有局部过热或油温升高现象，在停运前可用远红外成像仪或红外测温仪测出变压器外壳上的温度分布情况，最好在变压器从冷状态启动、空载和冷却器停用的情况下测量。外壳上最高温度分布区域的两端，有可能就是存在多点接地的地方。

铁芯的多点接地必须吊罩才能检查处理，吊罩后首先解开铁芯接地片，测量铁芯对地和对所有结构件的绝缘电阻，以确定铁芯是否确实存在铁芯多点接地。若确定存在，则按照事先拟定的查找方案一步步仔细查找。

（六）运行中声音的异常

变压器运行中正常响声为“嗡嗡”声，是由铁芯硅钢片的振动引起，且响声随着负荷的增加而增大，如果出现异常响声，则应尽快查明原因予以消除。声音异常的原因很多，常见的有如下几种：

（1）铁芯夹紧螺栓松动。这时会发出很大的“锤击”声或“呼呼”的风声，但除响声异常外，变压器其他反应均正常。

（2）局部严重过热引发的“咕噜咕噜”声，如匝间短路、分接开关严重接触不良等引起的严重过热。

（3）内部接地线断裂等产生悬浮电位出现的放电声。

（4）过电压或过电流引起的异声会使变压器的“嗡嗡”声变大，且随过电压或过电流的变化而变化。

（5）变压器振动引起外壳上其他附属物件振动产生的声音或互相撞击发出的声音。

（七）轻瓦斯信号误动作

多出现在变压器检修加油后气体未排尽，残气溢出使气体继电器中的油位下降，造成轻瓦斯信号接点闭合而发信号。另外，二次回路接线破损短路也可能造成误动。

二、变压器的运行维护

（一）运行监视

安装在发电厂和变电站内的变压器，以及无人值班变电站内有远方监测装置的变压器，应经常监视仪表的指示，及时掌握变压器的运行情况。监视仪表的抄表次数由现场规程规定。当变压器超过额定电流运行时，应做好记录。

无人值班变电站的变压器应在每次定期检查时记录其电压、电流和顶层油温，以及曾达到的最高顶层油温等。对配电变压器应在最大负载期间测量三相电流，并设法保持基本平衡。测量周期由现场规程规定。

（二）日常巡视检查

一般包括以下内容：

（1）变压器的油温和温度计应正常，储油柜的油位应与温度相对应，各部位无渗油、漏油。

（2）套管油位应正常，套管外部无破损裂纹、无严重油污、无放电痕迹及其他异常现象。

（3）变压器音响正常。

（4）各冷却器手感温度应相近，风扇、油泵、水泵运转正常，油流继电器工作正常。

（5）吸湿器完好，吸附剂干燥。

（6）引线接头、电缆、母线应无发热迹象。

（7）压力释放器或安全气道及防爆膜应完好无损。

（8）有载分接开关的分接位置及电源指示应正常。

（9）气体继电器内应无气体。

（10）各控制箱和二次端子箱应关严，无受潮。

（11）干式变压器的外部表面应无积污。

（12）变压器室的门、窗、照明应完好，房屋不漏水，温度正常。变压器的日常巡视检查，可参照下列规定：

①发电厂和变电站内的变压器，每天至少一次；每周至少进行一次夜间巡视。

②无人值班变电站的内容量为3150kVA及以上的变压器每10天至少一次，3150kVA以下的每月至少一次。

③2500kVA及以下的配电变压器，装于室内的每月至少一次，户外（包括郊区及农村的）每季至少一次。

第五章　石油化工仪表及自动化控制

第一节　石油化工自动化的主要内容

一、石油化工自动化的意义

所谓自动化，就是指脱离了人的直接干预，利用控制装置，自动地操纵机器设备或生产过程，使其具有希望的状态或性能。自动控制技术已经广泛应用于国民经济的各个领域，尤其在各种工业生产过程中，其中包括石油化工生产过程。由于采用了自动化仪表和集中控制装置，促进了连续生产过程自动化的发展，大大提高了劳动生产率，获得了巨大的社会效益和经济效益。为了保证产品的产量和质量，石油化工生产过程需要在规定的工艺条件下进行，对有关参数都有一定的要求。为了保持参数不变，或稳定在某一范围内，或按预定的规律变化，就需要对它们进行控制。石油化工自动化是指石油化工生产过程的自动化。

在石油化工生产过程中，大多数物料以液体或气体的状态，连续地在密闭的管道和塔器等内部进行各种变化，不仅有物理变化，还伴随化学反应。另外，有的石油化工生产过程处在高温、高压、易燃、易爆状态，有的还有毒、有腐蚀性、有刺激性气味。因此，只有借助自动化工具进行检测和调节，才能保证生产过程的正常进行。

实现石油化工自动化的意义在于：

（1）加快生产速度，降低生产成本，提高产品的产量和质量。用自动化装置代替人的操作，可以克服人工操作在精度、速度和效率一定限度上的不足，使生产过程在最佳条件下进行，大大加快生产速度，降低能耗，实现优质高产。

（2）减轻劳动强度，改善劳动条件，改变劳动方式。多数石油化工生产过程都是在比较恶劣的环境下进行的，如高温、高压、易燃、易爆，或有毒、有腐蚀性、有刺激性气味等。实现了生产过程的自动化后，操作人员只需使用自动化装置对生产的运转进行监视，而不再需要在恶劣的环境下直接进行危险的操作。

（3）保证安全生产，防止事故发生或扩大，延长设备的使用寿命。石油化工生产过程是非常复杂的过程，由于人的精力和体力有限，在处理危险情况时往往不够及时，最终酿成事故。如离心式压缩机，会由于操作不当引起喘振而损坏机体；放热的化学反应器，会由于反应过程中温度过高而影响生产，甚至引起爆炸。对这些设备进行自动控制，就可以防止或减少事故的发生。

二、石油化工自动化的发展概况

石油化工自动化的发展大致经过了以下四个阶段：

（1）20世纪50年代至60年代，石油化工生产过程朝着大规模、高效率、连续生产、综合利用的方向迅速发展。要使这类石油工厂生产运行正常，必须有性能良好的自动控制系统和仪表。此时，在实际生产中应用的自动控制系统主要是温度、压力、流量和液位四大参数的简单控制。同时，串级、比值、多冲量等复杂控制系统也得到了一定程度的发展。所应用的自动化技术工具主要是基地式气动、电动仪表及气动、电动单元组合式仪表和巡回检测装置，实现集中监视、集中操作和集中控制。由于这个时期还不能深入了解化工对象的动态特性，所以，应用半经验、半理论的设计准则和整定公式对自动控制系统进行设计和参数整定。

（2）20世纪70年代，化工自动化技术又有了新的发展。在自动控制系统方面，由于控制理论和控制技术的发展，给自动控制系统的发展创造了各种有利条件，各种新型控制系统相继出现，控制系统的设计与整定方法也有了新的进展。在自动化技术工具方面，计算机的出现对常规仪表产生了一系列的影响，促使常规仪表不断变革，各种数字仪表应运而生，其更新速度非常之快，以满足生产过程中对能量利用、产品质量等各方面越来越高的要求。这一阶段出现了计算机控制系统，最初是由直接数字控制（DDC）实现集中控制，代替常规控制仪表。由于集中控制的固有缺陷，未能普及与推广就被集散控制系统（Distributed Control System，DCS）所替代。DCS在硬件上将控制回路分散化，数据显示、实时监督等功能集中化，有利于安全平稳生产。就控制策略而言，DCS仍以简单PID控制为主，再加上一些复杂控制算法，并没有充分发挥计算机的功能和控制水平。

（3）20世纪80年代以后出现二级优化控制，在DCS的基础上实现先进控制和优化控制。在硬件上采用上位机和DCS或电动单元组合仪表相结合，构成二级计算机优化控制。随着计算机及网络技术的发展，DCS出现了开放式系统，实现多层次计算机网络构成的管控一体化系统（Computer Integrated Processing System，CIPS）。同时，以现场总线为标准，实现以微处理器为基础的现场仪表与控制系统之间进行全数字化、双向和多站通信的现场总线网络控制系统（Fieldbus Control System，FCS）。它将对控制系统结构带来革命性变革，开辟控制系统的新纪元。

（4）如今，石油化工自动化朝着智能化发展，充分满足了21世纪石油化工企业大型化、一体化、智能化、清洁化的需要，充分体现了安全、健康、环保和循环经济的理念，生产过程自动化与企业生产、经营管理信息化的一体化、集成化，生产过程控制装备的数字化、网络化，实现设计、生产、经营管理诸环节的柔性化、敏捷化、虚拟化，科研、设计、工程、生产、经营和决策的数字化、自动化、网络化，公司与供应商、客户、合作伙伴协同业务的网络化、全球化。

三、非自动化专业人员学习自动化知识的意义

由于现代自动化技术的发展，在石油化工行业，生产工艺、设备、控制与管理已逐渐成为一个有机的整体。因此，一方面，从事石油化工过程控制的技术人员必须深入了解和熟悉生产工艺与设备；另一方面，非自动化专业技术人员必须具有相应的自动控制的知识。现在，越来越多的非自动化专业技术人员认识到，学习自动化及仪表方面的知识，对于管理与开发现代化石油化工生产过程是十分重要而且必要的。为此，化工工艺类和油气储运类等诸多专业设置了本课程。

通过学习，应了解石油化工自动化的基本知识，理解自动控制系统的组成、基本原理及各环节的作用；能根据工艺要求，与自控设计人员共同讨论和提出合理的自动控制方案；能在工艺设计或技术改造中，与自控设计人员密切合作，综合考虑工艺与控制两个方面，并为自控设计人员提供正确的工艺条件与数据；能了解化工对象的基本特性及其对控制过程的影响；能了解基本控制规律及其控制器参数与被控过程的控制质量之间的关系；能了解主要工艺参数（温度、压力、流量、物位及组分）的基本测量方法和仪表的工作原理及特点；在生产控制、管理和调度中，能正确地选用和使用常见的测量仪表和控制装置，使它们充分发挥作用；能在生产开停车过程中，初步掌握自动控制系统的投运及控制器的参数整定；能在自动控制系统运行过程中，发现和分析出现的一些问题和现象，以便提出正确的解决办法。

石油化工生产过程自动化是一门综合性的技术学科。它应用自动控制学科、仪器仪表学科及计算机学科的理论与技术服务于化学工程学科。然而，石油化学工程本身

又是一门覆盖面很广的学科，有其自身的规律，而石油化学工艺更是纷繁复杂。对于熟悉石油化学工程的工艺及设备人员，如能再学习和掌握一些检测技术和控制系统方面的知识，必能在推进中国的石油化工自动化事业中，起到事半功倍的作用。

四、石油化工自动化的主要内容

石油化工生产过程自动化一般包括自动检测、自动保护、自动操纵和自动控制等方面的内容。

（一）自动检测系统

利用各种检测仪表对主要工艺参数进行测量、指示或记录，这样的系统称为自动检测系统。它代替了操作人员，对工艺参数进行连续不断的观察与记录，起到人的眼睛的作用。

换热器是利用蒸汽来加热冷液，冷液经加热后的温度是否达到要求，可用测温元件配上平衡电桥来进行测量、指示和记录；冷液的流量可以用孔板流量计进行检测；蒸汽压力可用压力表来指示，这就是自动检测系统。

（二）自动保护系统

自动保护系统也称为自动信号和联锁保护系统。

生产过程中，有时由于一些偶然因素的影响，导致工艺参数超出允许的变化范围而出现不正常情况时，就有引起事故的可能。为此，常对某些关键性参数设有自动信号联锁装置。当工艺参数超过了允许范围，在事故即将发生之前，信号系统就自动地发出声光报警信号，告诫操作人员注意，并及时采取措施。如工况已到达危险状态时，联锁系统就会立即自动采取紧急措施，打开安全阀或切断某些通路，必要时紧急停车，以防止事故的发生和扩大。它是生产过程中的一种安全装置。例如，某反应器的反应温度超过了允许极限值，自动信号系统就会发出声光信号，报警给工艺操作人员及时处理生产事故。

由于生产过程的强化，仅靠操作人员处理事故已不可能，因为在一个强化的生产过程中，事故常常会在几秒内发生，由操作人员直接处理是根本来不及的。自动联锁保护系统可以圆满地解决这类问题，如当反应器的温度或压力进入危险限时，联锁系统可立即采取应急措施，加大冷却剂量或关闭进料阀门，减缓或停止反应，从而避免引起爆炸等生产事故。

（三）自动操纵及自动开、停车系统

自动操纵系统可以根据预先规定的步骤自动地对生产设备进行某种周期性操作。例如，合成氨造气车间的煤气发生炉，要求按照吹风、上吹、下吹制气、吹净等步骤周期性地接通空气和水蒸气，利用自动操纵机可以代替人工自动地按照一定的时间程序扳动空气和水蒸气的阀门，使它们交替地接通煤气发生炉，从而极大地减轻了操作工人的重复性体力劳动。

自动开停车系统可以按照预先规定好的步骤，将生产过程自动地投入运行或自动停车。

（四）自动控制系统

生产过程中，各种工艺条件不可能是一成不变的。石油化工生产过程中，大多是连续性生产，各设备间相互关联，当其中某一设备的工艺条件发生变化时，可能引起其他设备中某些参数或多或少的波动，偏离了正常的工艺条件。为此，就需要用一些自动控制装置，对生产过程中的关键性参数进行自动控制，使它们在受到外界干扰作用偏离正常状态时，能自动地回到规定的数值范围内，这样的控制系统就称为自动控制系统。

综上所述，自动检测系统完成“了解”生产过程进行情况的任务；自动信号和联锁保护系统在工艺条件进入某种极限状态时，采取安全措施，以避免生产事故的发生；自动操纵及自动开停车系统按照预先规定好的步骤进行某种周期性操作。自动控制系统能自动地排除各种干扰因素对工艺参数的影响，使它们始终保持在预先规定的数值上，保证生产维持在正常或最佳的工艺操作状态。

第二节　自动控制系统的基本组成

一、自动控制系统中操作人员的工作

自动控制系统是由人工控制发展而来的。在石油化工生产过程中，液体储槽常用来作为一般的中间容器，从前一个工序来的流体以流量Q_{in}连续不断地流入储槽中，槽中的液体又以流量Q_{out}流出，送入下一工序进行加工。当Q_{in}和Q_{out}平衡时，储槽的液位会保持在某一希望的高度H上；但当Q_{in}或Q_{out}波动时，液位就会变化，偏离希望值H。为了使液位维持在希望值上；最简单的方法是以储槽液位为操作指标，以改变出口阀门开度为控制手段。用玻璃管液位计测出储槽的液位，当液位上升时，将出口阀门开大，液位上升越多，阀门开得越大；反之，当液位下降时，将出口阀门关小，液位下降越多，阀门关得越小，以此来维持储槽液位。这就是人工控制系统，操作人员所进行的工作包括以下三个方面；

（一）检测—眼睛

用眼睛观察玻璃管液位计中液位的高低，并通过神经系统告诉大脑。

（二）思考、运算、命令—大脑

大脑根据眼睛看到的液位高度，进行思考并与希望的液位值进行比较，得出偏差的大小和正负，根据操作经验决策后发出命令。

（三）执行—手

根据大脑发出的命令，用手去改变阀门的开度，以改变流出流量Q_{out}，使液位保持在所希望的高度上。眼睛、大脑和手分别担负检测、运算和执行三项工作，完成了测量求偏差、操纵阀门来纠正偏差的全过程。用自动化装置代替上述人工操作，人工控制就变成自动控制了。为了完成眼睛、大脑和手的工作，自动化装置一般至少包括三个部分，分别用来模拟人的眼睛、大脑和手的功能，这三个部分分别是：

（1）测量变送器：测量液位并将其转化为标准、统一的输出信号。

（2）控制器：接收变送器送来的信号，与希望保持的液位高度H相比较得出偏差，并按某种运算规律算出结果，然后将此结果用标准、统一的信号发送出去。

（3）执行器：自动地根据控制器送来的信号值来改变阀门的开启度。

从以上的论述中可以看出，一个最简单的自动控制系统所包含的自动控制装置有测量变送器控制器和执行器。

二、自动控制系统组成相关概念

在自动控制系统组成中，除了必须具有自动化装置外，还要有控制装置所控制的生产设备，称为被控对象。应该明确以下概念：

（1）被控对象：需要控制其工艺参数的设备或装置，简称对象。

（2）被控变量：工艺上希望保持稳定的变量。

（3）给定值：工艺上希望保持的被控变量的数值，又称为希望值、参考值。

（4）操纵变量：克服其他干扰对被控变量的影响，实现控制作用的变量。

（5）干扰变量：造成被控变量波动的变量。

在过程控制工程中，一般习惯于把控制系统绘制成控制流程图（或原理图）的形式。一般情况下，简单自动控制系统的构成基本相同，只是各系统的被控变量不同，所采用的变送器和控制器的控制规律不同。

第三节　自动控制系统的图形表示

一、自动控制系统方框图

方框图（也称方块图）是控制系统中每个环节的功能和信号流向的图解表示，由方框、信号线、比较点和引出点组成。其中，方框表示系统中的一个环节，方框内填入表示其自身特性的数学表达式或文字说明；信号线是带有箭头的直线段，表示环节间的相互关系和信号的流向；比较点表示两个或两个以上信号的比较，即加减运算，“+”表示信号相加，“-”表示信号相减；引出点又称分支点，表示信号的引出，从同一位置引出的信号在数值和性质方面完全相同。作用于方框上的信号为该环节的输入信号，由方框送出的信号为该环节的输出信号。

储槽用一个“被控对象”（简称对象）方框来表示，被控变量就是对象的输出。影响被控变量的因素来自进料流量的改变，它通过对象作用在被控变量上。与此同时，出料流量的改变是由于执行器即控制阀动作所致，如果用方框表示执行器，那么，出料流量即为“执行器”方块的输出信号。出料流量的变化也是影响液位变化的因素，所以也是作用于对象上的输入信号。出料流量信号在方框图中把执行器和对象连接在一起。

储槽液位信号是测量变送器的输入信号，而变送器的输出信号进入比较机构，与工艺上希望保持的被控变量数值，即给定值（设定值）进行比较，得出偏差信号e（e=给定值-测量值），并送往控制器。比较机构实际上只是控制器的一个组成部分，不是一个独立的仪表，控制器根据偏差信号的大小，按一定的规律运算后，发出信号送至执行器，使执行器的开度发生变化，从而改变出料流量以克服干扰对被控变量液位的影响，执行器的开度变化起到控制作用。

用同一种形式的方框图可以代表不同的控制系统。如蒸汽加热器温度控制系统，当进料流量或温度变化等因素引起出口物料温度变化时，可以将该温度变化测量后送至温度控制器。温度控制器的输出送至控制阀，以改变加热蒸汽量来维持出口物料的温度不变。这个控制系统同样可以用方框图来表示。这时被控对象是蒸汽加热器，被控变量是出口物料的温度，干扰变量是进料的流量、温度或组分的波动及加热蒸汽压力的变化、加热器内部传热系数或环境温度变化等。操纵变量是加热蒸汽量。

方框图中的每一个方框都代表了一个具体的环节。方框与方框之间的连接线只是代表方框之间的信号联系，并不代表物料联系。方框之间连接线的箭头也只是代表信号作用的方向，与工艺流程图上的物料线是不同的。工艺流程图上的物料线是代表物料从一个设备进入另一个设备，而方框图上的线条及箭头方向有时并不与流体流向相一致。例如，对于执行器来说，它控制着操纵变量，把控制作用施加于被控对象去克服干扰的影响，以保持被控变量在给定值上，所以执行器的输出信号在任何情况下都是指向被控对象的。而执行器所控制的操纵变量既可以是流入对象的，也可以是流出对象的。这说明方框图上执行器的引出线只代表施加到对象的控制作用，并不是指具体流入或流出对象的流体。

二、工艺管道及仪表流程图

在工艺设计流程图的基础上，按其流程顺序，标出相应的测量点、控制点、控制系统及自动信号与联锁保护系统等，就构成了工艺管道及仪表流程图（Piping and Instrument Diagram），亦称P&ID图。P&ID图是自控设计的文字代号和图形符号在工艺流程图上描述生产过程控制的原理图，又称为控制流程图，是控制系统设计在施工中采用的一种图示形式。它是在控制方案确定后，由工艺人员和自控人员共同研究绘制的。从P&ID图上可以清楚地了解生产的工艺流程与自动控制方案。例如，简化了的乙烯生产过程中，脱乙烷塔的管道及仪表流程图。从脱甲烷塔出来的釜液进入脱乙烷塔脱除乙烷。从脱乙烷塔塔顶出来的碳二馏分经塔顶冷凝器冷凝后，部分作为回流，其余则去乙炔加氢反应器进行加氢反应。从脱乙烷塔底出来的釜液部分经再沸器后返回塔底，其余则去脱丙烷塔脱除丙烷。

（一）图形符号

过程检测和控制系统的图形符号一般由测量点、连接线（引线、信号线）和仪表符号三部分组成。

1.测量点

测量点（包括检出元件、取样点）是由工艺设备轮廓线或工艺管线引到仪表圆圈的连接线的起点，一般无特定的图形符号。塔顶取压点和加热蒸汽管线上的取压点都属于这种情形。必要时，检测元件也可以用象形或图形符号表示。例如，流量检测采用孔板时，检测点也可用脱乙烷塔的进料管线上的符号表示。

2.连接线（引线、信号线）

通用的仪表信号线均以细实线表示。连接线表示交叉及相接，必要时也可用加箭头的方式表示信号的方向。必要时，信号线也可按气信号、电信号、导压毛细管等采用不同的表示方式以示区别。

3.仪表图形符号

常规仪表（包括检测、显示、控制仪表）的图形符号是一个细实线圆圈，直径约10mm。集散控制系统（DCS）的图形符号由细实线正方形与内切圆组成。控制计算机的图形符号为细实线正六边形。可编程控制器的图形符号由细实线正方形与内接四边形组成。

处理两个或多个变量，或处理一个变量但有多个功能的复式仪表时，可用两个相切的圆圈表示。当两个测量点引到一台复式仪表上，而两个测量点在图纸上距离较远或不在同一张图纸上时，则分别用细实线圆与细虚线圆相切表示。

（二）仪表位号

在检测控制系统中，构成一个回路的每个仪表（或元件）都应有自己的仪表位号。仪表位号由字母代号组合（仪表功能标志）和仪表回路编号两部分组成，第一位字母表示被测变量，后继字母表示仪表的功能。仪表回路编号可按照装置或工段（区域）进行编制，一般用3～5位数字表示。

仪表位号按被测变量的不同进行分类。同一装置（或工段）的相同被测变量的仪表位号中的数字编号是连续的，但允许中间有空号；不同被测变量的仪表位号不能连续编号。仪表位号在工艺管道及仪表流程图中的标注方法是：字母代号填写在仪表圆圈的上半圆中；回路编号填写在下半圆中。

1.字母代号组合（仪表功能标志）

现以脱乙烷塔的工艺管道及仪表流程图（也称为控制流程图）为例，来说明如何以字母代号的组合来表示被测变量和仪表功能。塔顶的压力控制系统中的“PIC-207”，其中第一位字母“P”表示被测变量为压力，第二位字母“I”表示具有指示功能，第三位字母“C”表示具有控制功能。因此，PIC的组合就表示为一台具有指示功能的压力控制器。该控制系统是通过改变气相采出量来维持塔压稳定的。同样，回流罐液位控制系统中的“LIC-201”是一台具有指示功能的液位控制器，它是通过改变进入冷凝器的冷剂量来维持回流罐中液位稳定的。

在塔下部的温度控制系统中的“TRC-210”表示一台具有记录功能的温度控制器，它是通过改变进入再沸器的加热蒸汽量来维持塔底温度恒定的。当一台仪表同时具有指示、记录功能时，只需标注字母代号“R”，不标“I”。所以，“TRC-210”可以同时具有指示、记录功能。同样，在进料管线上的“FR-212”可以表示同时具有指示、记录功能的流量仪表。

在塔底的液位控制系统中的“LICA-202”代表一台具有指示、报警功能的液位控制器，它是通过改变塔底采出量来维持塔釜液位稳定的。仪表圆圈外标有“H”和“L”字母，表示该仪表同时具有高、低限报警，在塔釜液位过高或过低时，会发出声光报警信号。

2.仪表回路编号

仪表回路编号可按照装置或工段（区域）进行编制，一般用3～5位数字表示。阿拉伯数字编号写在圆圈的下半部，其第一位数字表示工段号，后续数字表示仪表序号。例如，仪表的数字编号第一位都是2，表示脱乙烷塔在乙烯生产中属于第二工段。通过工艺管道及仪表流程，可以看出上面的每台仪表的测量点位置、被测变量、仪表功能、工段号、仪表序号、安装位置等。例如，“PI-206”表示测量点在加热蒸汽管线上的蒸汽压力指示仪表，该仪表为就地安装，工段号为2，仪表序号为06。而“TRC-210”表示同一工段的一台温度记录控制仪表，其温度的测量点在塔的下部，仪表安装在集中仪表盘面上。

第四节　自动控制系统的分类

一、按信号的传递路径分类

按信号的传递路径分类，自动控制系统有如下三种：

（一）闭环控制系统

对于任何一个简单的控制系统，我们在画方框图时都会发现，不论它们表面上有多大的差别，它的各个组成部分在信号传递关系上都形成一个闭合的环路。其中的任何一个信号，只要沿着箭头方向前进，通过若干个环节后，最终都会回到原来的起点，这就是闭环控制系统。其中，系统的输出信号直接或经过某些环节（如测量变送器）返回到输入端，这种做法称为反馈。反馈信号取负值，为负反馈，它会使偏差信号朝减小的方向变化，达到减小偏差或消除偏差的控制目的。负反馈控制原理是构成闭环控制系统的核心。反馈信号取正值，为正反馈，它会使偏差信号朝增大的方向变化。如果采用正反馈，控制作用不仅不能克服干扰的影响，反而是推波助澜，即当被控变量受到干扰作用而升高时，控制阀的动作方向是使被控变量进一步升高，使偏差越来越大，直至被控变量超过安全范围。自动控制系统绝对不能单独采用正反馈。

综上所述，自动控制系统是具有被控变量负反馈的闭环控制系统。它可以随时了解被控变量的情况，有针对性地根据被控变量的变化来改变控制作用的大小和方向，从而使系统的工作状态始终等于或接近所希望的状态。这是闭环系统的优点。

（二）开环控制系统

开环控制系统指控制系统的输出端与输入端不存在反馈回路，输出量对系统的控制作用不发生影响的系统。

开环控制系统的应用有很多。如化肥厂的造气自动机系统，自动机在操作时，一旦开机，就只能按照预先规定好的程序周而复始地运转。这时，煤气炉的工况如果发生变化，自动机是不会自动地根据炉子的实际工况来改变自己的操作。由于没有炉子实际工况的信息反馈，自动机不能随时“了解”炉子的情况而改变自己的操作状态，这是开环控制的缺点。

另外，如数控车床、传统的交通信号红绿灯切换系统、自动生产线、自动售货机等都是开环控制系统。开环控制系统结构简单、成本低廉、工作稳定。在要求不高的情况下，开环系统仍可取得比较满意的效果。

（三）复合控制系统

它是开环控制和闭环控制相结合的一种控制方式，是在闭环控制回路的基础上，附加一个输入信号或扰动信号的前馈通路，以提高系统的控制精度。

二、按给定值的性质分类

在分析自动控制系统特性时，最经常遇到的是将控制系统按照工艺过程需要控制的被控变量的给定值是否变化和如何变化来分类，这样可将自动控制系统分为以下三类，即定值控制系统、随动控制系统和程序控制系统。

（一）定值控制系统

定值控制系统是给定值恒定不变的控制系统。在工艺生产过程中，如果要求控制系统的作用是使需要控制的工艺参数保持在一个生产指标上不变，或者说要求被控变量的给定值不变，就需要采用定值控制系统。液位控制系统和温度控制系统都是定值控制系统，它们的控制目的一个是保持液位在希望值上，另一个是保持温度不变。石油化工生产过程中采用的大多是这种类型的控制系统。

（二）随动控制系统

随动控制系统又称自动跟踪系统，即给定值随机变化的控制系统。

这类系统的特点是给定值不断地变化，而且这种变化不是预先规定好的，也就是说，给定值是时间的未知函数。随动系统的目的就是使所控制的工艺参数准确而快速地跟随给定值的变化而变化。例如，航空上的导航雷达系统、电视台的天线接收系统、火炮自动跟踪系统等，都是随动系统的应用实例。

在化工生产中，有些比值控制系统就属于随动控制系统。例如，要求甲流体的流量与乙流体流量保持一定的比值，当乙流体的流量变化时，要求甲流体的流量能快速而准确地随之变化。由于乙流体的流量变化在生产中可能是随机的，相当于甲流体的流量给定值也是随机的，故属于随动控制系统。另外，串级控制系统中的副回路，也属于随动控制系统。

（三）程序控制系统

程序控制系统又称顺序控制系统，即给定值是按预先规定好的规律来变化的控制系统。这类系统的给定值也是变化的，但它是一个已知的时间函数，即生产技术指标需按一定的时间程序变化。这类系统在间歇生产过程中比较普遍。例如，合成纤维锦纶生产中的熟化罐温度控制和机械工业中金属热处理的温度控制都是这类系统的例子。近年来，程序控制系统应用日益广泛，一些定型的或非定型的程控装置越来越多地被应用到生产中，微型计算机的广泛应用也为程序控制提供了良好的技术手段与有利条件。

三、按系统的数学模型分类

可分为线性系统和非线性系统。由线性元件构成的系统，可以用线性微分方程或差分方程描述的系统，称为线性系统。构成系统的环节中，有一个或以上的非线性环节的系统，称为非线性系统。

四、按系统传输信号的性质分类

可分为连续系统和离散系统。系统中的各部分信号都是模拟的连续时间函数，称为连续系统。常规的PID控制系统就属于模拟控制系统。若系统中的信号有一处或一处以上为离散的时间函数，则称为离散系统。数字计算机控制系统属于离散系统。

五、其他分类方法

自动控制系统还有很多其他的分类方法。例如，按被控变量分为温度、压力、流量、液位等控制系统；按系统元件组成来分为机电系统、液压系统、生物系统等；按输入输出信号的数量来分为单入/单出、多入/多出系统；按控制器具有的控制规律来分为比例、比例积分、比例微分、比例积分微分等控制系统。不管是什么形式的控制系统，都希望它能够做到可靠、迅速和准确。

第五节　自动控制系统的基本要求及性能指标

一、自动控制系统的基本要求

为了实现自动控制的任务，必须要求控制系统的被控变量（输出量）跟随给定值的变化而变化，希望被控变量在任何时刻都等于给定值，两者之间没有误差存在。然而，由于实际系统中总是包含具有惯性或储能元件，同时由于能源功率的限制，使控制系统在受到外作用时，其被控变量不可能立即变化，而有一个跟踪过程。控制系统的性能，可以用动态过程的特性来衡量，考虑到动态过程在不同阶段的特点，工程上常常从稳定性（稳）、快速性（快）、准确性（准）三个方面来评价自动控制系统的总体性能。

（一）稳定性

系统在受到外作用后，若控制装置能操纵被控对象，使其被控变量随时间的增长而最终与给定期望值一致，则系统是稳定的。如果被控量随时间的增长，越来越偏离给定值，则系统是不稳定的。稳定的系统才能完成自动控制的任务，所以系统稳定是保证控制系统正常工作的必要条件。一个稳定的控制系统，其被控量偏离给定值的初始偏差应随时间的增长逐渐减小并趋于零。

（二）快速性

快速性是指系统的动态过程进行的时间长短。过程时间越短，说明系统快速性越好，过程时间持续越长，说明系统响应越迟钝，难以实现快速变化的指令信号。稳定性和快速性反映了系统在控制过程中的性能。系统在跟踪过程中，被控量偏离给定值越小，偏离的时间越短，说明系统的动态精度越高。

（三）准确性

准确性是指系统在动态过程结束后，其被控变量（或反馈量）对给定值的偏差而言，这一偏差即为稳态误差，它是衡量系统稳态精度的指标，反映了动态过程后期的性能。由于被控对象的具体情况不同，各系统对稳、快、准的要求应有所侧重。而且同一个系统，稳、快、准的要求是相互制约的。提高动态过程的快速性，可能会引起系统的剧烈振荡，改善系统的平稳性，控制过程又可能很迟缓，甚至会使系统的稳态精度很差。分析和解决这些矛盾，将是自动控制理论学科讨论的重要内容。

二、自动控制系统的静态与动态

在自动化领域中，把被控变量不随时间而变化的平衡状态称为系统的静态，而把被控变量随时间变化的不平衡的状态称为系统的动态。当一个自动控制系统的输入（给定和干扰）和输出均恒定不变时，整个系统就处于一种相对稳定的平衡状态，系统的各个组成环节如变送器、控制器、控制阀都不改变其原先的状态，它们的输出信号也都处于相对静止的状态，这种状态就是上述的静态。值得注意的是，这里所指的静态与习惯上所讲的静止是不同的。习惯上所说的静止都是指静止不动（当然指的仍然是相对静止）。而在自动控制领域中的静态是指系统中各信号的变化率是零，即信号保持在某一常数不变化，而不是指物料不流动或能量不交换。因为自动控制系统处于静态时，生产还在进行，物料和能量仍然有进有出，只是平稳进行没有改变。

假若一个系统原先处于相对平衡状态即静态，由于干扰的作用而破坏了这种平衡时，被控变量就会发生变化，从而使控制器、控制阀等自动化装置改变原来平衡时所处的状态，产生一定的控制作用来克服干扰的影响，并力图使系统恢复平衡。从干扰发生开始，经过控制，直到系统重新建立平衡，在这段时间中，整个系统的各个环节和信号都处于变化状态之中，这种状态叫作动态。

在自动化生产中，了解系统的静态是必要的，但了解系统的动态更为重要。这是因为，在生产过程中，干扰是客观存在的，是不可避免的，如生产过程中前后工序的相互影响、负荷的改变、电压和气压的波动、气候的影响等。这些干扰是破坏系统平衡状态引起被控变量发生变化的外界因素。在一个自动控制系统投入运行时，时时刻刻都有干扰作用于控制系统，从而破坏了正常的生产工艺状态。因此，就需要通过自动化装置不断地施加控制作用去对抗或抵消干扰作用的影响，从而使被控变量保持在工艺生产所要求的技术指标上。所以，一个自动控制系统在正常工作时，总是处于一波未平，一波又起，波动不止，往复不息的动态过程中。显然，研究自动控制系统的重点是要研究系统的动态。

三、自动控制系统的过渡过程

控制系统在动态过程中，被控变量从一个稳态到另一个稳态随时间变化的过程称为过渡过程，也就是系统从一个平衡状态过渡到另一平衡状态的过程。由于被控对象常常受到各种外来扰动的影响，设置控制系统的目的也正是为了应对这种情况，系统经常处于动态过程。显然，要评价一个过程控制系统的工作质量，只看稳态是不够的，还应该考虑它在动态过程中被控变量随时间变化的情况。

一般来说，自动控制系统的阶跃干扰作用下的过渡过程有以下四种基本形式：

（一）非周期衰减过程

被控变量在给定值的某一侧作缓慢变化，没有来回波动，最后稳定在某一数值上，这种过渡过程形式为非周期衰减过程。

（二）衰减振荡过程

被控变量上下波动，但幅度逐渐减小，最后稳定在某一数值上，这种过渡过程形式为衰减振荡过程。

（三）等幅振荡过程

被控变量在给定值附近来回波动，且波动幅度保持不变，这种情况称为等幅振荡过程。

（四）发散振荡过程

被控变量来回波动，且波动幅度逐渐变大，即偏离给定值越来越远，这种情况称为发散振荡过程。

以上过渡过程的四种形式可以归纳为以下三类：

（1）过渡过程是发散的，称为不稳定的过渡过程，其被控变量在控制过程中，不但不能达到平衡状态，而且逐渐远离给定值，它将导致被控变量超越工艺允许范围，严重时会引起事故。这是生产上所不允许的，应竭力避免。

（2）过渡过程是衰减的，称为稳定过程。被控变量经过一段时间后，逐渐趋向原来的或新的平衡状态，这是所希望的。对于非周期的衰减过程，由于这种过渡过程变化缓慢，被控变量在控制过程中长时间地偏离给定值，且不能很快恢复平衡状态，所以一般不采用，只是在生产上不允许被控变量有波动的情况下才采用。对于衰减振荡过程，由于能够较快地达到稳定状态，在多数情况下，都希望自动控制系统在阶跃输入作用下，能够得到过渡过程。

（3）过渡过程形式介于不稳定和稳定之间，一般也认为是不稳定过程，生产上不能采用。只是对于某些控制质量要求不高的场合，如果被控变量工艺许可的范围内振荡（主要指在位式控制时），那么这种过渡过程的形式是可以采用的。

系统在过渡过程中，被控变量是随时间变化的。了解过渡过程中被控变量的变化规律对于研究自动控制系统十分重要。显然，被控变量随时间的变化规律首先取决于作用于系统的干扰形式。在生产中，出现的干扰是没有固定形式的，且多半属于随机性质。在分析和设计控制系统时，为了安全和方便，常选择一些定型的干扰形式，其中常用的是阶跃干扰。所谓阶跃干扰，就是某一瞬间。干扰（即输入量）突然地阶跃地加到系统上，并继续保持在这个幅度。采取阶跃干扰的形式来研究自动控制系统是因为考虑到这种形式的干扰比较突然、危险，它对被控变量的影响也最大。如果一个控制系统能够有效地克服这种类型的干扰，那么对于其他比较缓和的干扰也一定能很好地克服。同时，这种干扰的形式简单，容易实现，便于分析、实验和计算。

四、自动控制系统的性能指标

稳定是控制系统能够运行的首要条件，只有当动态过程收敛时，研究系统的动态性能才有意义。控制系统的过渡过程是衡量控制性能的依据。由于在多数情况下，都希望得到衰减振荡过程，采取衰减振荡的过渡过程形式来讨论控制系统的性能指标。通常在阶跃函数作用下，测定或计算系统的动态性能。一般认为，阶跃输入对系统来说是最严峻的工作状态。如果系统在阶跃函数作用下的动态性能满足要求，那么系统在其他形式的函数作用下，其动态性能也是令人满意的。假定自动控制系统在阶跃输入作用下，采用时域内的单项指标来评估控制的好坏。主要的时域指标包括衰减比、最大动态偏差和超调量、余差、调节时间（过渡时间）、振荡周期或振荡频率、上升时间和峰值时间等。

（一）衰减比

衰减比表示振荡过程的衰减程度，是衡量过渡过程稳定性的动态指标。它是阶跃

响应曲线上前后相邻的两个同向波的幅值之比，用符号n表示，即

$$n=\frac{B}{B'} \tag{5-1}$$

式中：

B——第一个波的幅值；

B'——第二个波的幅值；

B和B'的幅值均以新稳态值为准进行计算。

衰减比习惯上表示为$n:1$，如果衰减比$n<1$，则过渡过程是发散振荡的；如果衰减比$n=1$，则过渡过程是等幅振荡的；如果衰减比$n>1$，则过渡过程是衰减振荡的。假如n只比1稍大一点，显然过渡过程的衰减程度很小，接近于等幅振荡过程，由于这种过程不易稳定、振荡过于频繁、不够安全，一般不采用。如果n很大，则又太接近于非振荡过程，过渡过程过于缓慢，通常是不希望的。为了保持足够的稳定裕度，衰减比一般取（4：1）~（10：1），这样大约经过两个周期，系统就会趋于新的稳态值。

（二）最大偏差和超调量

定值控制系统用最大偏差，随动控制系统用超调量来描述被控变量偏离给定值的程度。最大偏差是指过渡过程中，被控变量偏离给定值的最大值。在衰减振荡过程中，最大偏差就是第一个波的峰值。

对定值控制系统来说，当最终稳态值是零或很小的数值时，通常用最大偏差作为指标。最大偏差又称为动态偏差，是指整个过渡过程中，被控变量偏离给定值的最大值。在随动控制系统中，通常用超调量来描述被控变量偏离给定值的最大程度。超调量是第一个峰值与新稳定值之差，一般超调量以百分数表示，最大偏差（或超调量）表示系统瞬间偏离给定值的最大程度。若偏离越大，偏离的时间越长，即表明系统离开规定的工艺参数指标就越远，这对稳定正常的生产是不利的。同时，考虑到干扰会不断出现，当第一个干扰还未清除时，第二个干扰可能又出现了，偏差有可能是叠加的，这就更需要限制最大偏差的允许值。所以，在决定最大偏差允许值时，要根据工艺情况慎重选择。

（三）余差

余差是系统的最终稳态误差，即过渡过程终了时，被控变量达到的新稳态值与设定值之差。余差是一个反映控制精确度的稳态指标，相当于生产中允许的被控变量与设定值之间长期存在的偏差。有余差的控制系统称为有差调节，相应的系统称为有差系统。没有余差的控制过程称为无差调节，相应的系统称为无差系统。

（四）调节时间

调节时间是从过渡过程开始到结束所需的时间，又称为过渡时间。过渡过程要绝对地达到新的稳态，理论上需要无限长的时间。但一般认为，当被控变量进入新稳态值±5%或±2%范围内，并保持在该范围内时，过渡过程结束，此时所需要的时间称为调节时间。调节时间是反映控制系统快速性的一个指标。

（五）振荡周期或振荡频率

过渡过程曲线从第一个波峰到同一方向第二个波峰之间的时间称为振荡周期或工作周期。过渡过程的振荡频率β是振荡周期P的倒数，记为

$$\beta = \frac{2\pi}{P} \tag{5-2}$$

在振荡频率相同的条件下，衰减比越大，则调节时间越短。而在衰减比相同的条件下，振荡频率越高，则调节时间越短。因此，振荡频率在一定程度上也可作为衡量控制系统快速性的指标。

（六）峰值时间和上升时间

被控变量达到最大值的时间称为峰值时间，过渡过程开始到被控变量第一次达到稳态值的时间称为上升时间，它们都是反映系统快速性的指标。

（七）综合控制指标

单项指标固然清晰明了，但人们希望用一个综合的指标来全面反映控制过程的品质。由于过渡过程中的动态偏差越大，或回复时间越长，则控制品质越差，所以综合控制指标采用偏差积分性能指标的形式。

可见，采用不同的偏差积分性能指标意味着对过渡过程优良程度的侧重点不同。假若针对同一广义对象，采用同一种控制器，使用不同的性能指标，会得到不同的控制器参数设置。自动控制系统控制品质的好坏，取决于组成控制系统的各个环节，特别是过程的特性。自动控制装置应按过程的特性加以适当的选择和调整，才能达到预期的控制品质。如果过程和自动控制装置两者配合不当，或在控制系统运行过程中自动控制装置的性能或过程的特性发生变化，都会影响到自动控制系统的控制品质，这些问题在控制系统的设计和运行过程中都应该得到充分注意。

第六章　石油化工过程测量仪表

第一节　石油化工过程测量仪表概述

一、测量过程与测量误差

（一）测量过程

在石油化工生产过程中，为了正确地指导生产操作，保证生产安全和产品质量，实现生产过程自动化，一项必不可少的工作是准确而及时地检测出生产过程中的各个有关参数，如压力、流量、物位及温度等。用来检测这些参数的技术工具称为测量仪表。用来将这些参数转换为一定的便于传送的信号（如电信号或气压信号）的仪表通常称为传感器。把传感器的输出转换成标准统一的模拟量信号或满足特定标准的数字量信号的仪表称为变送器。将变送器的输出信号用指针、数字、曲线等形式显示出来，或同时送到控制器对其实现控制的装置称为显示装置。有时将传感器、变送器和显示装置统称为检测仪表；或将传感器称为一次仪表，将变送器和显示装置称为二次仪表。

测量过程在石油化工生产中，就是应用仪表通过正确的测量方法，准确获取表征被测对象的定量信息的过程。虽然所应用的测量仪表种类很多，但从测量过程实质来看，却都有相同之处。例如，弹簧管压力表之所以能用来测量压力，是由于弹簧管受压后的弹性形变把被测压力转换为弹性形变位移，然后通过机械传动放大，变成压力表指针的偏移，并与压力表刻度标尺上的测量单位比较而显示出被测压力的数值；又如各种炉温的测量，是利用热电偶的热电效应，把被测温度变换成直流毫伏信号，然后变为毫伏测量仪表上的指针位移，并与温度标尺相比较而显示出被测温度的数值等。由此可见，各种测量方法及仪表不论采用哪种原理，它们的共性在于被测参数都要经过一次或多次的信号变换，最后获得便于测量的信号，以指针的位移或数字形式显示出来。所以，各种测量仪表的测量过程，实质上就是被测参数信号的一次或多次不断变换和传送，并将被测参数与其相应的测量单位进行比较的过程，而测量仪表就是实现变换比较的工具。

（二）测量误差

由于在测量过程中使用的工具本身的准确性有高低之分，测量环境等因素发生变化也会影响到测量结果的准确性，使得从检测仪表获取的被测值与被测变量真实值之间会存在一定的差距，这一差距称为测量误差。仪表的误差有以下三种形式：

（1）绝对误差在理论上是指测量值x与被测量的真值x_0之间的差值。

所谓真值是指被测物理量客观存在的真实数值，它是无法得到的理论值。因此，所谓测量仪表在其标尺范围内各点读数的绝对误差，一般是指用被校表（准确度较低）和标准表（准确度较高）同时对同一被测量进行测量所得到的两个读数之差。

（2）相对误差等于某一点的绝对误差与标准表在这一点的指示值之比。

（3）引用误差指仪表指示值的绝对误差与测量范围上限值或量程之比值，用百分数表示。

二、测量仪表的性能指标

一台测量仪表性能的优劣，在工程上可用如下指标来衡量：

（一）准确度

任何测量过程都存在一定的误差，使用测量仪表时必须知道该仪表的准确程度，以便估计测量结果与真实值的差距，即估计测量值的误差大小。仪表的测量误差可以用绝对误差来表示。但是，必须指出，仪表的绝对误差在测量范围内的各点上是不同的。因此，常说的“绝对误差”指的是绝对误差中的最大值。事实上，仪表的准确度不仅与绝对误差有关，而且还与仪表的测量范围有关。例如，两台测量范围不同的仪表，如果它们的绝对误差相等，测量范围大的仪表准确度较测量范围小的高。因此，工业上经常将绝对误差折合成仪表测量范围的百分数表示。

根据仪表的使用要求，规定一个在正常情况下允许的最大误差，这个允许的最大误差就叫允许误差。允许误差一般用相对百分误差来表示，即某一台仪表的允许误差是指在规定的正常情况下允许的相对百分误差的最大值。

事实上，国家就是利用这一办法来统一规定仪表的准确度等级的。将仪表的允许误差去掉“±”号及“%”号，便可以用来确定仪表的准确度等级。目前，我国生产的仪表常用的准确度等级有0.005、0.02、0.05、0.1、0.2、0.4、0.5、1.0、1.5、2.5、4.0等。如果某台测温仪表的允许误差为±1.5%，则认为该仪表的准确度等级符合1.5级。根据仪表校验数值来确定仪表准确度等级和根据工艺要求来选择仪表准确度等级，情况是不一样的。根据仪表校验数据来确定仪表准确度等级时，仪表的允许误差应该大于（至少等于）仪表校验所得的允许误差；根据工艺要求来选择仪表准确度等级时，仪表的允许误差应该小于（至多等于）工艺上所允许的最大允许误差。

仪表的准确度等级是衡量仪表质量优劣的重要指标之一，准确度等级数值越小，就表示该仪表的准确度等级越高，说明该仪表的准确度越高。0.05级以上的仪表，常用来作为标准表；工业现场用的测量仪表，其准确度等级大多是0.5级以下的。仪表的准确度等级一般可用不同符号标志在仪表面板上。

（二）变差

变差是指在外界条件不变的情况下，用同一仪表对被测参数在仪表全部测量范围内进行正反行程（即被测参数逐渐由小到大和逐渐由大到小）测量时，被测参数值正行程和反行程所得到的两条特性曲线之间的最大偏差。造成变差的原因很多，如传动机构间存在的间隙和摩擦力、弹性元件的弹性滞后等。变差的大小，用在同一被测参数值下，正反行程间仪表指示值的最大绝对差值与仪表量程之比用百分数表示。必须注意，仪表的变差不能超出仪表的允许误差，否则，应及时检修。

（三）灵敏度与灵敏限

仪表指针的线位移或角位移，与引起这个位移的被测参数变化量之比值称为仪表的灵敏度。所以，仪表的灵敏度在数值上就等于单位被测参数变化量所引起的仪表指针移动的距离（或转角）。所谓仪表的灵敏限，是指能引起仪表指针发生动作的被测参数的最小变化量。通常仪表灵敏限的数值应不大于仪表允许绝对误差的一半。值得注意的是，上述指标适用于指针式仪表。在数字式仪表中，往往用分辨力来表示仪表灵敏度（或灵敏限）的大小。

（四）分辨力

对于数字式仪表，分辨力是指数字显示器的最末位数字间隔所代表的被测参数变化量，如数字电压表显示器末位一个数字所代表的输入电压值。显然，不同量程的分辨力是不同的，相应于最低量程的分辨力称为该表的最高分辨力，也叫灵敏度。通常以最高分辨力作为数字仪表的分辨力指标。例如，某表的最低量程是0～1.0000V，五位数字显示，末位一个数字的等效电压为10μV，便可说该表的分辨力为10μV。当数字式仪表的灵敏度用它与量程的相对值表示时，便是分辨力。分辨力与仪表的有效数字位数有关，如一台仪表的有效数字位数为三位，其分辨力便为千分之一。

（五）线性度

线性度是表征线性刻度仪表的输出量与输入量的实际校准曲线与理论直线的吻合程度。通常总是希望测量仪表的输出与输入之间呈线性关系。因为在线性情况下，模拟式仪表的刻度就可以做成均匀刻度，而数字式仪表就可以不必采取线性化措施。线性度通常用实际测得的输入—输出特性曲线（称为校准曲线）与理论直线之间的最大偏差与测量仪表量程之比的百分数表示。

（六）反应时间

当用仪表对被测参数进行测量时，被测参数突然变化以后，仪表指示值总是要经过一段时间后才能准确地显示出来。反应时间就是用来衡量仪表能不能尽快反映出参数变化的品质指标。反应时间长，说明仪表需要较长时间才能给出准确的指示值，那就不宜用来测量变化频繁的参数。因为在这种情况下，当仪表尚未准确显示出被测值时，参数本身早已改变，使仪表始终指示不出参数瞬时值的真实情况。所以，仪表反应时间的长短，实际上反映了仪表动态特性的好坏。

仪表的反应时间有不同的表示方法。当输入信号突然变化一个数值后，输出信号将由原始值逐渐变化到新的稳态值。仪表的输出信号（即指示值）由开始变化到新稳态值的63.2%所用的时间，可用来表示反应时间。也有用变化到新稳态值的95%所用的时间来表示反应时间的。

（七）复现性

仪表的复现性表示在同一工作条件下，在规定时间（一般较长）内，对同一输入值从两个相反方向（上升和下降）上重复测量的输出值之间的相互一致程度。

三、测量仪表的基本组成及变送器

（一）测量仪表的基本组成

由于石油化工参数种类繁多，生产条件各不相同，石油化工测量仪表也是多种多样的。但不管是哪一种，基本上都是由三部分，即传感器、变送器和显示装置组成。

传感器又称为检测元件或敏感元件，它的作用是感受被测参数的变化，并将感受到的参数信号或能量形式转换成某种能被显示装置所接收的信号。例如，我们熟悉的体温计，它端部的温包可以认为是传感器，直接感受体温变化，并转换成水银温度的变化，从而输出位移信号。热电偶、热电阻、节流装置等，都是传感器的具体例子。传感器的好坏，将决定整个测量仪表的测量质量。因此，对传感器的要求是：输入与输出间有单值函数关系，其输出不受非测量的影响，消耗的能量较少。

变送器主要用来对传感器输出做必要的加工处理和传送。例如，在差压式流量测量系统中，标准节流装置感受流量的变化，产生与流量平方成正比的压差信号输出，通过导压管传送到差压流量变送器，经转换放大，输出电流信号，使显示仪表能够适用于不同被测参数。

显示装置的作用是向观察者显示被测量数值的大小，可以是瞬时量的显示、累计量显示、越限和极限的报警等，也可以是相应的记录显示，有的甚至有调节功能去控制生产过程。显示部分是人和仪表联系的主要环节，有指示式、数字式和屏幕式三种。

（二）变送器的基本特性和构成原理

对于一个检测系统来说，传感器和变送器可以是两个独立的环节，也可以是一个有机的整体。由于传感器输出的信号种类很多，而且信号往往十分微弱，除了部分单纯以显示为目的的检测系统之外，多数情况下需要利用变送器来把传感器的输出转换成遵循统一标准的模拟量或数字量输出信号，送到显示装置以指针、数字、曲线等形式把被测变量显示出来，或同时送到控制器对其实现控制。因此，变送器的作用更加受到重视。变送器的输入、输出特性通常是指包括敏感元件和变送环节的整体特性，其中一个原因是人们往往更关心检测系统的输出与被测物理量之间的对应关系，另一个原因是因为敏感元件的某些特性需要通过变送环节进行处理和补偿以提高测量准确度，如线性化处理、环境温度的补偿等。

1.模拟式变送器

模拟式变送器完全由模拟元器件构成，它将输入的各种被测参数转换成统一标准信号，其性能也完全取决于所采用的硬件。从构成原理来看，模拟式变送器由测量部分、放大器和反馈部分三部分组成。在放大器的输入端还加有零点调整与零点迁移信号，零点迁移信号由零点调整（简称调零）和零点迁移（简称零迁）环节产生。

测量部分包含检测元件，它的作用是检测被测参数，并将其转换成放大器可以接收的信号。可以是电压、电流、电阻、频率、位移、作用力等信号，由变送器的类型决定。反馈部分把变送器的输出信号转换成反馈信号；在放大器的输入端，接收信号与调零及零点迁移信号的代数和同接收信号进行比较，其差值由放大器进行放大，并转换成统一标准的信号输出。

2.智能式变送器

智能式变送器由以微处理器（CPU）为核心构成的硬件和由系统程序、功能模块构成的软件两大部分组成。

模拟式变送器的输出信号一般为统一标准的模拟量信号，在一条电缆上只能传输一个模拟量信号。智能式变送器的输出信号则为数字信号，数字通信可以实现多个信号在同一条通信电缆（总线）上传输，但它们必须遵循共同的通信规范和标准。介于二者之间，还存在一种称为HART协议的通信方式。所谓HART 协议通信方式，是指在一条电缆中同时传输4～20mA DC电流信号和数字信号。这种类型的信号称为键控频移信号FSK。HART协议通信方式属于模拟信号传输向数字信号传输转变过程中的过渡性产品。

智能式变送器主要包括传感器组件、A/D转换器、微处理器、存储器和通信电路等部分；采用HART协议通信方式的智能式变送器还包括D/A转换器。被测参数经传感器硬件由A/D转换器转换成数字信号送入微处理器，进行数据处理。存储器中除存放系统程序和数据外，还存有传感器特性、变送器的输入输出特性以及变送器的识别数据，以用于变送器在信号转换时的各种补偿，以及零点调整和量程调整。

智能式变送器通过通信电路挂接在控制系统网络通信电缆上，与网络中其他各种智能化的现场控制设备或计算机进行通信，向它们传送测量结果信号或变送器本身的各种参数。网络中其他各种智能化的现场控制设备或计算机也可对变送器进行远程调整和参数设定，这往往是一个双向的信号传输过程。智能式变送器的软件分为系统程序和功能模块两大部分。系统程序对变送器的硬件进行管理，并使变送器能完成最基本的功能，如模拟信号和数字信号的转换，数据通信、变送器自检等；功能模块提供了各种功能，供用户组态时调用以实现用户所要求的功能。不同的变送器，其具体用途和硬件结构不同，因而它们所包含的功能在内容和数量上是有差异的。

（三）变送器的若干共性问题

1.量程调整

量程调整的目的是使变送器的输出信号与测量范围的上限值相对应。量程调整相当于改变变送器的输入输出特性的斜率，也就是改变变送器输出信号与输入信号之间的比例系数。量程调整一般是通过改变反馈部分的特性来实现的。

2.零点调整和零点迁移

零点调整和零点迁移的目的都是使变送器的输出信号的下限值与测量范围的下限值相对应。在测量范围的下限值为0时，称为零点调整；在测量范围的下限值不为0时，称为零点迁移。也就是说，零点调整使变送器的测量起始点为零，而零点迁移是把测量的起始点由零迁移到某一数值（正值或负值）。当测量的起始点由零变为某一正值，称为正迁移；反之，当测量的起始点由零变为某一负值，称为负迁移。零点调整的调整量通常比较小，而零点迁移的调整量比较大，可达量程的一倍或数倍。各种变送器对其零点迁移的范围都有明确规定。对于模拟式变送器，零点调整和零点迁移的方法是通过改变加在放大器输入端上的调零信号的大小来实现的。

仪表的零点调整、量程调整和零点迁移扩大了仪表变送器的使用范围，增加了仪表的通用性和灵活性。但是，在何种条件下可以进行迁移，有多大的迁移量，需要结合具体仪表的结构和性能而定。

3.微处理器

智能式变送器的参数设定和调整智能式变送器的核心是微处理器。微处理器可以实现对检测信号的量程调整、零点调整、线性化处理、数据转换、仪表自检及数据通信，同时还按照A/D和D/A转换器的运行，实现模拟信号和数字信号的转换。

通常，智能式变送器还配置有手持终端（外部数据设定器或组态器），用户可以通过挂接在现场总线通信电缆上的手持式组态器或监控计算机系统，对变送器进行远程组态，调用或删除功能模块，如设定变送器的型号、量程调整、零点调整、输入信号选择、输出信号选择、工程单位选择和阻尼时间常数设定以及自诊断等，也可以使用专用的编程工具对变送器进行本地调整。因此，智能式变送器一般都是通过组态来完成参数的设定和调整。

4.变送器信号的传输方式

通常，变送器安装在现场，其工作电源从控制室送来。而输出信号传送到控制室、电动模拟式变送器时，采用四线制或二线制方式。智能式变送器采用双向全数字的传输信号，即现场总线通信方式。目前，广泛采用的一种过渡方式称为HART协议通信方式，即在一条通信电缆中同时传输4～20mA DC电流信号和数字信号。

（1）四线制和二线制传输：电动模拟式变送器的四线制和二线制传输电源和输出信号连接方式，其输出信号就是流经负载电阻的电流。四线制传输方式，电阻和负载电阻R是分别与变送器相连的，即供电电源和输出信号分别用两根导线传输，这类变送器称为四线制变送器。二线制传输方式，电源、负载电阻R和变送器是串联的，即两根导线同时传送变送器所需的电源和输出电流信号，这类变送器称为二线制变送器。二线制变送器同四线制变送器相比，采用二线制信号传输方式具有节省连接电缆、有利于安全防爆和抗干扰等优点，目前大多数变送器均为二线制变送器。

（2）HART协议通信方式：HART（Highway Addressable Remote Transduce）通信协议是数字式仪表实现数字通信的一种协议，具有HART通信协议的变送器可以在一条电缆上同时传输4～20mA DC的模拟信号和数字信号。HART信号传输是基于Bell 202通信标准，采用键控频移（FSK）方法，在4～20mA DC的基础上叠加幅度为±0.5mA的正弦调制波作为数字信号。1200Hz频率代表逻辑“1”；2200Hz频率代表逻辑“0”。这种类型的数字信号通常称为FSK信号。由于数字FSK信号相位连续，其平均值为零，故不会影响4～20mA DC的模拟信号。HART通信的传输介质为电缆线，通常单芯带屏蔽双绞电缆距离可达3000m，多芯带屏蔽双绞电缆可达1500m，短距离可使用非屏蔽电缆。HART通信协议一般可以有点对点模式、多点模式和阵发模式三种不同的通信模式。

四、测量仪表的分类

测量仪表种类繁多，结构形式各异。根据不同的原则，可以进行相应的分类。

（一）按被测参数分类

测量仪表按被测参数可以分为温度、压力、流量、液位测量仪表及成分分析仪表等。

（二）按使用性质分类

测量仪表按使用性质可以分为标准表和工业用表。标准表准确度高，一般用来校验工业用表和准确测量；工业用表准确度较低，在生产上用来测量被测参数。

（三）按显示方式分类

根据测量仪表不同的显示方式，可以分为指示仪、记录仪、积算仪、调节仪。调节仪除了显示被测参数外，还具有调节被测参数的作用。

（四）按仪表的组成形式分类

按仪表的组成形式可以分为基地仪表和单元组合仪表。

（1）基地式仪表这类仪表的特点是将测量、显示、控制等各部分集中组装在一个表壳里，形成一个整体。这种仪表比较适用于在现场就地检测和控制，但不能实现多种参数的集中显示与控制，这在一定程度上限制了基地式仪表的应用范围。

（2）单元组合仪表，它将对参数的测量及其变送、显示、控制等各部分，分别制成能独立工作的单元仪表（简称单元，如变送单元、显示单元、控制单元等）。这些单元之间以统一的标准信号互相联系，可以根据不同要求，方便地将各单元任意组合成各种控制系统，适用性和灵活性都很好。化工生产中的单元组合仪表有电动单元组合仪表和气动单元组合仪表两种。国产的电动单元组合仪表以“电”“单”“组”三字的汉语拼音字头为代号，简称DDZ仪表。同样，气动单元组合仪表简称QDZ仪表。

第二节　压力检测及仪表

一、压力单位及测压仪表

在石油化工生产过程中，经常会遇到压力和真空度的测量问题。例如，高压聚乙烯要在150MPa或更高的压力下进行聚合；氢气和氮气要在32MPa下合成为氨；炼油厂的减压蒸馏要在更高的真空条件下进行。特别是在化学反应比较强烈的场合，压力既影响物料平衡关系，也影响化学反应速度。因此，压力的测量和控制是保证工艺要求、设备安全经济运行的必要条件。压力单位比较多。我国在法定计量单位中，以国际单位制为主。在国际单位制中，压力的单位为帕斯卡，简称帕（Pa）。帕为1牛每平方米。帕表示的压力较小，工程上经常使用兆帕（MPa）。

测量压力或真空度的仪表有很多，按照其转换原理的不同，大致可分为以下四类：

（1）液柱式压力计是根据流体静力学原理，将被测压力转换成液柱高度进行测量。按其结构形式的不同，有“U”形管压力计、单管压力计等。这类压力计结构简单、使用方便，但其准确度受工作液的毛细管作用及密度、视差等因素的影响，测量范围较窄，一般用来测量较低压力、真空度或压力差。

（2）弹性式压力计是将被测压力转换成弹性元件变形的位移进行测量的，如弹簧管压力计及膜式压力计等。

（3）电气式压力计是通过机械和电气元件将被测压力转换成电量（如电压、电流、频率等）来进行测量的，如各种压力传感器和压力变送器。

（4）活塞式压力计是根据水压机液体传送压力的原理，将被测压力转换成活塞上所加平衡砝码的质量来进行测量的。它的测量准确度很高，允许误差可小到0.05%~0.02%，但结构较复杂，价格较贵。一般作为标准压力测量仪表，来检验其他类型的压力计。

二、弹性式压力计

弹性式压力计是利用各种形状的弹性元件，在被测介质压力的作用下，使弹性元件受压后产生弹性变形的原理而制成的测压仪表。这种仪表具有结构简单、使用可靠、读数清晰、牢固可靠、价格低廉、测量范围宽以及有足够的准确度等优点。若增加附加装置，如记录机构、电气变换装置、控制元件等，则可以实现压力的记录、远传、信号报警、自动控制等。弹性式压力计可以用来测量几百帕到数千兆帕范围内的压力，在工业上是应用最为广泛的一种测压仪表。

（一）弹性元件

弹性元件是一种简易可靠的测压敏感元件。弹性元件在弹性限度内受压后产生变形，变形的大小与被测压力成正比。当测压范围不同时，所用的弹性元件也不一样，目前工业上常用的测压弹性元件主要有膜片、波纹管和弹簧管等。

（1）膜片是一种沿外缘固定的片状圆形薄板或薄膜，按剖面形状分为平薄膜片和波纹膜片。波纹膜片是一种压有环状同心波纹的圆形薄膜，其波纹数量、形状、尺寸、分布情况与压力的测量范围及线性度有关。有时也可以将两块膜片沿周边对焊起来，成一薄膜盒子，内充液体（如硅油），称为膜盒。

当膜片两边压力不等时，膜片就会发生形变，产生位移；当膜片位移很小时，它们之间具有良好的线性关系，这就是利用膜片进行压力检测的基本原理。膜片受压力作用产生的位移，可直接带动传动机构指示。但是，由于膜片的位移较小，灵敏度低，指示准确度也不高，一般为2.5级。在更多情况下，都是把膜片和其他转换环节结合来使用，通过膜片和转换环节把压力转换成电信号，如膜盒式差压变送器、电容式压力变送器等。

（2）波纹管是一种具有同轴环状波纹，能沿轴向伸缩的测压弹性元件。当它受到轴向力作用时能产生较大的伸长或收缩位移，通常在其顶端安装传动机构，带动指针直接读数。波纹管的特点是灵敏度较高，适合检测低压信号（一般不超过1MPa）。但波纹管时滞较大，测量准确度一般只能达到1.5级。

（3）单圈弹簧管是弯成圆弧形的空心管子（中心角通常为270°），它的截面做成扁圆形或椭圆形，弹簧管一端是开口，另一端是封闭的。开口端作为固定端，被测压力从开口端进入弹簧管内腔，封闭端作为自由端，可以自由移动。当被测压力从弹簧管的固定端输入时，由于弹簧管的非圆横截面，使它有变成圆形并伴有伸直的位移。这种单圈弹簧管自由端位移较小，能测量较高的压力。为了增加自由端的位移，可以制成多圈弹簧管。

（二）弹簧管压力表

弹簧管压力表的测量范围极广，品种规格繁多。按其所使用的测压元件不同，可分为单圈弹簧管压力表与多圈弹簧管压力表。按其用途不同，除普通弹簧管压力表外，还有耐腐蚀的氨用压力表、禁油的氨气压力表等。它们的外形与结构、工作原理基本上是相同的，只是所用的材料有所不同。

弹簧管是压力表的测量元件。单圈弹簧管的一端固定在接头上。当通入被测的压力后，由于椭圆形截面在压力的作用下，将趋于圆形，而弯成圆弧形的弹簧管也随之产生向外挺直的扩张变形。由于变形，使弹簧管的自由端产生位移。输入压力越大，产生的变形也越大。由于输入压力与弹簧管自由端的位移成正比，只要测得点的位移量，就能反映压力的大小，这就是弹簧管压力表的基本测量原理。

弹簧管自由端的位移量一般很小，直接显示有困难，所以必须通过放大机构才能指示出来。具体的放大过程如下：弹簧管自由端的位移通过拉杆使扇形齿轮作逆时针偏转，于是指针通过同轴的中心齿轮的带动而作顺时针偏转，在面板的刻度标尺上显示出被测压力的数值，由于弹簧管自由端的位移与被测压力之间成正比，弹簧管压力表的刻度标尺是线性的。游丝用来克服因扇形齿轮和中心齿轮间的传动间隙而产生的仪表变差。改变调整螺钉的位置（即改变机械传动的放大系数），可以实现压力表量程的调整。在石油化工生产过程中，常常需要把压力控制在某一范围内，即当压力低于或高于给定范围时，就会破坏正常的工艺条件，甚至可能发生危险。这时，就应采用带有报警或控制触点的压力表压力，当偏离给定范围时，及时发出信号，以提醒操作人员注意，或通过中间继电器实现压力的自动控制。电接点信号压力表的结构和工作原理：压力表指针上有动触点，表盘上另有两根可调节的指针，上面分别有静触点。当压力超过上限给定数值（此数值由静触点的指针位置确定）时，动触点和静触点接触，红色信号灯的电路被接通，使红灯发亮；若压力低到下限给定数值时，动触点与静触点接触，接通了绿色信号灯的电路。静触点的位置可根据需要灵活改变。

三、电气式压力计

电气式压力计是一种能将被测压力转换成电信号进行传输及显示的仪表，它的测量范围广，可测7×10^{-5}Pa～5×10^{2}MPa的压力，允许误差可至0.2%。由于能够进行信号的远距离传送，便于实现压力的自动控制和报警，并可与计算机等工业控制机联用。电气式压力计一般由压力传感器、测量线路和显示装置等部分组成。压力传感器能将被测压力检测出来，并转换成电信号输出（当输出的电信号被进一步转变为标准信号时，压力传感器又称压力变送器），测量线路对已转换好的电信号进行测量，然后由显示器、记录仪等完成相应的显示、记录功能。实际上，如果我们在弹簧管压力表中附加一些变换装置，将弹簧管自由端的机械位移转变成某些电量的变化，就可以构成各种弹簧管式的电气压力计，如电阻式、电感式和霍尔片式等。但这种压力计需要用弹簧管先将被测压力转换成位移，然后才能作电量转换，应用场合受到限制。目前，应用较多的电气式压力计是应变片式、压阻式、电容式等。

（一）霍尔片式压力传感器

霍尔片式压力传感器是根据霍尔效应制成的，即利用霍尔元件将由压力所引起的弹性元件的位移转换成霍尔电势，从而实现压力的测量。

霍尔片为半导体（如锗）材料制成的薄片。例如，在霍尔片的z轴方向加一磁感应强度为B的恒定磁场，在y轴方向加一外电场（接入直流稳压电源），便有恒定电流沿x轴方向通过。电子在霍尔片中运动（电子逆y轴方向运动）时，由于受电磁力的作用，而使电子的运动轨道发生偏移，造成霍尔片的一个端面上有电子积累，另一个端面上正电荷过剩，于是在霍尔片的x轴方向上出现电位差，此电位差称为霍尔电势，这种物理现象就称为“霍尔效应”。霍尔电势的大小与半导体材料、所通过的电流（一般称为控制电流）、磁感应强度以及霍尔片的几何尺寸等因素有关。

必须指出，导体也有霍尔效应，不过它们的霍尔电势远比半导体的霍尔电势小得多。如果选定了霍尔元件，并使电流保持恒定，则在非均匀磁场中，霍尔元件所处的位置不同，所受到的磁感应强度也将不同，这样就可得到与位移成比例的霍尔电势，实现位移—电势的线性转换。将霍尔元件与弹簧管配合，就组成了霍尔片式弹簧管压力传感器。如被测压力由弹簧管的固定端引入，弹簧管的自由端与霍尔片相连接，在霍尔片的上、下方垂直安放两对磁极，使霍尔片处于两对磁极形成的非均匀磁场中。霍尔片的4个端面引出4根导线，其中与磁钢相平行的两根导线和直流稳压电源相连接，另两根导线用来输出信号。被测压力引入后，在被测压力的作用下，弹簧管自由端产生位移，因而改变了霍尔片在非均匀磁场中的位置，使所产生的霍尔电势与被测压力成比例。利用这一电势，即可实现远距离显示和自动控制。

（二）应变片式压力传感器

应变片式压力传感器是利用导体或半导体的“应变效应”来测量压力。即通过应变片将被测压力转换成电阻值的变化，通过桥式测量电路，获得相应的毫伏级电压信号作为输出。如果配上相应的显示仪表，就可显示出被测介质的压力。应变式压力传感器适用于测量快速变化的压力和高压力。

应变式压力传感器的检测元件是应变片。它是由金属导体或半导体材料制成的电阻体，其电阻值随被测压力所产生的应变而变化。电阻应变片有金属应变片和半导体应变片两大类。金属应变片又分为金属丝式应变片和金属箔式应变片两种。金属丝式应变片用电阻丝绕成栅形粘贴在绝缘基片上制成，由于金属丝式应变片蠕变较大，应变片蠕变时金属丝容易脱胶，金属丝应变片有逐渐被箔式应变片取代的趋势，但目前它的价格便宜，多用于应变、应力的一次性试验。金属箔式应变片是在基板上镀一层康铜，然后经光刻腐蚀等工艺制成箔栅。箔式应变片的优点是表面积与截面积之比大，散热性好，允许通过较大电流，灵敏度高，可以制成任意形状，易于加工，适合于大批量生产。半导体应变片以硅或锗等半导体材料制作，其优点是灵敏系数大、频率响应快、机械滞后小、阻值范围宽。但其热稳定性能较差，测量误差较大。此类应变片容易做成小型或超小型，但热稳定性能差，测量误差较大。利用电阻应变原理，还可以制成位移传感器和加速度传感器。

（三）压阻式压力变送器

固体受力后电阻率发生变化的现象称为压阻效应，压阻式压力变送器就是利用单晶硅的压阻效应和微电子技术制成的一种新型压力仪表。利用集成电路工艺直接在单晶硅膜片上按一定晶向制成扩散压敏电阻，当单晶硅膜片受压时，膜片的变形将使扩散电阻的阻值发生变化。如果将单晶硅片上的扩散电阻构成桥式测量电路，就可以将电阻的变化转换成电压的变化。这时，电桥的输出电压与单晶硅片所受压力成正比，并通过信号、电路处理，转换为4～20mA标准信号输出。

压阻式压力变送器的结构：硅膜片在圆形硅杯的底部，其两边形成两个压力腔。高压腔接被测压力，低压腔与大气连通或接参考压力。膜片上的两对电阻中，一对位于受压应力区，另一对位于受拉应力区，当压力差使膜片变形时，膜片上的两对电阻阻值发生变化，使电桥输出相应压力变化的信号。为了补偿温度效应的影响，一般还可在膜片上沿着压力不敏感的晶向生成一个电阻，这个电阻只感受温度变化，可接入桥路作为温度补偿电阻，以提高测量准确度。压阻式压力传感器的特点是灵敏度高，频率响应快；测量范围宽，可测低至10Pa的微压及高至60MPa的高压；准确度高，工作可靠，其准确度可达±0.2%～0.02%；易于微小型化，目前国内已生产出直径1.8～2mm的压阻式压力传感器。

（四）电容式差压变送器

电容式压力变送器具有结构简单、过载能力强、可靠性好、测量准确度高、体积小、重量轻、使用方便等一系列优点，目前已成为最受欢迎的压力、差压变送器。其输出信号也是标准的4～20mADC电流信号。

电容式压力变送器是先将压力的变化转换为电容量的变化，然后进行测量。在工业生产过程中，差压变送器的应用数量多于压力变送器。因此，以下按差压变送器进行介绍，其实两者的原理和结构基本上是相同的。将左右对称的不锈钢底座的外侧加工成环状波纹沟槽，并焊上波纹隔离膜片。基座内侧有玻璃层，基座和玻璃层中央有孔道相通。玻璃层内表面磨成凹球面，球面上镀有金属膜，此金属膜层有导线通往外部，构成电容的左右固定极板。在两个固定极板之间是弹性材料制成的测量膜片，作为电容的中央动极板。在测量膜片两侧的空腔中充满硅油。当被测压力分别加于左右两侧的隔离膜片时，通过硅油将差压传递到测量膜片上，使其向压力小的一侧弯曲变形，引起中央动极板与两边固定电极间的距离发生变化，因而两电极的电容量不再相等，而是一个增大，另一个减小，电容的变化量通过引线传至测量电路，通过测量电路的检测和放大，输出一个4～20mA的直流电信号。电容式差压变送器的结构可以有效地保护测量膜片，当差压过大并超过允许测量范围时，测量膜片将平滑地贴靠在玻璃凹球面上，因此不易损坏，过载后的恢复特性很好，大大提高了过载承受能力。

（五）振弦式差压变送器

振弦式差压变送器靠被测压力所形成的应力改变弦的谐振频率，经过适当的电路输出频率信号进行远传。这种压力变送器特别适合与计算机配合使用，组成高准确度的测量控制系统。振弦式差压变送器的工作原理：振动元件是一根张紧的金属丝，称为振弦。它放置在磁场中，一端固定在支承上，另一端与测量膜片相连，并且被拉紧，具有一定张力，张力的大小由被测参数所决定。在激励作用下，振弦产生振动。

当振弦的长度和线密度已定，则固有的振动频率的大小由张力所决定。由于振弦置于磁场中，在振动时会感应电势，感应电势的频率就是振弦的振动频率，测量感应电势的频率，从而可知张力的大小。振弦的振动是靠电磁力的作用产生和维持的，利用上述原理可以制成不同结构的振弦式压力变送器。下面仅介绍一种美国Foxboro公司生产的振弦式差压变送器，其准确度可达±0.2%，它既可测压力又可以测压差。

振弦式压力变送器的基本结构：振弦密封在保护管内，一端固定，另一端与膜片相连，低压作用在下边膜片上，高压作用在上边膜片上，两个膜片与基座之间充有硅油，并且通过导管相通，借助硅油传递压力并提供适当的阻尼，以防止出现振荡。硅油仅存在于膜片与支座之间，保护管内并无硅油，对振弦的振动没有妨碍。

在低压膜片的内侧中部有提供振弦初始力的弹簧片，还有垫圈和过载保护，使保护管的振弦中的振弦具有一定的初始张力。振弦的右端固定在帽状零件上，此零件套在保护管右端部，与高压膜片没有直接关系。当压差过大时，硅油流向左方，垫圈中央的固定端将会使振弦张力增大，这时过载保护弹簧被压缩而产生反作用力，使张力不再增大。若压差继续增大，高压膜片会紧贴于基座上，从而防止过载损坏测量膜片。永久磁铁的磁极装在保护管外，振弦和保护管的热膨胀系数相近，以减少温度误差。保护管两端和支座之间装有绝缘衬垫，以便振弦两端信号的引出。在差压的作用下会改变振弦的张力，差压增大，振弦的张力增加，弦的振动频率增加，测得弦的振动频率，则可得知被测压差的大小。

四、智能型压力变送器

随着集成电路的广泛应用，其性能不断提高，成本大幅度降低，使得微处理器在各个领域中的应用十分普遍。智能型压力或差压变送器就是在普通压力或差压传感器的基础上增加微处理器电路而形成的智能检测仪表。例如，用带有温度补偿的电容传感器与微处理器相结合，构成准确度为0.1级的压力或差压变送器，其量程范围比为100：1，时间常数在0～36s间可调，通过手持通信器，可对1500m之内的现场变送器进行工作参数的设定、量程调整以及向变送器加入信息数据。

智能型变送器的特点是可进行远程通信。利用手持通信器，可对现场变送器进行各种运行参数的选择和标定，其准确度高，使用与维护方便。通过编制各种程序，使变送器具有自修正、自补偿、自诊断及错误方式告警等多种功能，因而提高了变送器的准确度，简化了调整、校准与维护过程，促使变送器与计算机、控制系统直接对话。

下面以美国费希尔—罗斯蒙特公司的3051C型智能差压变送器为例，对其工作原埋作简单介绍。3051C型智能差压变送器包括变送器和275型手持通信器。变送器由传感膜头和电子线路板组成。被测介质压力通过电容传感器转换为与之成正比的差动电容信号。传感膜头还同时进行温度的测量，用于补偿温度变化的影响。上述电容和温度信号通过A/D转换器转换为数字信号，输入电子线路板模块。在工厂的特性化过程中，所有的传感器都经受了整个工作范围内的压力与温度循环测试。根据测试数据所得到的修正系数，都储存在传感膜头的内存中，从而可保证变送器在运行过程中能准确地进行信号修正。

电子线路板模块接收来自传感膜头的数字输入信号和修正系数，然后对信号加以修正与线性化。电子线路板模块的输出部分将数字信号转换成4～20mA DC电流信号，并与手持通信器进行通信。在电子线路板模块的永久性EEPROM存储器中存有变送器的组态数据，当遇到意外停电时，其中的数据仍然保存，恢复供电之后，变送器能立即工作。

数字通信格式符合HART协议，该协议使用了工业标准Belt 202频移调制（FSK）技术，通过在4～20mA DC输出信号上叠加高频信号来完成远程通信。罗斯蒙特公司采用这一技术，能在不影响回路完整性的情况下实现同时通信和输出。3051C型智能差压变送器所用的手持通信器为275型，其上带有键盘及液晶显示器。它可以接在现场变送器的信号端子上，就地设定或检测，也可以在远离现场的控制室中，接在某个变送器的信号线上进行远程设定及检测。手持通信器能够实现下列功能：

（1）组态可分为两部分。首先，设定变送器的工作参数，包括测量范围、线性或平方根输出、阻尼时间常数、工程单位选择；其次，可向变送器输入信息性数据，以便对变送器进行识别与物理描述，包括给变送器指定工位号、描述符等。

（2）测量范围的变更，当需要更改测量范围时，无须到现场调整。

（3）变送器的校准包括零点和量程的校准。

（4）自诊断，自诊断3051C型变送器可进行连续自诊断。当出现问题时，变送器将激活用户选定的模拟输出报警。手持通信器可以询问变送器，确定问题所在。变送器向手持通信器输出特定的信息，以识别问题，从而可以快速地进行维修。由于智能型差压变送器有良好的总体性能及长期稳定的工作能力，每五年才需校验一次。智能型差压变送器与手持通信器结合使用，可远离生产现场，尤其是危险或不易到达的地方，给变送器的运行和维护带来了极大的方便。

五、压力计的选用及安装

正确地选用及安装是保证压力计在生产过程中发挥应有作用的重要环节。

（一）压力计的选用

压力计的选用应根据工艺生产过程对压力测量的要求，结合其他各方面的情况，加以全面的考虑和具体的分析。选用压力计和选用其他仪表一样，一般应该考虑以下三个方面的问题：

（1）仪表类型的选用必须满足工艺生产的要求，如是否需要远传、自动记录或报警；被测介质的物理化学性能（诸如腐蚀性、温度高低、黏度大小、脏污程度、易燃易爆性能等）是否对测量仪表提出特殊要求；现场环境条件（诸如高温、电磁场、振动及现场安装条件等）对仪表类型有否特殊要求等。总之，根据工艺要求正确选用仪表类型是保证仪表正常工作及安全生产的重要前提。

例如，普通压力计的弹簧管多采用铜合金，高压的也有采用碳钢的，而氨用压力计弹簧管的材料却都采用碳钢，不允许采用铜合金。因为氨气对铜的腐蚀极强，普通压力计用于氨气压力测量时很快就会损坏。

氨气压力计与普通压力计在结构和材质上完全相同，只是氨用压力计禁油，因为油进入氨气系统易引起爆炸。氨气压力计在校验时，不能像普通压力计那样采用变压器油作为工作介质，并且氨气压力计在存放中要严格避免接触油污。如果必须采用带油污的压力计测量氨气压力时，使用前必须用四氯化碳反复清洗，认真检查直到无油污时为止。

（2）仪表的测量范围是指该仪表按规定的准确度对被测量进行测参数的范围，它是根据操作中需要测量的参数的大小来确定的。

在测量压力时，为了延长仪表的使用寿命，避免弹性元件因受力过大而损坏，压力计的上限值应该高于工艺生产中可能的最大压力值。根据化工自控设计技术规定：在测量稳定压力时，最大工作压力不应超过测量上限值的2/3；测量脉动压力时，最大工作压力不应超过测量上限值的1/2；测量高压压力时，最大工作压力不应超过测量上限值的3/5。为了保证测量值的准确度，所测的压力值不能太接近于仪表的下限值，亦即仪表的量程不能选得太大，一般被测压力的最小值以不低于仪表满量程的1/3为宜。

根据被测参数的最大值和最小值计算出仪表的上、下限后，还不能将此数值直接作为仪表的测量范围，因为仪表标尺的极限值不是任意取一个数字都可以的，它是由国家主管部门用规程或标准规定的。因此，选用仪表的标尺极限值时，也只能采用相应的规程或标准中的数值（一般可在相应的产品目录中找到）。

（3）仪表准确度是根据工艺生产上所允许的最大测量误差来确定的。一般来说，所选用的仪表越精密，则测量结果越准确、可靠。但不能认为选用的仪表准确度越高越好，因为越精密的仪表，一般价格越贵，操作和维护越费事。因此，在满足工艺要求的前提下，应尽可能选用准确度较低、价廉耐用的仪表。

（二）压力计的安装

压力计的安装正确与否，直接影响到测量结果的准确性和压力计的使用寿命。

1.测压点的选择

首先，所选择的测压点应能反映被测压力的真实大小。为此，必须注意以下三点：

（1）要选在被测介质直线流动的管段部分，不要选在管路拐弯、分叉、死角或其他易形成漩涡的地方。

（2）测量流动介质的压力时，应使取压点与流动方向垂直，取压管内端面与生产设备连接处的内壁应保持平齐，不应有凸出物或毛刺。

（3）测量液体压力时，取压点应在管道下部，使导压管内不积存气体；测量气体压力时，取压点应在管道上方，使导压管内不积存液体。

2.导压管铺设

（1）导压管的粗细要合适，一般内径为6 ~ 10mm，长度应尽可能短，最长不得超过50m，以减少压力指示的迟缓。如超过50m，应选用能远距离传送的压力计。

（2）导压管水平安装时应保证有1：10 ~ 1：20的倾斜度，以利于积存于其中之液体（或气体）的排出。

（3）当被测介质易冷凝或冻结时，必须加设保温伴热管线。

（4）取压口到压力计之间应装有切断阀，以备检修压力计时使用。切断阀应装设在靠近取压口的地方。

3.压力计的安装

（1）压力计应安装在易观察和检修的地方。

（2）安装地点应力求避免振动和高温影响。

（3）测量蒸汽压力时，应加装凝液管，以防止高温蒸汽直接与测压元件接触；对于有腐蚀性介质的压力测量，应加装有中性介质的隔离包。总之，针对被测介质的不同性质（高温、低温、腐蚀、脏污、结晶、沉淀、黏稠等），要采取相应的防热、防腐、防冻、防堵等措施。

（4）压力计的连接处，应根据被测压力的高低和介质性质，选择适当的材料，作为密封垫片，以防泄漏。

（5）当被测压力较小，而压力计与取压口又不在同一高度时，对由此高度而引起的测量误差应进行修正。

（6）为安全起见，测量高压的压力计除选用有通气孔的外，安装时表壳应朝向墙壁或无人通过之处，以防发生意外。

第三节 物位检测及仪表

一、物位测量概述

物位测量在石油化工生产自动化中具有重要的地位。随着石油化工生产设备规模的扩大和集中管理，特别是计算机的投入运行，物位的检测和远传显得更重要了。

物位是指开口容器或密闭容器中液体介质的高低（液位），或者两种液体介质的分界面（界面）和容器中固体或颗粒状物料的堆积高度（料位）。通过物位的检测，可以准确获知容器设备中原料、半成品或产品的数量，以保证连续供料或进行经济核算，或者通过物位的检测，了解其是否在规定的范围内，以监视或控制容器内的物位，使之保持在工艺要求的确定高度，或对它的上、下极限位置进行报警，以保证生产的正常进行及安全操作。

在石油化工生产中，对物位检测仪表的要求多种多样，主要有仪表的准确度、量程、经济和安全可靠等方面，但最重要的是检测的安全可靠。物位检测仪表有很多种类，按工作原理不同，物位仪表主要有下列七种类型：

（1）直读式物位仪表：这类仪表中主要有玻璃管液位计、玻璃板液位计等。

（2）差压式物位仪表：又可分为压力式物位仪表和差压式物位仪表，利用液柱或物料堆积对某定点产生压力的原理而工作。

（3）浮力式物位仪表：利用浮子（或称沉筒）高度随液位变化而改变或液体对浸沉于液体中的浮子的浮力随液位高度而变化的原理工作，可分为浮子带钢丝绳或钢带的、浮球带杠杆的和沉筒式的四种。

（4）电磁式物位仪表：使物位的变化转换为电量的变化，通过测出电量的变化来测知物位。它可以分为电阻式（即电极式）、电容式和电感式等，此外还有利用压磁效应工作的物位仪表。

（5）核辐射式物位仪表：利用核辐射透过物料时，其强度随物质层的厚度而变化的原理而工作，目前应用较多的是y射线。

（6）声波式物位仪表：由于物位的变化可引起声阻抗的变化、声波的遮断和声波反射距离的不同，测出这些变化就可测知物位。所以，声波式物位仪表可以根据它的工作原理分为声波遮断式、反射式和阻尼式。

（7）光学式物位仪表：利用物位对光波的遮断和反射原理工作，其利用的光源有普通白炽灯光或激光等。

二、浮力式液位计

浮力式液位计有恒浮力式液位计和变浮力式液位计两种。浮力式液位计是利用漂浮于液面上的浮标或浸沉于液体中的浮筒对液位进行测量。当液位变化时，前者产生相应的位移，而所受到的浮力维持不变，后者则发生浮力的变化。因此，只要检测出浮标的位移或浮筒所受到的浮力变化，就可以知道液位的高低。

（一）恒浮力式液位计

将浮标用绳索连接并悬挂在滑轮上，绳索的另一端挂有平衡重物利用浮标所受重力和浮力之差与平衡重物相平衡，使浮标漂浮在液面上。当液位上升时，浮标所受的浮力增加，使原有平衡关系被破坏，浮标向上移动。但浮标向上移动的同时，浮力又下降，直到重新等于平衡重物的重量时，浮标将停留在新的液位上。反之亦然。因此，实现了浮标对液位的跟踪。浮标停留在任何高度的液面上时，浮力值不变，故称此法为恒浮力法。这种方法的实质是通过浮标把液位的变化转换为机械位移（线位移或角位移）的变化。上面所讲的只是一种转换方式，在实际应用中，还可采用各种各样的结构形式来实现液位与机械位移的转换，并可通过机械传动机构带动指针对液位进行就地指示。如果需要远传，还可通过电或气的转换器把机械位移转换为电的或气的信号。

浮标式液位计简单、直观，缺点是：由于滑轮与轴承间存在机械摩擦，以及绳索（钢丝、钢带）长度热胀冷缩的变化等因素，影响了测量准确度。

（二）变浮力法液位测量

1.测量原理

沉筒式液位计属于变浮力式液位计。它和浮标、浮球相同，由于沉筒很重，在工作时不漂浮在液面上，而是浸在液体之中。当液位变化时，沉筒的浸没高度不同，以至于作用在沉筒上的浮力不同。只要能测量出浮筒所受浮力变化的大小，便可以知道液位的高低。

2.差动变压器

差动变压器的结构与原理：由铁芯、线圈及骨架组成。线圈骨架可分为三段，初级线圈均匀地密绕在骨架的中段；次级线圈分别均匀地密绕在上下两段骨架上，并将两个线圈反相串联相接。

当铁芯处在差动变压器上、下两段线圈的中间位置时，初级激磁线圈激励的磁力线穿过上、下两个次级线圈的数目相同，因而两个匝数相等的次级线圈中产主的感应电势相等。由于两个次级线圈系反相串联，感应电势相互抵消，从而输出端之间的总电势为零。当铁芯向上移动时，由于铁芯改变了两段线圈中初、次级的耦合情况，使磁力线通过上段线圈的数目增加，通过下段线圈的磁力线数目减少，因而上段次级线圈产生的感应电势比下段次级线圈产生的感应电势大，于是两端输出的总电势大于0；当铁芯向下移动时，情况与上移正好相反，即输出的总电势小于0。无论哪种情况，都把这个输出的总电势称为不平衡电势，它的大小和相位由铁芯相对于线圈中心移动的距离和方向来决定。信号经过整流、滤波电路可以得到直流信号，其大小与铁芯位移相对应，与被测液位成正比。

浮筒式变送器的种类较多，但检测元件均是浮筒。浮筒式液位计能测量最高压力达31.4MPa的容器内的液位。沉筒的长度就是仪表的量程，一般为300～2000mm。变浮力式变送器的输出信号不仅与液位高度有关，并且与被测液体的密度有关。因此，密度发生变化时，必须进行密度修正，浮筒式液位计还可用于液体分界面的测量。

（三）磁翻板式液位计

磁翻板式液位计是根据浮力原理和磁性耦合作用研制而成的。磁翻板式液位计有一个容纳浮球的腔体（称为本体管或外壳），它通过法兰或其他接口与容器组成一个连通器，腔体内的液面与容器内的液面是相同高度的，腔体内的浮球会随着容器内液面的升降而升降。通过在腔体的外面安装翻柱指示器，在浮球沉入液体与浮出部分的交界处安装磁钢，当浮球随液面升降时，磁钢的磁性透过外壳传递给翻柱指示器，推动磁翻柱翻转。由于磁翻柱是由红、白两个半圆柱合成的圆柱体，翻转后朝向翻柱指示器外的部分会改变颜色。当液位上升时翻柱由白色转变为红色，当液位下降时翻柱由红色转变为白色，指示器的红白交界处即为容器内部液位的实际高度，从而实现液位清晰的指示。

磁翻板式液位计适用于从低温到高温、从真空到高压等各种环境，是石油、化工等工业现场理想的液位测量仪表。由于具有磁性耦合隔离器密闭结构，磁翻板式液位计具有可靠的安全性，尤其适用于易燃、易爆和腐蚀有毒液位检测，从而使原复杂环境的液位检测手段变得简单和可靠安全。该液位计具有就地显示的直读式特性，设备少开孔，显示清晰，标志醒目，读数直观。

带有液位变送器（电信号远传）的磁翻板式液位计，液位变送部分（电气部分）的工作原理是利用磁性浮子作用在磁簧开关导致连入回路的电阻数量发生变化，进而使得传感器部分可以发生与液位变化相对应的电阻信号。通过信号转化器，就可以把电阻信号转化成4～20mA的电流信号。这种液位计的电子元件几乎没有电容器、电感等储能元器件，可以叠加HART通信协议，也可以使用RS485总线通信。

磁浮子液位计配置上、下限开关输出，可实现远距离报警、限位控制。配置变送器，可实现液位的远距离指示、检测与控制。根据在容器上安装位置的不同，提供侧装和顶装两种方式。根据工作介质的不同，提供不锈钢和ABS工程塑料两种材质。其中，ABS特别适用于酸、碱等腐蚀性介质。

三、差压式液位计

（一）工作原理

差压式液位计是利用容器内的液位改变时，由液柱产生的静压也相应变化的原理而工作的。通常，被测介质的密度是已知的，差压变送器测得的旁压与液位高度成正比。这样就把测量液位高度转换为测量差压的问题了。

当被测容器是敞口的，气相压力为大气压时，只需将差压变送器的负压室通大气即可。且不需要远传信号，也可以在容器底部安装压力表，根据压力与液位成正比的关系，可直接在压力表上按液位进行刻度。

（二）零点迁移问题

采用差压式液位计测量液位时，由于安装的位置不同，一般情况下均会存在零点迁移问题。下面对无迁移、正迁移和负迁移三种情况进行讨论。

（1）无迁移，被测介质黏度较小，无腐蚀，无结晶，并且气相部分不冷凝，变送器安装与容器下部取压位置在同一高度。

（2）正迁移，实际应用中，变送器的安装位置往往不与容器下部的取压位置同高，被测介质也是黏度小，无腐蚀，无结晶，并且气相部分不冷凝，变送器安装与容器下部取压位置在同一高度。

（3）负迁移，有些介质会产生腐蚀作用，或者气相部分会产生冷凝，导致导管内的凝液随时间而变。在这些情况下，往往采用正、负压室与取压点之间安装隔离罐或冷凝罐的方法，负压侧的引压导管也有一个附加的静压作用于变送器，使得液位高度等于零时，压差不等于零。

由上述可知，正、负迁移的实质是通过迁移弹簧改变差压变送器的零点，使得被测液位为零时，变送器的输出为起始值，称为零点迁移。它仅仅改变了变送器测量范围的上、下限，而量程的大小不会改变。需要注意的是，并非所有差压变送器都带有迁移作用。在选用差压式液位计时，应在差压变送器的规格中注明是否带有正、负迁移装置并注明迁移量的大小。

（三）用法兰式差压变送器测量液位

为了解决测量具有腐蚀性或含有结晶颗粒，以及黏度大、易凝固等液体的液位时引压管线被腐蚀或被堵塞的问题，应使用导压管入口处加隔离膜的法兰式差压变送器。其测量头（金属膜盒）经毛细管与变送器的量室所组成的封闭系统内充有硅油，作为传压介质，并使被测介质不进入毛细管与变送器，以免堵塞。法兰式压变送器按其结构形式又分为单法兰式及双法兰式两种。容器与变送器间只需要一个法兰将管路接通的称为单法兰差压变送器；而对于法兰分别将液相和气相压力导至差压变送器，这就是双法兰差压变送器。

（四）压力/差压变送器的安装与使用

压力/差压变送器除了用于测量工业生产过程中的差压、压力参数外，还可和多种传感元件配套，将液体、气体或蒸汽的压力/差压、流量、液位等工艺参数转换成统一的标准信号（如4～20mA DC电流），以及在监测和控制系统中作为一个环节，参与各种运算，以实现生产过程的连续检测和自动控制。工业现场所常用的变送器有模拟型、智能型和现场总线型，各种型号的变送器安装方式和所需注意的事项基本相同。

1.压力信号的引入

变送器的输入压力信号一般有三种引入方法：通过直通终端接头引入；通过腰形法兰引入；通过阀组引入。

（1）通过直通终端接头引入，接头体上有外螺纹，可拧到变送器的导压口。螺纹有多种规格以适应不同型号的变送器的需要。接管和引压导管相焊，也有多种规格，以配不同直径和壁厚的引压导管。拆卸时，只要把外套螺母拧下，就可以使变送器和导压管分开。

（2）通过腰形法兰引入，腰形法兰是一个形如腰子的小法兰，有时也称为椭圆法兰。它用两个螺钉固定在变送器的导压口上，法兰的一端和变送器相通，另一端有内螺纹接口，直通终端接头或引压导管即拧在此接口上。拆卸时，拧开腰形法兰的两个固定螺钉，或拧开直通终端接头的外套螺母，都可以使导压管和变送器分开。

（3）通过阀组引入变送器的阀组有以下三种：

①三阀组，差压变送器和导压管可以通过三阀组连接。一体化三阀组的工作原理：由两个引压阀和一个平衡阀组成。一体化三阀组比单独的三个阀结构紧凑，安装方便。三阀组的入口接直通终端接头，引压导管则焊在终端接头的接管上。出口用四个螺钉加垫圈固定在变送器的引压导口。三阀组两出口，也即变送器两引压导口之间的距离，一般都是54mm。

当三阀组高、低压阀关闭，平衡阀开启时，变送器高、低压测量室压力平衡，差压为0；当高、低压阀同时开启，平衡阀关闭时，两输出端压力分别为节流装置的高压和低压；当平衡阀开启，高低压阀中一个阀关、一个阀开时，则两输出端压力均为高压或低压。有的三阀组上还有两个压力校验口，正常工作时用堵头堵死。校验时，先把高低压阀和平衡阀切断，然后从测试口通入被校压力，便可在不拆卸其他接头的情况下校验变送器。

②五阀组在三阀组的基础上增加了两个排污阀（放空阀）。正常工作时，将两组排污阀和平衡阀关闭；仪表对零位时，则将高、低压阀切断，打开平衡阀即可。有的五阀组上也有两个压力校验口，如要校验仪表，只要打开测试口，通上被校压力即可。因此，检查、校验、排污、冲洗均可在这五阀组上进行，比较灵活，安装也简便得多。

③二阀组一般用于压力变送器，通过将过程压力和变送器的导压口相连接。两阀组有时也可和差压变送器配套使用。

2.正反向的转换

在用差压变送器测量容器液位时，高压侧接容器下部的导压管，低压侧接容器上部的导压管，这样一来，仪表输出便能按照习惯，液位上升，输出增加；液位下降，输出减少。同样，在用差压变送器和节流装置配套测量流体流量时，正压导管接变送器高压侧，负压导管接变送器低压侧，这样变送器才能正常工作。

但有时由于工作不慎，高低压导管敷设反了，或者为了维护操作方便，必须将正压导管接变送器低压侧，负压导管接变送器高压侧。在这种情况下，变送器是否还能正常工作?导压管是否需要拆除后重新敷设?对于测量静压液位的变送器来说，导压管接反了，只能违反常规，输出反向指示。当液位最低时，输出不是零位，而是100%；当液位最高时，输出不是最大，而是0%，早年没有零点迁移的差压计就是这样用的。但对于测流量的差压变送器，导压管接反了，一般就无法工作了。智能变送器是用手持通信器的组态来实现它的功能，在变送器内部一般会有一个正反向转换模块，只要将它设定成反向，便可解决导压管接反的问题。对于非智能变送器，有的电路板上也有一个正反向插块，只要改变插块的插接位置，就可实现正反向的转换。

3.环境因素的影响

流量、液位或压力测量的综合精确度取决于几个因素。虽然变送器具有很好的性能，但为了最大限度地予以发挥，正确的安装仍是十分重要的。在可能影响变送器精确度的所有因素中，环境条件是最难控制的。然而，还是有一些方法可以减少温度、湿度和振动带来的影响。智能型变送器有一个内置的温度传感器用来补偿温度变化。出厂前，每个变送器都接受过温度循环测试，并将其在不同温度下的特性曲线储存在变送器的存储器中。在工作现场，这一特点使智能型变送器能将温度变化的影响减到最小。如有可能，应尽量将变送器放置在免受环境温度剧烈变化的地方，从而将温度波动的影响减到最小。在炎热的环境中，变送器安装时应尽可能地避免直接暴露在阳光下，也必须避免把变送器安放在靠近高温管道或容器的地方。当过程流体带有高温时，在取压口和变送器之间需采用较长的导压管。如果需要，应考虑采用遮阳板或热屏蔽板保护变送器免受外部热源的影响。湿度对电子电路是非常有害的。在相对湿度很高的区域，用于电子线路室外盖的密封圈必须正确地放置。外盖必须用手拧紧至完全关闭，应感觉到密封圈已被压紧。不要用工具拧紧外盖。应尽量减少在现场取下盖板，因为每次打开盖板，电子线路就会暴露在潮气中。

电子电路板采用防潮涂层加以保护，但频繁地暴露在潮气中仍有可能影响保护层的作用。重要的是保持盖子密闭到位。每次取下盖子，螺纹将暴露并被锈蚀，因为这些部分无法用涂层保护。导线管进入变送器必须使用符合标准的密封方法。不用的连接口必须也按如上规则塞住。虽然变送器实际上对振动不敏感，但安装时应尽可能避免靠近泵、涡轮机或其他振动装备。在冬天应采取防冻措施防止在测量容室内发生冰冻，因为这将导致变送器无法工作，甚至可能损坏膜盒。注意：当安装或存储液位变送器时，必须保护好膜片，以避免其表面被擦伤、压凹或穿孔。变送器设计得既坚固又轻巧，比较容易安装。三阀组的标准设计可以完美地匹配变送器法兰。如过程流体含有悬浮的固体，则需按一定的间隔距离安装阀门或带连杆的管接头，以便管道清扫。在每根导压管连接到变送器之前，必须用蒸汽、压缩空气或用过程流体排泄的方法来清扫管道内部（即吹扫）。

四、其他物位计

（一）电容式物位传感器

电容式物位计由电容液位传感器和测量电路组成。被测介质的物位通过电容传感器转换成相应的电容量，利用测量电路测得电容的变化量，即可间接求得被测介质物位的变化。电容式物位计适用于导电或非导电液位及粉末物料的料位测量，也可用于液—液和液—固分界面的测量。

1.测量原理

在电容器的极板之间，充以不同介质时，电容量的大小也有所不同。因此，可通过测量电容量的变化来检测液位、料位和两种不同液体的分界面。

2.非导电介质液位的检测

对非导电介质液位测量的电容式液位传感器，它是由内电极和一个与它相绝缘的同轴金属套筒做成的外电极所组成，外电极上开了很多小孔，使介质能流进电极之间，内外电极用绝缘套绝缘，两极间距离越小，仪表灵敏度越高。上述电容式液位计在结构上稍加改变，就可以用来测量导电介质的液位。

3.料位的检测

用电容法可以测量固体块状颗粒体及粉料的料位。由于固体间磨损较大，容易“滞留”，一般不用双电极式电极。可用电极棒头及容器壁组成电容器的两极来测量非导电固体料位。

电容物位计的传感部分结构简单、使用方便。但由于电容变化量不大，若要准确测量，还需借助于较复杂的电子线路才能实现。此外，还应注意介质浓度、温度发生变化时，其介电系数也会发生变化这一情况，以便及时调整仪表，达到预想的测量目的。

（二）核辐射物位计

核辐射物位计是利用放射源产生核辐射线（通常为γ射线）穿过一定厚度的介质时，部分粒子因克服阻力与碰撞使动能消耗而被吸收，另一部分粒子则透过介质。射线的透射强度随着通过介质层厚度的增加而减弱。入射强度为1%的放射源，随介质厚度增加，其强度呈指数规律衰减。这种物位仪表由于核辐射线的突出特点，能够透过钢板等各种物质，因而可以完全不接触被测物质，适用于高温、高压容器、强腐蚀、剧毒、有爆炸性、黏滞性、易结晶或沸腾状态的介质的物位测量，还可以测量高温融熔金属的液位。由于核辐射线特性不受温度、湿度、压力、电磁场等影响，可在高温、烟雾、尘埃、强光及强电磁场等环境下工作。这种仪表体积小、重量轻，可以长时间连续使用，其最大缺点是放射线对人体有较大的危害，在选用时必须考虑到周围人员的安全，同时需要采取必要的安全防护措施。

（三）超声波物位计

声波可以在气体、液体、固体中传播，并有一定的传播速度。一般把频率高于20kHz、人耳听不到的声波，叫作超声波。声波在穿过不同厚度的介质分界面处还会产生反射。根据声波从发射至接收到反射回波的时间间隔与物位高度成正比，可以测量物位。超声波物位计就是利用回声测距原理制成的。超声波物位计有许多优点，它的探头可以不与被测介质接触，即可以做到非接触测量；可测量范围较广，只要分界面的声阻抗不同，液体、粉末、块状的物体均可测量；安装维护方便，而且不需要安全防护；它不仅能够定点连续测量物位，而且能够方便地提供遥测或遥控所需信号。其缺点是探头本身不能承受高温，声速受介质温度、压力影响，有些介质对声波的吸收能力很强，使此方法受到一定限制。

（四）雷达液位计

雷达液位计的工作原理类似于超声波式的测量方法。以光速传播的超高频电磁波（微波），经天线向被探测容器的液面发射，当电磁波碰到液面后反射回来，雷达液位计便通过测量发射波到反射波之间的延时来确定天线与反射面之间的高度（空高）。雷达液位计是通过计算电磁波到达液体表面并反射回接收天线的时间来进行液位测量的。与超声波液位计相比，电磁波的传播速度受气体的性质及状态的影响较小。雷达液位计采用了非接触测量的方式，没有活动部件，可靠性高，平均无故障时间长，安装方便。适用于高黏度、易结晶、强腐蚀及易爆易燃介质，特别适用于大型立罐和球罐等液位的测量。

雷达液位计按天线形状分为喇叭口形和导波形两类。喇叭口形天线主要用于液面波动小、介质泡沫少、介电常数高的液位测量；导波形天线是在喇叭口形的基础上增加了一根导波管，可使电磁波沿导波管传播，减少障碍物及液位波动或泡沫对电磁波的散射影响，用于波动较大、介电常数低的非导电介质（如烃类液体）的液位测量。

第四节 流量检测及仪表

一、流量的测量方法及基本概念

在石油化工生产过程中，为了有效地进行生产操作和控制，经常需要测量生产过程中各种介质（如液体、气体和蒸汽等）的流量，以便为生产操作和控制提供依据。同时，为了进行经济核算，需要知道在一段时间（如一班、一天等）内流过的介质总量。所以，对管道内介质流量的测量和变送是实现生产过程的控制以及进行经济核算所必需的。

一般所讲的流量大小是指单位时间内流过管道某一截面的流体数量的大小，即瞬时流量。而在某一段时间内流过管道的流体流量的总和，即瞬时流量在某一段时间内的累计值，称为总量。流量和总量，可以用质量表示，也可以用体积表示。单位时间内流过的流体以质量表示的称为质量流量，常用符号 M 表示；以体积表示的称为体积流量，常用符号 Q 表示。测量流体流量的仪表一般叫流量计；测量流体总量的仪表常称为计量表。然而，两者并不是截然划分的，在流量计上配以累积机构，也可以读出总量。常用的流量单位有吨每小时（t/h）、千克每小时（kg/h）、千克每秒（kg/s）、立方米每小时（m^3/h）、升每小时（L/h）、升每分（L/min）等。

测量流量的方法很多，其测量原理和所应用的仪表结构形式各不相同。目前，有许多流量测量的分类方法，现仅举一种大致的分类法，简介如下：

（1）速度式流量计是一种以测量流体在管道内的流速作为测量依据来计算流量的仪表，如差压式流量计、转子流量计、电磁流量计、涡轮流量计、堰式流量计等。

（2）容积式流量计是一种以单位时间内所排出的流体的固定容积的数目作为测量依据来计算流量的仪表，如椭圆齿轮流量计、活塞式流量计等。

（3）质量流量计是一种以测量流体流过的质量为依据的流量计。质量流量计分为直接式和间接式两种：直接式质量流量计直接测量质量流量，如量热式、角动量式、陀螺式和科里奥利力式等质量流量计；间接式质量流量计是用密度与容积流量经过运算求得质量流量的。质量流量计具有测量准确度不受流体的温度、压力、黏度等变化影响的优点，是一种发展中的流量测量仪表。

二、差压式流量计

差压式（也称节流式）流量计是基于流体流动的节流原理，利用流体流经节流装置时产生的压力差而实现流量测量的。它是目前生产中测量流量最成熟且常用的方法之一。差压式流量计由节流装置、引压管和差压计三部分组成。节流装置将被测流量转换成压差信号，由引压管引出压差信号，并传递到相应的差压计，以便显示出流量的数值。在单元组合仪表中，由节流装置产生的压差信号，通过差压变送器转换成相应的标准信号（电的或气的），以供显示、记录或控制用。

（一）节流现象与流量基本方程式

1.节流现象

流体在有节流装置的管道中流动时，在节流装置前后的管壁处，流体的静压力产生差异的现象称为节流现象。节流装置包括节流件和取压装置，节流件是能使管道中的流体产生局部收缩的元件，应用最广泛的是孔板，其次是喷嘴、文丘里管等。下面以孔板为例说明节流现象。具有一定能量的流体，才可能在管道中形成流动状态。流动流体的能量有两种形式，即静压能和动能。流体由于有压力而具有静压能，又由于流体有流动速度而具有动能，这两种形式的能量在一定的条件下可以互相转化。但是，根据能量守恒定律，流体所具有的静压能和动能，再加上克服流动阻力的能量损失，在没有外加能量的情况下，其总和是不变的。

由于节流装置造成流束的局部收缩，使流体的流速发生变化，即动能发生变化。与此同时，表征流体静压能的静压力也要变化。由于在孔板端面处，流通截面突然缩小与扩大，使流体形成局部涡流，要消耗一部分能量，同时流体流经孔板时，要克服摩擦力，流体的静压力不能恢复到原来的数值，而产生了压力损失。

节流装置前的流体压力较高，称为正压，常以“+”标志；节流装置后的流体压力较低，称为负压（注意不要与真空混淆），常以“–”标志。节流装置前后压差的大小与流量有关。管道中流动的流体流量越大，在节流装置前后产生的压差也越大。只要测出孔板前后两侧压差的大小，即可表示流量的大小，这就是节流装置测量流量的基本原理。

2.流量基本方程式

流量基本方程式是阐明流量与压差之间定量关系的基本流量公式。它是根据流体力学中的伯努利方程和流体连续性方程式推导而得的。要知道流量与压差的确切关系，关键在于流量系数的取值。流量系数是一个受许多因素影响的综合性参数。对于标准节流装置，其值可从在有关手册中查出；对于非标准节流装置，其值要由实验方法确定。所以，在进行节流装置的设计计算时，应针对特定条件，选择一个 α 值。计算的结果只能应用在一定条件下，一旦条件改变（例如，节流装置形式、尺寸、取压方式、工艺条件等的改变），就不能随意套用，必须另行计算。如按小负荷情况下计算的孔板，用来测量大负荷时流体的流量，就会引起较大的误差，必须加以必要的修正。

流量与压力差的平方根成正比。所以，用这种流量计测量流量时，如果不加开方器，流量标尺的刻度是不均匀的，起始部分的刻度很密，后来逐渐变疏。因此，在用差压法测量流量时，被测流量值不应接近于仪表的下限值，否则误差将更大。

（二）标准节流装置

差压式流量计，由于使用历史长久，已经积累了丰富的实践经验和完整的实验资料。因此，国内外已把最常用的节流装置、孔板、喷嘴、文丘里管等标准化，并称为“标准节流装置”。标准化的具体内容包括节流装置的结构、尺寸、加工要求、取压方法、使用条件等。例如，标准孔板对尺寸和公差、粗糙度等都有详细规定。

标准孔板应用广泛，它具有结构简单、安装方便的特点，适用于大流量的测量。孔板最大的缺点是流体经过孔板后压力损失大，当工艺管道上不允许有较大的压力损失时，便不宜采用。标准喷嘴和标准文丘里管的压力损失比孔板小，但结构比较复杂，不易加工。实际上，在一般场合下仍多采用孔板。标准节流装置仅适用于流量通道直径大于50mm，雷诺数在$10^4 \sim 10^5$以上的流体，而且流体应当清洁，充满全部管道，不发生相变。此外，为保证流体在节流装置前后为稳定的流动状态，在节流装置的上、下游必须配置一定长度的直管段。

节流件前后的差压是计算流量的关键数据，取压方法相当重要。标准节流装置规定的取压方式有角接取压、法兰取压、径距取压三种。其中，角接取压方式是最常用的。所谓角接取压法，就是在孔板（或喷嘴）前后两端面与管壁的夹角处取压。角接取压又分环室取压和单独钻孔取压。环室取压是在孔板两侧的取压环的环状槽（环室）取出压力，这种方法取压均匀，测量误差小，对直管段长度要求较短，但加工及安装复杂，一般用于 400mm 以下管径的流量测量；单独钻孔取压是在孔板两侧的法兰上钻孔取出压力，这种方法加工简单，适用于管径大于200mm的流量测量。

（三）差压计

节流装置将管道中流体流量的大小转变为相应的差压大小，但这个差压信号还必须由导压管引出，并传递到相应的差压计，以便显示出流量的数值。差压计有很多种形式，如U形管差压计、双波纹管差压计、膜盒式差压计等，但这些仪表均为就地指示型仪表。

事实上，工业生产过程中的流量测量及控制多半是采用差压变送器，将差压信号转换为统一的标准信号，以利于远传。一体式差压流量计将节流装置、引压管、三组阀、差压变送器直接组装成整体，省却了引压管线，降低了故障率，改善了动态特性，现场安装简单方便，可有效减少安装带来的误差。有的仪表将温度、压力变送器整合在一起，可以测量孔板前的流体压力、温度，实现温度压力补偿，可显示瞬时流量、累计流量或直接指示流体的质量流量。

（四）差压式流量计的安装及使用

差压式流量计不仅需要合理选型、准确的设计和精密的加工制造，更需要正确的安装和维护，并符合要求的使用条件，才能保证流量计有较高的测量准确度。差压流量计如果设计、安装、使用等各环节均符合规定的技术要求，则其测量误差应在1%～2%范围内。然而，在实际工作中，往往由于安装质量、使用条件等不符合技术要求，因而造成附加误差，使得实际测量误差远远超出此范围。因此，正确安装和使用是保证其测量准确度的重要因素。

差压流量计的安装要求如下：

（1）应保证节流元件前端与管道轴线垂直，不垂直度不超过±1°。

（2）应保证节流元件的开孔与管道同心，不同心度不得超过0.015D。

（3）节流元件与法兰、夹紧环之间的密封垫片，在夹紧后不得突出管道内壁。

（4）节流装置的安装方向不得装反，节流装置前后常以“+”“–”标记，装反后虽然有压差，但其误差无法估算。

（5）节流装置前后应保证要求的直管段，直管段的长度应根据现场的情况，按国家标准确定最小直管段长度。

（6）引压管路应按最短距离设，一般总长度不超过50m，最好在16m以内；管径不得小于6mm，一般为10～18mm。

（7）取压位置对不同的检测介质有不同的要求。测量液体时，取压点在节流装置的中心水平线下方；测量气体时，取压点在节流装置上方；测量蒸汽时，取压点由节流装置的中心水平位置引出。

（8）引压管路沿水平方向敷设时，应有大于1∶10的倾斜度，以便能排出气体（对液体介质）或凝液（对气体介质）。

（9）引压管路应带有切断阀、排污阀、集气器、集液器、凝液器等必要的附件，以备与被测管路隔离进行维修和冲洗排污之用。

（10）如果引压管介质有凝固或冻结的可能，则应沿引压管路进行保温或伴热。

第五节　温度检测及仪表

一、温度的检测方法及基本概念

（一）温度及温度测量

伴随着物质的物理和化学性质的改变，任何一个石油化工生产过程都必然有能量的交换和转化，而热交换形式则是这些能量交换中最普遍的交换形式。因此，在很多石油化工反应过程中，温度的测量和控制，常常是保证这些反应过程正常进行与安全运行的主要环节，它对产品产量和质量的提高都有很大的影响，如石油化工生产中的精馏塔操作，常常用温度的控制来保证精馏产品的质量。

温度不能直接测量，只能借助于冷热不同物体之间的热交换，以及物体的某些物理性质随冷热程度不同而变化的特性来加以间接测量。任意两个冷热程度不同的物体相接触，必然要发生热交换现象，热量将由受热程度高的物体传到受热程度低的物体，直到两个物体的冷热程度完全一致，即达到热平衡状态为止。利用这一原理，就可以选择某一物体同被测物体相接触，并进行热交换，当两者达到热平衡状态时，选择物体与被测物体温度相等。于是，通过测量选择物体的某一物理量（如液体的体积、导体的电量等），便可以定量地给出被测物体的温度数值，这就是接触式测温法。也可以利用热辐射原理，进行非接触式测温。

（二）温标

为了保证温度量值的统一和准确，应该建立一个衡量温度的标准尺度，简称为温标。它规定了温度的读数起点（零点）和测量温度的基本单位，各种温度计的刻度数值均由温标确定。目前，国际上采用较多的温标有摄氏温标和国际温标。我国法定测量单位也采用这两种温标。同时，在一些国家采用华氏温标和热力学温标。

（1）摄氏温标是瑞典天文学家摄尔修斯提出的。将标准大气压下水的冰点定为零度，水的沸点定为100度，在0～100之间分100等份，每一等份为1摄氏度，用符号t表示，单位记为℃。

（2）华氏温标规定在标准大气压下，纯水的冰点为32度，沸点为212度，中间分180等份，每一等份为1华氏度，符号为T。

（3）热力学温标又称开氏温标。它规定分子运动停止时的温度为绝对零度，或称最低理论温度，以热力学第二定律为基础，与测温物体的任何物理性质都无关的一种温标。热力学温标是一种纯理论性温标，不能付诸使用，但可借助于理想气体温度计来实现热力学温标。而气体温度计结构复杂，使用不方便，因而必须建立一种能够用计算公式表示的既紧密接近热力学温标，使用上又简便的温标，这就是国际温标。

（4）国际温标是用来复现热力学温标的，是一个国际协议性温标。选择了一些纯物质的平衡温度作为温标的基准点，规定了不同温度范围内的标准仪器，如铂电阻、铂铑10-铂热电偶和光学温度计等。建立了标准仪器的示值与国际温标关系的补插公式，应用这些公式可求出任何两个相邻基准点温度之间的温度值。国际温标以下列三个条件为基础：

①要求尽可能接近热力学温标；

②要求复现准确度高，世界各国均能以很高的准确度加以复现，以确保温度值的统一；

③用于复现温标的标准温度计使用方便，性能稳定。

二、膨胀式温度计

（一）固体膨胀式温度计

固体膨胀式温度计有杆式和双金属片式两类。双金属片是由两片具有不同热膨胀系数的金属片紧密结合在一起构成的。

双金属片的曲率半径因温度的不同而发生变化，据此可以实现温度测量。为了提高灵敏度，也可把双金属片制成螺旋状。螺旋型双金属片一端固定，另一端跟指针轴相连。当温度变化时，双金属片自由端带动指针作相应的偏转，在刻度盘上指示出温度的变化。

应用上述原理做成的测温仪表结构简单、成本低廉且比较耐用。缺点是准确度不高，量程不能做得很小，使用范围受到限制。在工程上可用来作为温度指示，也常用来作温度继电控制器或仪表的温度补偿部件。

最常见的乙醇温度计、水银温度计等玻璃液体温度计就是应用这一原理制造的。它是由有刻度的玻璃棒内的毛细管中充入工作液体制成。当温度计下方的玻璃温包内的工作液体因温度上升、体积膨胀时，膨胀出的工作液在毛细管内液柱升高，指示出温度标尺上对应的温度值。水银玻璃液体温度计的测量范围为-80～600℃，线性好，准确度较高。用乙醇等有机液体作工作液时，一般用于测量低温。

（二）压力式温度计

压力式温度计也是一种膨胀式温度计，主要由温包、毛细管和压力表组成。温包、毛细管和压力表弹簧管内腔充满工作介质，构成封闭系统。温包处被测温度升高时，其内工作介质膨胀受限，系统压力升高，通过与之连通的压力表，检测压力，间接指示温度高低。压力式温度计根据所充介质不同，有液体压力温度计、气体压力温度计、蒸气压力温度计三种类型。液体压力温度计不太常用，此处只介绍后两种。

1.气体压力温度计

气体压力温度计，是在温包、毛细管及弹簧管内充以一定压力的气体。若忽略容器管壁的弹性膨胀，则可将此封闭系统视为定容系统。当温度变化时，密闭系统的压力随之变化。

2.蒸汽压力温度计

在一定温度下，当气、液两相处于饱和平衡状态时，液体的饱和蒸汽压仅与温度有关，而与液体的数量、容器的形状无关。因此，可利用该性质进行温度测量。蒸汽压力温度计的结构与气体压力温度计相同，差别在于温包内注入的液体不完全充满，在温包上部、毛细管及弹簧管空间内为工作液的饱和蒸汽。液体的饱和蒸气压与温度的函数关系是非线性的，在读数时应注意非线性刻度。饱和蒸汽压力温度计的最高工作范围为250～300℃。为了校正环境温度的影响，在压力弹簧管输出端，有时也加上双金属片之类的补偿装置。

三、热电偶温度计

热电偶温度计是以热电效应为基础的测温仪表。它的测量范围很广，结构简单，使用方便，测温准确可靠，便于信号的远传、自动记录和集中控制，因而在化工生产中应用极为普遍。热电偶温度计是由热电偶（感温元件）、测量仪表（电位差计）、连接热电偶和测量仪表的导线（补偿导线及铜导线）三部分组成。

（一）热电偶

热电偶是工业上最常用的一种测温元件（感温元件），它是由两种不同材料的导体焊接而成。焊接的一端插入被测介质中，感受被测温度，称为热电偶的工作端或热端；另一端与导线连接，称为冷端或自由端。

（二）补偿导线的选用

由热电偶测温原理可知，只有当热电偶冷端温度保持不变时，热电势才是被测温度的单值函数。在实际应用时，由于热电偶的工作端（热端）与冷端离得很近，而且冷端又暴露在空间里，容易受到周围环境温度波动的影响，因而冷端温度难以保持恒定。为了使热电偶的冷端温度保持恒定，可以把热电偶做得很长，使冷端远离工作端。但是，这样做要多消耗许多贵重的金属材料，是不经济的。解决这个问题的方法是采用一种专用导线，将热电偶的冷端延伸出来。这种专用导线称为“补偿导线”，它也是由两种不同性质的金属材料制成，在一定温度范围内（0~100℃）与所连接的热电偶具有相同的热电特性，其材料是廉价金属。在使用热电偶补偿导线时，要注意型号相配，极性不能接错，热电偶与补偿导线连接端所处的温度不应超过100℃。

（三）冷端温度补偿

由于工业上常用的各种热电偶的温度—热电势关系曲线是在冷端温度保持为0℃的情况下得到的，与它配套使用的仪表也是根据这一关系曲线进行刻度的，而操作室的温度往往高于0℃，而且是不恒定的，热电偶所产生的热电势必然偏小，且测量值也随着冷端温度的变化而变化，这样测量的结果就会产生误差。因此，在应用热电偶测温时，必须将冷端温度保持为在0℃，或者是进行一定的修正才能得出准确的测量结果，这一过程被称为热电偶的冷端温度补偿。

第六节　成分检测

一、成分分析方法

（一）热导式气体成分检测

热导式气体成分检测是根据混合气体中待测组分的热导率与其他组分的热导率有明显差异这一事实，当被测气体的待测组分含量变化时，将引起热导率的变化，通过热导池转换成电热丝电阻值的变化，从而间接得知待测组分的含量。利用这一原理制成的仪表称为热导式气体分析仪，它是一种应用较广的物理式气体成分分析仪器。表征物质导热能力大小的物理量是热导率，热导率越大，说明该物质传热速率越大。不同的物质，其热导率是不一样的。

从上面的分析可以看出，热导式气体分析仪的使用必须满足两个要求：一是待测气体的热导率与其他组分的热导率要有显著的区别，差别越大，灵敏度越高；二是混合气体中其他组分的热导率应相同或十分接近。H_2的热导率是其他气体的数倍，CO、SO_2的热导率则明显小于其他气体的热导率。因此，热导式气体分析仪可用于H_2、CO、SO_2等气体在一定条件下的浓度测量。

（二）热磁式氧检测

热磁式氧检测法常用于石油化工生产流程混合气体氧含量测量。其工作原理是利用具有极高磁化率的氨气，在非均匀磁场的作用下形成“热磁对流”（或称“磁风”），对敏感元件产生冷却作用而工作的。

（三）氧化锆氧检测

氧化锆氧检测法是利用电化学式分析原理进行检测。这种方法特别适用于分析工业锅炉中烟道气的氧含量，其探头直接插入烟道，无须取样系统，故能及时反映锅炉内的燃烧状况，并可通过自调装置调整鼓风量，以保证最佳的空气燃料比，达到节约能源及减少环境污染的双重效果。

（四）红外式气体成分检测

红外式气体成分检测是根据气体对红外线的吸收特性来检测混合气体中某一组分的含量。凡是不对称双原子或多原子气体分子，对不同波长的红外线辐射都具有选择吸收的特性，其吸收程度取决于被测气体的浓度。

（五）紫外光度法硫化氢检测

紫外光是波长为200～400nm的光，该波长的光能引起某些物质的电子跃迁，当紫外光照射在某些物质上时，能引起电子跃迁的那些波长的光被吸收，紫外光在气体或溶液中的吸收也遵从郎伯—比尔定律。硫化氢紫外光度分析仪就是利用光吸收的这一规律来测定硫化氢浓度的。检测硫化氢浓度使用的波长为：测量波长用228.3nm；参比波长用326.3nm。

二、工业用成分分析仪表

（一）DH–6型氧化锆氧分析仪

DH–6型氧化锆氧分析仪主要用于分析锅炉、加热炉和窑炉中烟道气中的氧含量。仪表的探头为直插式，可直接置于被测气样中，无须附加取样装置。该仪表具有性能稳定可靠、结构简单、反应迅速、适用范围广、使用维护方便等特点。仪表由探头、控制器、二次仪表、空气泵及变送器组成。

1.结构特点

氧化锆探头是仪表的核心，它由碳化硅过滤器、隔爆件、氧化锆管、加热器、热电偶、气体导管（包括参比气管和校验气管）和接线盒等组成。碳化硅过滤器，一是防止气样中的灰尘进入氧化锆元件内部而污染电极；二是起缓冲作用，以减少气流冲击引起的干扰。过滤器和氧化锆元件之间有隔爆件，其作用是安全隔爆，它是用网状不锈钢材料制作的，能耐高温和腐蚀。加热器由炉管、加热丝、保护套管、隔热材料及金属外壳组成。氧化锆元件置于加热器内。镍铬—镍硅热电偶用来检测氧化锆管处的温度，与加热丝、温控电路配合实现对加热器的恒温控制。在探头接线盒侧面有一个气体接嘴，是校验气进口，用作检查和校验探头之用，此接嘴平时必须封死，以防空气进入。探头所有连接导线全部套在一根金属软管内，其中一根双芯屏蔽电缆是探头信号输出线，两根较粗的线为加热线，另两根为热电偶补偿导线。此外，在接线盒内还有一根导气管接嘴，用来与气泵相连，以提供探头所需的新鲜干净的参比空气。

2.调校

仪表在使用过程中，应定期用标准气样对仪表进行调校。具体方法是将1%和8%的标准气体从校验气孔通入氧化锆探头，反复调节零位电位器和量程电位器，使显示仪表指在相应的位置。若将探头从烟道内取出再进行校验，会更准确。

（二）工业气相色谱仪

气相色谱仪按使用场合可以分为实验室气相色谱仪和工业气相色谱仪两种。实验室色谱仪主要用于实验室进行离线分析，而工业气相色谱仪是一种直接装在生产线上的在线成分分析仪表。工业气相色谱仪能连续自动分析流程中气体各组分的含量，监控生产过程，对分析的准确度要求不高，但对其稳定性和可靠性却有很高的要求。工业气相色谱仪的分析对象是已知的，气路程流和分离条件是固定的。分析仪本身装有多点自动切换装置，可以很方便地实现顺吹、反吹清洗及中心切换。

1.基本组成

分析仪部分由取样阀、色谱柱、检测器、加热器和温度控制器等组成，均装在隔爆、通风充气型的箱体中。程序控制器部分的作用是控制分析仪自动进样、流路切换、组分识别等时序动作；接收分析仪的并信号加以处理，并输出标准信号；通过记录仪或打印机给出色谱图及有关数据。

2.各部分作用

样气预处理器用于样气除尘、净化、干燥、稳定样气压力和调节样气的流量，由针形调节阀、稳压器、干燥器和转子流量计等组成。载气预处理器用于载气稳压、净化、干燥和流量调节，由干燥器、稳压阀、压力表、气阻和转子流量计组成。分析器是仪器的主体，用于样气的取样、分离和检测，包括平面、干通切换阀取样系统、色谱仪分离系统和组分检测系统。控制器包括程序控制、温度控制、稳压电源、量程选择及记录纸推进系统。程序控制器控制色谱仪的全部动作过程。程序控制器按预定程序发出取样、进样、记录纸推进信号，完成所需色谱计算、组分求和、求比例等。

温度控制器对色谱仪、检测器分别进行加热并控制其温度。由于色谱柱、检测器在分离过程中都要求进行严格的温度控制，所以合理选择操作温度、操作条件，对色谱柱的分离效果和选择性、对检测器的灵敏度和选择性均有较大影响。

（三）VU-I型硫化氢紫外光度在线分析仪

VU-Ⅰ型硫化氢紫外光度在线分析仪用于对工业生产装置含硫化氢气体进行连续的取样，并对其中的硫化氢浓度进行连续在线分析，并可用于形成自动控制回路，以提高生产效率。

1.结构特点

仪器由现场安装与操作室安装两部分组成，二者之间靠电缆连接。现场安装部分为仪器柜（柜内装有彼此独立的光源箱）、检测箱和气室组件，它们之间通过石英窗依靠紫外光相连，检测箱与光源箱为隔爆型防爆结构，操作室安装部分包括显示控制器、记录仪，均为非防爆结构。

2.系统的构成

整个系统可以分为光源、测量池、检测器、取样四部分，也可以按内容分成采样系统、光学分析系统、电气控制系统三个部分。

三、湿度传感器

随着科学技术的发展，生产实际不仅对湿度的测量提出了准确度高、速度快的要求，而且还要求把湿度转换成电信号，以适应自动检测、自动控制的要求。于是，人们相继开发出基于不同工作原理的湿度传感器。

（一）湿敏电阻传感器

湿敏电阻传感器是比较新型的湿度传感器，其检测元件是一种对气体湿度十分敏感且阻值随环境湿度变化而变化的敏感元件。许多材料都可以用来制作湿敏电阻，例如氯化锂、金属氧化物、硫酸钙、氟化物、碘化物等。其中，用氧化物烧结而成的$MgCr_2O_4-TiO_2$，固熔体多孔性半导体陶瓷是一种较好的感湿材料。

（二）电容式湿度传感器

电容式湿度传感器的优点是准确度高，体积小，测量范围大，响应迅速，可以测量气体或液体中的水分含量。电容式湿度传感器是以铝和能渗透水的黄金膜为极板，两极板间填以氧化铝微孔介质，多孔性的氧化铝可以从含有水分的气体中吸收水气或者是从含有水分的液体介质中吸收水分，这样就使电容器两个极板之间介质的介电常数发生变化，因而电容量也就随之变化。

第七章　控制器与执行器

第一节　基本控制规律

一、位式控制

位式控制中，双位控制是自动控制系统中最简单、实用的一种控制规律。控制器输出只有两个固定的数值，即只有两个极限位置。采用双位控制的液位控制系统：利用电极式液位计来控制贮槽的液位，槽内装有一根电极作为液位的测量装置，电极的一端与继电器的线圈相接，另一端调整在液位给定值的位置，导电的流体经电磁阀进入贮槽，由下部出料管流出。贮槽外壳接地，当液位低于给定值时，流体未接触电极，继电器断路，此时电磁阀全开，流体流入贮槽使液位上升。当液位上升至稍大于给定值时，流体与电极接触，继电器得电，使电磁阀全关，流体不再流入贮槽，但槽内流体仍继续向外流出，故液位将下降。当液位下降至稍低于给定值时，流体与电极脱离，电磁阀又开启，如此反复循环，使液位维持在给定值上下很小的一个范围内波动。

这种理想的双位控制是不能直接应用于实际的生产现场控制的，因为当液位在给定值附近频繁波动，控制机构的动作非常频繁，会使系统中的运动部件（如电磁阀、继电器等）因频繁而损坏。因此，实际应用的双位控制器应有一个中间区。双位控制结构简单，成本较低，易于实现，广泛应用于时间常数大、纯滞后小、负荷变化不大也不激烈、控制要求不高的场合，如仪表空气贮罐的压力控制、恒温炉的温度控制等。除了双位控制外，还有三位（即具有一个中间位置）或更多位的，这类系统统称为位式控制，它们的工作原理基本相同。

二、比例控制

在双位控制系统中，被控变量不可避免地会产生持续的等幅振荡过程，这是由于双位控制器只有两个特定的输出值，相应的执行器也只有两个极限位置，势必在处于其中的一个极限位置时，流入对象的物料量（或能量）大于由对象流出的物料量（或能量），使被控变量上升；而处于另一个极限位置时，情况正好相反，被控变量下降。如此反复，被控变量就会产生等幅振荡。

为了避免这种情况，使控制阀的开度（即控制器的输出值）与被控变量的偏差成比例，根据偏差的大小，控制阀可以处于不同的位置，这样就可以获得与对象负荷相适应的操纵变量，从而使被控变量趋于稳定，达到平衡状态。当液位高于给定值时，控制阀就关小，液位越高，阀关得越小；当液位低于给定值，控制阀就开大，液位越低，阀开得越大，相当于把位式控制的位数增加到无穷多位，于是变成了连续控制系统。浮球是测量元件，杠杆就是一个简单的控制器。比例控制的优点是反应快，控制及时。有偏差信号输入时，输出立即与它成比例地变化，偏差越大，输出的控制作用越强。

三、积分控制

存在余差是比例控制的缺点，当对控制质量有更高的要求时，就需要在比例控制的基础上，再加上能消除余差的积分控制。积分作用是指控制器的输出与输入（偏差）对时间的积分成比例的特性。积分控制器的输出是偏差随时间的积分，其控制作用是随着时间积累而逐渐增加的。当偏差产生时，控制器的输出很小，控制作用很弱，不能及时克服干扰作用，一般不单独采用积分作用，而是与比例作用配合使用。这样既能控制及时，又能消除余差。

因此，积分作用的特点是：能够消除余差，但会降低系统稳定性。在引入积分作用后，应适当降低比例作用（增大比例度或降低比例增益）。

四、微分控制

比例控制规律和积分控制规律，都是根据已经形成的被控变量与给定值的偏差而进行动作的。但对于惯性较大的对象，为了使控制作用及时，常常希望能根据被控变量变化的快慢来控制。在人工控制时，有时偏差可能还小，但看到参数变化很快，估计到很快就会有更大偏差时，会先改变阀门开度以克服干扰影响，这是根据偏差的速度而引入的超前控制作用，只要偏差的变化发生，就立即动作，这样控制的效果会更好。微分作用就是模拟这一实践活动而采用的控制规律。微分控制主要用来克服被控对象的容量滞后（时间常数T），但不能克服纯滞后。

第二节　智能控制器

一、控制器的发展历史

（一）基地式仪表

这类控制仪表将测量、显示、控制等各部分集中组装在一个表壳里，形成一个整体。这类仪表一般只能用于现场的就地检测和控制，无法实现集中显示与控制，只适用于简单的、个别的控制回路的就地控制与操作。

（二）气动单元组合仪表

单元组合式仪表将过去大而全的基地式仪表按功能划分成若干独立工作的单元，提高了仪表使用的灵活性。根据实际的需要，利用这些单元，组成各种自动检测和过程控制系统。单元之间采用统一的标准信号（如20～100kPa）。气动仪表结构简单，价格低廉，性能可靠，适用于一切防爆防火场所而无须采取任何措施。其缺点是：气动信号的传递速度慢，传输距离短，管线安装与检修不便，不宜实现远距离大范围的集中显示与控制；与计算机联用比较困难。目前，随着电动仪表本安防爆技术的日益完善，气动仪表的应用范围已越来越小。

（三）电动单元组合仪表

电动单元组合仪表的发展，大致可分为以下三个阶段：第一阶段为电子管型的电动单元组合仪表（DDZ-I系列），采用0～10mA DC统一标准信号。以磁放大器和电子管为主要放大元件，仪表体积大、质量大、耗电量大，不能满足多回路集中控制的要求。

第二阶段为晶体管型的电动单元组合仪表（DDZ-Ⅱ系列），仍采用0～10mA DC

统一标准信号。以晶体管为主要放大元件，仪表的体积缩小、质量减小、功能也进一步完善，同时还考虑了与气动单元组合仪表、工业计算机的配合问题。DDZ-Ⅱ型动单元组合仪表曾在我国得到广泛的应用，有力地促进了我国工业生产的自动化。其主要特点有：采用晶体管等分立元件构成，线路较复杂。信号制采用0～10mA直流电流信号作为现场传输信号，0～2V DC直流电压信号作为控制室风传输信号。采用220V交流电压作为供电电源。现场变送器的供电电源和输出信号分别各用两根导线，称为四线制。

第三阶段为DDZ-Ⅲ型电动单元组合仪表，采用国际电工委员会（IEC）推荐的4～20mA DC统一标准信号，以线性集成电路取代了晶体管电路，采用了安全火花型防爆措施和直流电源集中供电，并考虑了与计算机的联用问题，适用于易燃易爆的场所。其主要特点有：采用线性集成电路，提高了仪表的可靠性、稳定性和准确度，扩大了登记表的功能。采用4～20mA DC（或1～5V DC）的国际统一标准信号，电气零点与机械零点不重合，易于识别断电、断线等故障。因为最小信号电流不为零，只要变送器最小工作电流小于4mA，就可实现现场变送器与控制室之间仅用两根导线，既作为电源线，又作为信号线（即两线制）。这样既节省了电缆线和安装费用，还有利于安全防爆。采用24V DC电源集中供电，整套仪表可实现安全火花型防爆系统。

（四）智能控制仪表

微处理器因可靠、价廉、性能好，很快在自动控制领域得到广泛的应用。所谓智能控制仪表，就是应用微处理器的过程检测控制仪表，或者说具有记忆、判断和处理功能的仪表。应用微处理器的过程检测控制仪表主要有两类：一类是集中和分散型控制系统，包括直接数字控制系统（DDC）、监督控制系统（SPC）、集散控制系统（DCS）与现场总线控制系统（FCS）等；另一类是可编程控制器，包括单回路（或多回路）控制器、可编程控制器和可编程逻辑控制器（PLC）等。

智能控制器的主要特点是：保留了模拟仪表所有的优点，如组成系统灵活、操作维护简单，只要会使用模拟仪表的操作人员，即使不具备计算机知识，也能方便地使用智能控制器。模拟和数字技术混用。控制器与现场的联系信号采用模拟信号，控制器内部的控制运算则采用数字信号，能实现模拟仪表难以实现的各种高级、复杂的控制规律，如自适应、最佳、大滞后等控制规律。可靠性高，通用性强。由于采用了大规模的集成电路，且采用了自诊断程序，系统软件固化于EPROM，同时还考虑RAM中可变参数的掉电保护，使整个系统的可靠性大大提高。另外，由模拟仪表所构成的不同功能的系统是靠硬件单元的组合；而智能控制器是靠软件的编程来实现各种不同的控制规律。对于不同的系统，可以采用同一硬件单元，只要改变程序就能达到不同系统的要求，实现一机多能，增强仪表的通用性。

一般智能仪表都配有RS232C、RS485等标准的通信接口，可以很方便地与PC机和其他仪表进行通信，实现集中综合管理。既可以进行单回路控制，也可以完成几十甚至上百个回路的集中管理，特别适用于我国中小企业的技术改造。

二、智能控制器的构成和工作原理

（一）智能控制器的构成

智能控制器的构成方案，虽然各有其特点，但其原理基本相同。智能控制器由以下三部分构成：

（1）CPU中央处理器，是智能控制器的核心。它接收操作人员的指令，完成数据传送、输入输出、运算处理、判断等多种功能。通过地址总线、数据总线、控制总线与其他部分连在一起，构成一个系统。

（2）存储器，可分为软件存储区和数据存储区。软件存储区又分为系统软件存储区和用户存储区。系统软件存储区用来放置由制造厂编写好的，用于管理用户程序、通信、人机接口等方面的程序或文件，用户是无法改变的，一般采用ROM（只读存储器）；用户存储区用来放置用户编制的程序，一般采用EPROM（可擦写只读存储器）；数据存储区用来存放通信数据、显示数据和控制运算的中间数据等，一般采用RAM（随机存储器）。

（3）过程输入输出通道模拟量输入是将现场测量仪表所检测到的热电阻、热电偶信号，以及变送器输出的标准电流或电压信号等模拟量信号，连接到控制器的模拟量输入端子，经多路开关、A/D（模拟量/数字量）转换器，转变成数字量信号，送至CPU进行控制运算。

传感器获取被测参量的信息并转换成电信号，经滤波去除干扰后送入多路模拟开关；由单片机逐路选通模拟开关将各输入通道的信号逐一送入程控增益放大器，放大后的信号经A/D转换器转换成相应的脉冲信号后送入单片机；单片机根据仪器所设定的初值进行相应的数据运算和处理（如非线性校正等）；运算的结果被转换为相应的数据进行显示和打印；同时单片机把运算结果与存储于片内Flash ROM（闪速存储器）或EPROM（电可擦除存储器）内的设定参数进行运算比较后，根据运算结果和控制要求，输出相应的控制信号（如报警装置触发、继电器触点等）。此外，智能仪器还可以与PC机组成分布式测控系统，由单片机作为下位机采集各种测量信号与数据，通过串行通信将信息传输给上位机——PC机，由PC机进行全局管理。

（二）控制输出的工作原理

控制输出有自整定控制、阀位控制和外给定控制三种，每种控制形式分为自动控制状态和手动控制状态。

（1）自整定控制状态

自动控制状态：仪表上电后自动处于跟踪状态。仪表采样PVin输入信号，并将PVin输入值显示于显示器上，控制目标值（或输出量的百分比）显示于显示器上。

（2）阀位控制

仪表可接收双路的模拟输入信号，送往仪表的PVin和SVin接线端，PVin输入信号显示测量值，由PVin显示器显示；SVin输入信号显示阀位反馈值，由SV显示器显示。根据用户的具体要求，仪表可输出模拟量（如0～10mA、4～20mA、0～5V、1～5V等）或其他控制信号（如阀位控制的正反转等）。

（3）外给定控制状态

仪表可接受双路的模拟输入信号，送往仪表的PVin和SVin接线端，PVin输入信号显示测量值，由PV显示器显示；SVin输入信号显示外给定值，由SV显示器显示。仪表的控制目标值由SVin输入信号给定，根据用户的具体要求，仪表可输出模拟量。

第三节　可编程控制器

一、可编程控制器概述

（一）可编程控制器的基本概念

可编程控制器是一种在传统的继电器控制系统的基础上，与3C技术相结合而不断发展完善的新型自动控制装置，具有编程简单、使用方便、通用性强、可靠性高、体积小、易于维护等优点，在自动控制领域应用得十分广泛。目前，已从小规模的单机顺序控制发展到过程控制、运动控制等诸多领域。无论是老设备的技术改造还是新系统的开发，设计人员都倾向于采用它来进行设计。

1969年，美国的数字设备公司开发出世界上第一台PLC样机，并获得成功应用。这种新型的工业控制装置以其简单易懂、操作方便、可靠性高、使用灵活、体积小、寿命长等一系列优点在工业领域得到推广。

在可编程控制器的早期设计中虽然采用了计算机的设计思想，但只能进行逻辑（开关量）控制，主要用于顺序控制，被称为可编程逻辑控制器，简称PLC。随着微电子技术和计算机技术的迅速发展，微处理器被广泛应用于PLC的设计中，使PLC的功能增强、速度加快、体积减小、成本下降、可靠性提高，更多地具有了计算机的功能。除了常规的逻辑控制功能外，PLC还具有模拟量处理、数据运算和网络通信等功能，因而与机器人及计算机辅助设计/制造（CAD/CAM）一起并称为现代控制的三大支柱。

总之，可编程控制器是专为工业环境应用而设计制造的计算机。它具有丰富的输入/输出接口，并且具有较强的驱动能力。但可编程控制器并不针对某一具体工业应用。在实际应用时，其硬件应根据具体需要进行选配，软件则根据实际的控制要求或生产工艺流程进行设计。

（二）可编程控制器的发展

PLC的发展与计算机技术、微电子技术、自动控制技术、数字通信技术、网络技术等密切相关。这些高新技术的发展推动了PLC的发展，而PLC的发展又对这些高新技术提出了更高的要求，促进了它们的发展。虽然PLC的应用时间不长，但随着微处理器的出现，大规模和超大规模集成电路技术的迅速发展和数字通信技术的不断进步，PLC也取得了迅速的发展。

早期的PLC作为继电器控制系统的替代物，其主要功能只是执行原先由继电器完成的顺序控制和定时/计数控制等任务。PLC在硬件上以准计算机的形式出现，装置中的器件主要采用分立元件和中小规模集成电路，存储器采用磁芯存储器。PLC在软件上形成了特有的编程语言——梯形图（Ladder Diagram），并沿用至今。

随着相关技术特别是超大规模集成电路技术的迅速发展及其在PLC中的广泛应用，PLC中采用更高性能的微处理器作为CPU，功能进一步增强，逐步缩小了与工业控制计算机之间的差距。同时，I/O模块更丰富，网络功能进一步增强，以满足工业控制的实际需要。编程语言除了梯形图外，还可采用指令表、顺序功能图（Sequential Function Charter，SFC）及高级语言（如BASIC和C语言）等。另外，还普遍采用表面安装技术，不仅降低成本，减小体积，还进一步提高了系统性能。现代PLC的发展有两个主要趋势：其一是向体积更小、速度更快、功能更强和价格更低的微小型方面发展；其二是向大型网络化、高可靠性、良好的兼容性和多功能方面发展，趋向于当前工业控制计算机（工控机）的性能。

（三）可编程控制器的主要功能

PLC是在微处理器的基础上发展起来的一种新型的控制器，是一种基于计算机技术、专为在工业环境下应用而设计的电子控制装置。PLC把微型计算机技术和继电器控制技术融合在一起，兼具可靠性高、功能强、编程简单易学、安装简单、维修方便、接口模块丰富、系统设计与调试周期短等特点。

从功能来看，PLC的应用范围大致包括以下七个方面：

（1）逻辑（开关）控制。

（2）定时控制。

（3）技术控制。

（4）步进控制。

（5）模拟量处理与PID控制。

（6）数据处理。

（7）通信与联网功能。

二、可编程控制器的硬件结构

PLC从组成形式上一般分为整体式和模块式两种，但在逻辑结构上基本相同。整体式PLC由CPU、I/O板、显示面板、内存和电源等组成，一般按PLC性能又分为若干型号，并按I/O点数分为若干规格。模块式PLC由CPU模块、I/O模块、内存模块、电源模块、底板或机架等组成。无论哪种结构类型的PLC，都属于总线式的开放结构，其I/O能力可根据用户需要进行扩展与组合。

（一）CPU（中央处理器）

与通用计算机中的CPU一样，CPU也是整个PLC系统的核心部件，主要由运算器、控制器、寄存器及实现它们之间联系的地址总线、数据总线和控制总线构成。

此外，还有外围芯片、总线接口及有关电路。CPU在很大程度上决定了PLC的整体性能，如整个系统的控制规模、工作速度和内存容量等。

CPU中的控制器控制PLC工作，由它读取指令，解释并执行指令。工作的时序（节奏）则由振荡信号控制。CPU中的运算器用于完成算术或逻辑运算，在控制器的指挥下工作。CPU中的寄存器参与运算，并存储运算的中间结果。它也是在控制器的指挥下工作。作为PLC的核心，CPU的功能主要包括以下八个方面：

（1）CPU接收从编程器或计算机输入的程序和数据，并送入用户程序存储器中存储。

（2）监视电源、PLC内部各个单元电路的工作状态。

（3）诊断编程过程中的语法错误，对用户程序进行编译。

（4）在PLC进入运行状态后，从用户程序存储器中逐条读取指令，并分析、执行该指令。

（5）采集由现场输入装置送来的数据，并存入指定的寄存器中。

（6）按程序进行处理，根据运算结果，更新有关标志位的状态和输出状态或数据寄存器的内容。

（7）根据输出状态或数据寄存器的有关内容，将结果送到输出接口。

（8）响应中断和各种外围设备（如编程器、打印机等）的任务处理请求。

当PLC处于运行状态时，首先以扫描的方式接收现场各输入装置的状态和数据，并分别存入相应的输入缓冲区。然后，从用户程序存储器中逐条读取用户程序，经过命令解释后，按指令的规定执行逻辑或数据运算，将运算结果送入相应的输出缓冲区或数据寄存器内，最后当所有的用户程序执行完毕后，将I/O缓冲区的各输出状态或输出寄存器内的数据传送到相应的输出装置。如此循环运行，直到PLC处于编程状态，用户程序停止运行。

CPU模块的外部表现就是具有工作状态的显示、各种接口及设定或控制开关。CPU模块一般都有相应的状态指示灯，如电源指示、运行指示、输入/输出指示和故障指示等。箱体式PLC的面板上也有这些显示。总线接口用于连接I/O模块或特殊功能模块；内存接口用于安装存储器；外设接口用于连接编程器等外部设备；通信接口则用于通信。此外，CPU模块上还有许多设定开关，用以对PLC进行设定，如设定工作方式和内存区等。为了进一步提高PLC的可靠性，近年来对大型PLC还采用了双CPU构成冗余系统，或采用CPU的表决式系统。这样一来，即使某个CPU出现故障，整个系统仍能正常运行。

（二）存储器

存储器（内存）主要用于存储程序及数据，是PLC不可缺少的组成单元。PLC中的存储器一般包括系统程序存储器和用户程序存储器两部分。系统程序存储器用于存储整个系统的监控程序，一般采用只读存储器（ROM），具有掉电不丢失信息的特性；用户程序存储器用于存储用户根据工艺要求或控制功能设计的控制程序，早期一般采用随机读写存储器（RAM），需要后备电池在掉电后保存程序。目前，则倾向于采用电可擦除的只读存储器（EEPROM或EPROM）或闪存，免去了后备电池的麻烦。有些PLC的存储器容量固定，不能扩展，多数PLC则可以扩展存储器，PLC常用的存储器类型有：

（1）RAM是一种读/写存储器（随机存储器），存取速度最快，但掉电后信息就会丢失，需要锂电池作为后备电源。

（2）EPROM是一种可擦除的只读存储器。在断电情况下，存储器内的所有内容保持不变。在紫外线连续照射下（约20min）可擦除存储器原来的内容，然后可以重新写入。由于EPROM擦写不方便，目前已逐渐被EEPROM所取代。

（3）EEPROM是一种电可擦除的只读存储器，擦除时间很短，不需要专用的擦除设备。使用编程器可以很方便地对其中所存储的内容进行修改。根据PLC的工作原理，其存储空间一般包括系统程序存储区、系统RAM存储区（包括I/O缓冲区和系统软元件等）和用户程序存储区三个部分。

（三）输入/输出模块

输入模块和输出模块通常称为I/O模块或I/O单元。PLC提供了各种工作电平、连接形式和驱动能力的I/O模块，有各种功能的I/O模块供用户选用，如电平转换、电气隔离、串/并行变换、开关量输入/输出、模数（A/D）和数模（D/A）转换以及其他功能模块等。按I/O点数确定模块的规格及数量，I/O模块可多可少，但其最大数量受PLC所能管理的配置能力，即底板或机架槽数的限制。

PLC的对外功能主要是通过各种V/O接口模块与外界联系来实现的。输入模块和输出模块是PLC与现场I/O装置或设备之间的连接部件，起到PLC与外部设备之间传递信息的作用。I/O模块分为开关量输入（DI）、开关量输出（DO）、模拟量输入（Analog Input，AI）和模拟量输出（Analog Output，AO）等模块。通常I/O模块上还有I/O接线端子排和状态显示，以便于连接和监视。I/O模块既可通过底板总线与主控模块构成一个系统，又可通过插座用电线引出远程放置，实现远程控制及联网。

开关量模块按电压水平分为220V AC、110V AC、24V DC等规格；按隔离方式分为继电器输出、晶闸管输出和晶体管输出等类型。模拟量模块按信号类型分为电流型（4～20mA、0～20mA）、电压型（0～10V、0～5V、-10V～10V）等规格；按准确度分为12位、14位、16位等规格。

（四）智能模块

除了上述通用的I/O模块外，PLC还提供了各种各样的特殊I/O模块，如热电阻、热电偶、高速计数器、位置控制、以太网、现场总线、远程I/O控制、温度控制、中断控制、声音输出、打印机等专用型或智能型的I/O模块，用以满足各种特殊功能的控制要求。I/O模块的类型、品种与规格越多，系统的灵活性越高。模块的I/O容量越大，系统的适应性就越强。

（五）编程设备

常见的编程设备有简易手持编程器、智能图形编程器和基于PC的专用编程软件。编程设备用于输入和编辑用户程序，对系统做一些设定，监控PLC及PLC所控制的系统的工作状况。编程设备在PLC的应用系统设计与调试、监控运行和检查维护中是不可缺少的部件，但不直接参与现场的控制。

（六）电源

PLC中不同的电路单元需要不同的工作电源，如CPU和I/O电路要采用不同的工作电源。因此，电源在整个PLC系统中起到十分重要的作用。如果没有一个良好的、可靠的电源，系统是无法正常工作的。PLC的制造商对电源的设计和制造十分重视。PLC一般都配有开关式稳压电源，用于给PLC的内部电路和各模块的集成电路提供工作电源。有些机型还向外提供24V的直流电源，用于给外部输入信号或传感器供电，避免了由于电源污染或电源不合格而引起的问题，同时也减少了外部连线，方便了用户。有些PLC中的电源与CPU模块合二为一，有些是分开的。输入类型上有220V或110V的交流输入，也有24V的直流输入。对于交流输入的PLC，电源电压为100～240V AC。一般交流电压波动在-15%～+10%的范围内，可以不采取其他措施而将PLC直接连接到交流电网上。对于直流输入的PLC，电源的额定电压一般为24V DC。当电源在额定电压的-15%～+10%范围内波动时，PLC都可以正常工作。

三、可编程控制器的工作原理

PLC在本质上是一台微型计算机，其工作原理与普通计算机类似，具有计算机的许多特点。但其工作方式却与计算机有较大的不同，具有一定的特殊性。

早期的PLC主要用于替代传统的继电器—接触器构成的控制装置，但这两者的运行方式不同。继电器控制装置采用硬逻辑并行运行的方式，如果一个继电器的线圈通电或断电，该继电器的所有触点（常开/常闭触点）不论在控制线路的哪个位置，都会立即同时动作。而PLC采用了一种不同于一般计算机的运行方式，即循环扫描。PLC在工作时逐条顺序地扫描用户程序。如果一个线圈接通或断开，该线圈的所有触点不会立即动作，必须等扫描到该触点时才会动作。为了消除二者之间由于运行方式不同而造成的这种差异，必须考虑到继电器控制装置中各类触点的动作时间一般在100ms以上，而PLC扫描用户程序的时间一般均小于100ms。计算机一般采用等待输入、响应处理的工作方式，没有输入时就一直等待输入，如有键盘操作或鼠标等I/O信号的触发，则由计算机的操作系统进行处理，转入相应的程序。一旦该程序执行结束，又进入等待输入的状态。而PLC对I/O操作、数据处理等则采用循环扫描的工作方式。

第四节　执行器和防爆栅

一、气动执行器

气动执行器是指以压缩空气为动力的执行器，一般由气动执行机构和控制阀两部分组成。在工作条件差或调节质量要求高的场合，还配上阀门定位器等附件。目前，使用的气动执行机构主要有薄膜式和活塞式两大类。其中，气动薄膜执行机构使用弹性膜片将输入气压转变为推力，由于结构简单，价格便宜，使用最为广泛。气动活塞式执行机构以气缸内的活塞输出推力，由于气缸允许压力较高，可获得较大的推力，并容易制成长行程的执行机构。

（一）气动执行器的结构

典型的气动执行器可以分为上、下两部分。上半部分是产生推力的薄膜式执行机构，下半部分是控制阀。其中，薄膜式执行机构主要由弹性薄膜、压缩弹簧和推杆等组成。当20～100kPa的标准气压进入薄膜气室时，在膜片上产生向下的推力，克服弹簧反力，使推杆产生位移，直到弹簧的反作用力与薄膜上的推力平衡为止。因此，这种执行机构的特性属于比例式，即平衡时推杆的位移与输入气压大小成比例。

控制阀部分主要由阀杆、阀体、阀芯及阀座等部件所组成。当阀芯在阀体内上下移动时，可改变阀芯与阀座间的流通面积，控制通过的流量。从执行器的下半部分即控制阀的结构形式分类，可分为直通单座阀、直通双座阀、角形阀、三通阀等，其中，直通单座阀、直通双座阀应用较为广泛。直通单座阀，这种阀的阀体内只有一对阀芯阀座，其特点是结构简单，泄漏量小，易于保证关闭，甚至完全切断。单座调节阀的缺点是被调节流体对阀芯有作用力，阀芯将受到一定的向上或向下的推动力，在阀前后压差高或阀尺寸大时，这一作用力可能相当大，严重时会使调节阀不能正常工作。因此，这种阀一般应用在小口径、低压差的场合。

直通双座阀，这种阀的阀体内有两对阀芯阀座，流体同时从上下两个阀座通过，由于流体对上下阀芯的作用力方向相反而大致抵消，因而双座阀的不平衡力小，适宜于作自动调节之用。双座阀的缺点是上下两组阀芯不易保证同时关闭，因而关闭时泄漏量比单座阀大。此外，其价格也比单座阀贵。

气开、气关的选择主要从生产安全角度考虑。当工厂发生断电或其他事故引起信号压力中断时，控制阀的开闭状态应避免损坏设备和伤害操作人员，如阀门在此时打开危险性小，则宜选气关式执行器；反之，则选用气开式执行器。例如，加热炉的燃料气或燃料油应采用气开式执行器，即当控制信号中断时，应切断进炉燃料，以免炉温过高造成事故。当执行器的气开、气关性能不影响生产安全时，则由工艺上提出的要求来选择气开、气关式执行器。

（二）控制阀的流量特性

从自动控制的角度看，控制阀一个最重要的特性是它的流量特性，即控制阀阀芯位移与流量之间的关系。值得指出，控制阀的特性对整个自动调节系统的调节品质有很大的影响。实际上，不少控制系统工作不正常，往往是由于控制阀的特性选择不合适，或阀芯在使用中受腐蚀磨损，使特性变坏而引起的。通过控制阀的流量大小不仅与阀的开度有关，还与阀前后的压差高低有关。工作在管路中的控制阀，当阀的开度改变时，随着流量的变化，阀前后的压差也随之变化。为分析方便，在研究阀的特性时，先把阀前后的压差固定为恒值进行研究，然后再对阀在管路中的实际情况进行分析。

1.理想流量的特性

在控制阀前后压差固定的情况下得出的流量特性称为理想流量特性。这种流量特性完全取决于阀芯的形状，不同的阀芯曲面可得到不同的流量特性，它是调节阀固有的特性。

在目前常用的控制阀中，有三种典型的理想流量特性：第一种是直线特性，其流量与阀芯位移呈直线关系；第二种是对数特性，其阀芯位移与流量间呈对数关系，由于这种阀的阀芯移动所引起的流量变化与该点原有流量成正比，即引起的流量变化的百分比是相等的，也称为等百分比流量特性；第三种典型的特性是快开特性，这种阀在开度较小时，流量变化比较大，随着开度增大，流量很快达到最大值，所以叫快开特性。

2.工作流量的特性

控制阀在实际使用时，其前后压差是变化的。在各种具体的使用条件下，阀芯位移对流量的控制特性，称为工作流量特性。在实际的工艺装置上，控制阀由于和其他阀门、设备、管道等串联或并联，使阀两端的压差随流量变化而变化，其结果使控制阀的工作流量特性不同于理想流量特性。串联的阻力越大，流量变化引起的控制阀前后压差变化越大，特性变化也越厉害。所以，阀的工作流量特性除与阀的结构有关外，还取决于配管情况。同一个控制阀，在不同的外部条件下，具有不同的工作流量特性，在实际工作中，使用者最关心的也是工作流量特性。

（三）控制阀的口径

在控制系统中，为保证工艺操作的正常进行，必须根据工艺要求，准确计算阀门的流通能力，合理选择控制阀的尺寸。如果控制阀的口径选得太大，将使阀门经常工作在小开度位置，造成控制质量不好。如果口径选得太小，阀门完全打开也不能满足最大流量的需要，就难以保证生产的正常进行。

二、电—气转换器

由于气动执行器具有一系列的优点，绝大部分使用电动控制仪表的系统也都使用气动执行器。为了使气动执行器能够接收电动控制器的命令，必须把控制器输出的标准电流信号转换为20～100kPa的标准气压信号，即使用电—气转换器。

力平衡式电—气转换器的原理：由电动控制器送来的电流I通入线圈，该线圈能在永久磁铁的气隙中自由地上下运动，当输入电流I增大时，线圈与磁铁产生的吸力增大，使杠杆作逆时针方向转动，并带动安装在杠杆上的挡板靠近喷嘴，改变喷嘴和挡板之间的间隙。

喷嘴挡板机构是气动仪表中最基本的变换和放大环节，能将挡板对于喷嘴的微小位移灵敏地变换为气压信号。一般由恒节流孔、背压室及喷嘴挡板三部分组成。恒节流孔在构造上是一段窄狭细长的气体通道，当通过的气流为层流状态时，其两端的压降与流量呈线性关系，成为一个固定的气阻，相当于电路中的固定电阻。显然喷嘴挡板是一个可变气阻，当挡板与喷嘴的相对距离改变时，由背压室排入大气的气阻跟着变化。由于喷嘴挡板机构中的恒节流孔的气阻较大，从背压室输出的气量不大。它类似于电子线路中的电压放大器，由于输出阻抗较高，不能直接带动负载，必须经过功率放大器后才能输出。

三、阀门定位器

在气动控制阀中，阀杆的位移是由薄膜上的气压推力与弹簧反作用力平衡来确定的。实际上，为了防止阀杆引出处的泄漏，填料总要压得很紧。尽管填料选用密封性好而摩擦因数小的聚四氟乙烯等优质材料，填料对阀杆的摩擦力仍是不小的。特别是在压力较高的阀上，由于填料压得很紧，摩擦力可能更大。此外，被控制流体对阀芯的作用力，在阀的尺寸大或阀前后压差高、流体黏性大及含有固体悬浮物时也可能相当大，所有这些附加力都会影响执行机构与输入信号之间的定位关系，使执行机构产生回环特性，严重时造成控制系统振荡。

电—气阀门定位器，其基本思想是直接将正比于输入电流信号的电磁力矩与正比于阀杆行程的反馈力矩进行比较，并建立力矩平衡关系，实现输入电流对阀杆位移的直接转换。具体的转换过程是这样的：输入电流通入绕于杠杆外的磁力线圈，其产生的磁场与永久磁铁相互作用，使杠杆绕支点转动，改变喷嘴挡板机构的间隙，使其背压改变，此压力变化经气动功率放大器放大后，推动薄膜执行机构使阀杆移动。在阀杆移动时，通过连杆及反馈凸轮，带动反馈弹簧，使弹簧的弹力与阀杆位移呈比例变化，在反馈力矩等于电磁力矩时，杠杆平衡。这时，阀杆的位置必定精确地由输入电流确定。由于这种装置的结构比分别使用电—气转换器和气动阀门定位器简单得多，所以价格便宜，应用十分广泛。

四、电动执行器

电动执行器也由执行机构和控制阀两部分组成。其中，控制阀部分常和气动执行器通用，不同的是电动执行器使用电动执行机构，即使用电动机等电的动力来启闭控制阀，电动执行器根据不同的使用要求有各种结构。最简单的电动执行器称为电磁阀，它利用电磁铁的吸合和释放，对小口径阀门进行通、断两种状态的控制。由于结构简单、价格低廉，常和两位式简易调节器组成简单的自动调节系统，在生产中有一定的应用。除电磁阀外，其他连续动作的电动执行器都使用电动机作动力元件，将调节器来的信号转变为阀的开度。

电动执行机构根据配用的控制阀不同，输出方式有直行程、角行程和多转式三种类型，可和直线移动的控制阀、旋转的蝶阀、多转的感应调压器等配合工作。在结构上，电动执行机构除可与控制阀组装成整体式的执行器外，常单独分装以适应各方面的需要，使用比较灵活。电动执行机构一般采用随动系统的方案组成。从调节器来的信号通过伺服放大器驱动电动机，经减速器带动控制阀，同时经位置发信器将阀杆行程反馈给伺服放大器，组成位置随动系统。依靠位置负反馈，保证输入信号准确地转换为阀杆的行程。

为了简便，电动执行器常使用两位式放大器和交流鼠笼式电动机组成交流继电器式随动系统。执行器中的电动机常处于频繁的启动、制动过程中，在调节器输出过载或其他原因使阀卡住时，电动机还可能长期处于堵转状态。为保证电动机在这种情况下不因过热而烧毁，电动执行器都使用专门的异步电动机，以增大转子电阻的办法，减小启动电流，增加启动力矩，使电动机在长期堵转时温升也不超出允许范围。这样做虽使电动机效率降低，但大大提高了执行器的工作可靠性。

第八章　典型石油化工过程单元控制

第一节　流体输送设备的控制

一、流体输送控制系统概述

工业生产过程中，用于输送流体或提高流体压力的机械设备称为流体输送设备。输送液体、提高压力的机械设备称为泵；输送气体、提高压力的机械设备称为风机和压缩机。

流体输送控制系统中，被控变量是流量，操纵变量也是流量，它们是同一物料的流量，因此被控过程接近1：1的比例环节，时间常数很小，广义对象传递函数需考虑检测变送和执行器的特性。由于检测变送、执行器和流量对象的时间常数接近且数值不大，组成的流量控制系统可控性较差，系统工作频率较高，控制器的比例度需设置较大，如需消除余差而引入积分，则积分时间也与对象时间常数在相同的数量级，如在几秒到几分钟。通常不引入正微分，如果必要可引入反微分，并采用测量微分的接法。

流体输送控制系统一般采用节流装置检测流量，对检测信号应进行高频滤波，减弱流量信号脉动和湍流的影响。为了在控制系统中不引入非线性，宜采用差压变送器和开方器或用线性检测变送仪表检测变送流量信号。流量控制阀的流量特性通常可选择线性特性。一般不宜安装阀门定位器，否则，易引起系统的共振。

流体输送控制系统的控制目标是被控流量保持恒定（定值控制）。主要扰动来自压力和管道阻力的变化，可采用适当的稳压措施，也可将流量控制回路作为串级控制系统的副环。

二、泵和压缩机的基本控制

（一）离心泵的控制

1.离心泵的工作特性

离心泵是使用最广的液体输送设备。离心泵是依靠离心泵翼轮旋转所产生的离心力，从而提高液体的压力（俗称压头）。转速越高，离心力越大，流体出口压力越高。随着出口阀开度增大，流量增大，流体的压力下降。

2.管路特性

离心泵的工作点与离心泵工作特性有关，还与管路系统的阻力有关。管路特性是管路系统中流体的流量与管路系统阻力的相互关系。

3.离心泵的工作点

管路特性与离心泵工作特性的交点是离心泵的工作点。由于控制阀开度变化时，管路特性变化，当控制阀开度增大时，控制阀两端的压降降低。这时，液体排出的流量增大，压头下降。

4.离心泵的控制

通过下列控制方案可以改变离心泵的工作点，从而达到控制离心泵的排出量：

（1）改变控制阀开度，可直接改变液体的排出量。由于离心泵的吸入高度有限，控制阀如果安装在进口端，会出现气缚或气蚀现象。气缚是由于进口压力过低，使液体部分汽化，气体膨胀使液体不能排除的现象；气蚀是由于出口压力高于液体的蒸汽压，使气泡破裂或爆炸，造成对设备侵蚀的现象。因此，为防止气缚和气蚀的发生，当采用控制阀直接节流的控制方案时，控制阀通常安装在检测元件的下游。由于直接节流时，控制阀两端的压差随流量而变化，故流量大时，控制阀两端的压降降低。

（2）改变泵的转速，使离心泵流量特性形状变化，可调节流量。这种控制方案需要改变泵的转速，采用的调速方法如下：

①当电动机为原动机时，采用电动调速装置；

②当汽轮机为原动机时，采用调节导向叶片角度或蒸汽流量；

③采用变频调速器，或利用原动机与泵联结轴的变速器。

采用这种控制方案时，在液体输送管线上不需安装控制阀，不存在阻力损耗，机械效率较高。该控制方案在重要的大功率离心泵装置中，有逐渐扩大采用的趋势。但具体实现这种方案较复杂，所需设备费用也较高。

（3）旁路控制，通过改变旁路控制阀的开度，控制实际排出量。该方案结构简单，控制阀口径相对较小。但由泵供给的能量消耗于控制阀旁路的那部分液体，总机械效率较低。当液体黏度高或液体流量测量较困难，而管路阻力较恒定时，该控制方案可采用压力作为被控变量，稳定出口压力，间接控制流量。

（二）容积式泵的控制

1.容积式泵的工作特性

容积式泵分为往复式和直接位移旋转式两类。往复泵有活塞式泵、柱塞式泵等；直接位移旋转式泵有椭圆齿轮泵、螺杆式泵等。往复泵的特点是泵的运动部件与机壳之间的空隙很小，液体不能在缝隙中流动，泵的排出量与管路系统无关。

2.容积式泵的控制

容积式泵主要采用调节转速、活塞的往复次数和冲程的方法，也可采用旁路控制。

（1）调节原动机的转速（包括往复泵的往复次数）。调速控制方法与离心泵调速控制方法相同。

（2）改变往复泵的冲程。这种方案的控制设备复杂，有一定难度，仅用于一些计量泵等特殊往复泵的控制场合。

（3）旁路控制。与离心泵的旁路控制方案相同，是最常用的容积式泵控制方案。

（4）旁路控制压力。与离心泵出口压力控制旁路控制阀的控制方案相似，通过旁路控制使泵出口压力稳定，然后用节流控制阀控制流量。通常，压力控制可采用自力式压力控制阀，但这两个控制系统有严重关联。为此，可采用错开控制回路的工作频率、将排除流量作为主要被控变量、压力控制器参数整定等措施来削弱或减小系统的耦合。

（三）风机的控制

离心式风机的工作原理与离心泵相似，是通过叶轮旋转，产生离心力，提高气体压头。按出口压力的不同，分为送风机和鼓风机两类，前者出口表压小于10kPa。后者出口表压为10～30kPa，其流量特性与离心泵的工作特性相似。

离心式风机的控制类似于离心泵的控制，有下列三种：

（1）调节转速。该方案最经济，但设备比较复杂，常用于大功率风机，尤其是蒸汽透平带动的大功率风机。

（2）直接节流。

（3）旁路控制。控制方案与离心泵旁路控制方案相同。

（四）压缩机的控制

压缩机是指输送压力较高的气体机械，一般出口压力大于300kPa。压缩机分为往复式压缩机和离心式压缩机两大类。

1.往复式压缩机的控制

往复式压缩机用于流量小、压缩比高的场合。常用控制方案有汽缸控制、顶开阀控制（吸入管线上的控制）、旁路回流量控制、转速控制等，有时可将控制方案组合使用。

2.离心式压缩机的控制

离心式压缩机随工业规模的大型化而向高压、高速、大容量、自动化的方向发展。由于离心式压缩机具有体积小、流量大、质量轻、运行效率高、易损件少、维护方便、汽缸内无油气污染、供气均匀、运转平稳、经济性较好等优点，而得到很广泛的应用。但离心压缩机也存在一些技术问题需要得到很好的解决，如离心压缩机的喘振、轴向推力、轴位移等。为保证压缩机能在工艺所需工况下安全运行，必须设计一系列自动控制系统和安全联锁系统，一台大型离心式压缩机通常有下列控制系统：

（1）气量控制系统（即负荷控制系统）。常用气量控制方法有三种：

①出口节流。即通过改变出口导向叶片的角度，改变气流方向，从而改变流量。它比进口节流节省能量，但要求压缩机出口有导向叶片装置，结构较复杂。

②改变压缩机转速。这种方案最节能，尤其是采用蒸汽透平作为原动机的离心压缩机，实现调速容易，应用也较广泛。

③改变入口阻力。即在入口设置控制挡板，用于改变管路阻力，但因入口压力不能保持恒定，灵敏度高，所以较少采用。另外，压缩机负荷控制可用流量控制实现，有时也可采用压缩机出口压力控制实现。

（2）压缩机入口压力控制系统。控制方法有吸入管压力控制转速、旁路控制入口压力、入口压力与出口流量的选择性控制。

（3）压缩机的防喘振控制系统。由于离心压缩机在流量小于喘振流量时会发生喘振，造成设备事故，对离心压缩机应设置防喘振控制系统。

（4）压缩机各段吸入温度及分离器液位控制系统。经压缩后气体温度升高，为保证下一段的压缩效率，进压缩机下一段前要把气体冷却到规定温度，为此需设置温度控制系统。为防止吸入压缩机的气体带液，造成叶轮损坏，压缩机各段吸入口均设置冷凝液分离罐；为防止液位过高，造成气体带液，需设置分离罐液位控制系统或液位报警系统。

（5）压缩机密封油、润滑油、调速油的控制系统、大型压缩机组一般均设置密封油、润滑油和调速油三个油系统，为此需设置各油系统的油箱液位、油冷却器后油温、油压等检测和控制系统。

（6）压缩机振动和轴位移的检测、报警和联锁系统压缩机是高速运转设备，转速可达几万转/分，转子的振动或位移超量时，会造成严重设备事故。因此，大型压缩机组设置轴位移和振动的测量探头及报警联锁系统，用于转子振动和轴位移的检测、报警和联锁。

（五）变频调速器的应用

由于控制阀存在压损，管路存在阻力，压降比总小于1。为使控制效果较好，希望控制阀压损占系统总压降的比例越大越好，但为此而损失的能量也越大。随着工业规模的不断扩大，因控制阀造成的能量损失也越大。为此，提出变频调速代替控制阀的设计思想。

变频调速器是用正弦PWM脉宽调制电路将控制器输出的4~20mA信号转换为对应频率的输出信号，用于交流电机的无级调速，从而通过转速变化来改变流量。与控制阀比较，变频调速器具有不与工艺介质接触、节能、无腐蚀、无冲蚀等优点，由于电机消耗的功率与转速的立方成比例，即流量越小，电机转速越低，消耗功率大幅下降，也就越节能。但其系统较复杂，价格较高，目前性能还不够稳定。在大、中型电机驱动的泵、压缩机等流体输送设备中得到了广泛应用。

由于节能，变频调速器的应用正被工业界重视。目前，主要有两种方式：一种方式是直接使用变频调速器控制原动机的转速；另一种方式是变频调速器和控制阀并存。当变频调速器正常时，采用变频调速器控制电机的转速，一旦变频调速器故障或控制效果不佳时，切换到控制阀控制，如直接节流控制流量等。此外，也有将控制阀作为流量微调的控制手段，或保持管路系统阻力稳定，而与变频调速器并存。与控制阀调节流量的不同点在于：变频调速器调节流量时，转速增大，流量增加，压头也增大；而控制阀调节流量时，控制阀开度增大，流量增大，但压头减小。

三、离心压缩机的防喘振控制

（一）离心压缩机的喘振

喘振发生时，压缩机的气体流量出现脉动，时有时无，造成压缩机转子的交变负荷，使机体剧烈震动、压缩机轴位移，并波及相连的管线，造成设备的损坏，如压缩机部件、密封环、轴承、叶轮、管线等设备和部件的损坏和事故。

1.喘振线方程

喘振是离心压缩机的固有特性。离心压缩机的喘振点与被压缩介质的特性、转速等有关。将不同转速下的喘振点连接，组成该压缩机的喘振线。实际应用时，需要考虑安全余量。当一台离心压缩机用于压缩不同介质气体时，压缩机系数会不同。管网容量大时，喘振频率低，喘振的振幅大；反之，管网容量小时，喘振频率高，喘振的振幅小。

2.振动、喘振和阻塞

喘振是离心压缩机在入口流量小于喘振流量时出现的流量脉动现象。振动是高速旋转设备固有的特性。当旋转设备高速运转时，达到某一转速时，使转轴强烈振动，这种现象称为振动。它是由于旋转设备具有自由振动的频率（称为自由振动频率），当转速达到该自由振动频率的倍数时，出现谐振（这时的频率称为谐振频率），造成转轴振动；转速继续升高或降低时，这种振动会消失。

压缩机流量过小会发生喘振，流量过大会发生阻塞。阻塞时，气体流速接近或达到音速（315m/s），压缩机叶轮对气体所做的功全部用于克服流动损失，使气体压力不再升高，这种现象称为阻塞现象。

（二）离心压缩机防喘振控制系统的设计

要防止离心压缩机发生喘振，只需要工作转速下的吸入流量大于喘振点的流量。因此，当所需的流量小于喘振点流量时，如生产负荷下降时，需要将出口的流量旁路返回到入口，或将部分出口气体放空，以增加入口流量，满足大于喘振点流量的控制要求。防止离心压缩机喘振的控制方案有固定极限流量（最小流量）法和可变极限流量法。

1.固定极限流量防喘振控制

该控制方案的控制策略是假设在最大转速下，离心压缩机的喘振点流量（已经考虑安全余量），如果能够使压缩机入口流量总是大于离心压缩机的喘振点流量的临界流量，则能保证离心压缩机不发生喘振。固定极限流量防喘振控制具有结构简单、系统可靠性高、投资少等优点，但当转速较低时，流量的安全余量较大，能量浪费较大，适用于固定转速的离心压缩机防喘振控制。

2.可变极限流量法

为了减少压缩机的能量损耗，在压缩机负荷有可能经常波动的场合，可以采用调节转速的方法来保证压缩机的负荷满足工艺上的要求。因为在不同转速下，其喘振极限流量是一个变数，它随转速的下降而减小，最合理的防喘振控制方案应是在整个压缩机负荷变化范围内，使它的工作点沿着喘振安全操作线而变化，就可以防止压缩机的喘振。根据这一思路设计的防喘振控制系统，称为可变极限流量法防喘振控制系统。在该控制系统中，当测量值大于设定值时，旁路控制阀始终关闭，而当测量值小于设定值时，则控制器开启控制阀到一定位置，故能防止喘振出现，确保压缩机的安全运行，在设计防喘振控制系统时，还需要注意如下四点：

（1）旁路控制阀在压缩机正常运行的整个过程中，测量值始终大于设定值。因此，必须考虑防喘振控制器的防积分饱和问题。否则，会造成防喘振控制系统的动作不及时而引起事故。

（2）在实际的工业设备上，有时不能在压缩机入口处测量流量，而必须改在出口处，则要重新设计防喘振控制系统。

（3）采用常规仪表实施离心压缩机防喘振控制系统时，应考虑所用仪表的量程，进行相应的转换和设置仪表系数。采用计算机或DCS时，可以直接根据计算式计算设定值，并能自动转换为标准信号。

（4）防喘振控制阀两端有较高的压差，不平衡力大，并在开启时造成噪声、气蚀等。为此，防喘振控制系统应选用能消除不平衡力影响、噪声及具有快开慢关特性的控制阀。

第二节　火力发电厂生产过程的控制

一、锅炉设备的控制

锅炉是石油化工、发电等工业过程中必不可少的重要动力设备，它所产生的高压蒸汽可作为驱动透平的动力源，又可作为精馏、干燥、反应、加热等过程的热源。随着工业生产规模的不断扩大，作为动力和热源的锅炉，也朝着大容量、高参数、高效率方向发展。常见的锅炉设备的主要工艺流程：其蒸汽发生系统是由给水泵、给水控制阀、省煤器、汽包及循环管等组成。燃料与热空气按一定的比例送入锅炉燃烧室燃烧，生成的热量传递给蒸汽发生系统，产生饱和蒸汽。然后，经过热器，形成一定气温的过热蒸汽，再汇集到蒸汽母管。过热蒸汽经负荷设备控制，供给负荷设备用。与此同时，燃烧过程中产生的烟气，除将饱和蒸汽变成过热蒸汽以外，还经省煤器预热锅炉给水和空气预热器预热空气，最后经引风机送往烟囱，排入大气。锅炉设备的控制任务是根据生产负荷的需要，供应具有一定压力和温度的蒸汽，同时要使锅炉在安全、经济的条件下运行。按照这些控制要求，锅炉设备有如下主要的控制系统：

（一）锅炉水位控制系统

保持汽包锅炉水位在一定范围内是锅炉稳定安全运行的主要指标。水位过高会造成饱和蒸汽带水过多，汽水分离差，使后续的过热器管壁结垢，传热效率下降，过热蒸汽温度下降，当用于蒸汽透平的动力源时，会损坏汽轮机叶片，影响运行的安全性与经济性；水位过低会造成汽包水量过少，负荷有较大变动时，水的汽化速度过快，汽包内的水全部汽化将导致水冷壁的损坏，严重时会发生锅炉爆炸。

1.锅炉汽包水位的动态特性

影响汽包水位的因素有汽包（包括循环水管）中储水量和水位下汽泡容积，而水位下汽泡容积与锅炉的负荷、蒸汽压力、炉膛热负荷等有关。锅炉汽包水位主要受到锅炉蒸发量（蒸汽流量）和给水流量的影响。

（1）给水流量对汽包水位的动态特性，即控制通道的特性。由于给水温度要比汽包内饱和水的温度低，给水流量增加后，需从原有饱和水中吸取部分热量，使水位下汽泡容积减少。当水位下汽泡容积的变化过程逐渐平衡时，水位将因汽包中的储水量的增加而上升。最后，当水位下汽泡容积不再变化时，水位变化就完全反映了因储水量的增加而直线上升。在给水量作阶跃变化后，汽包水位不能马上增加，而呈现一段起始惯性段，体现为一段纯滞后时间。给水温度越低，纯滞后时间越大。

（2）蒸汽流量对汽包水位的动态特性，即干扰通道的动态特性。当蒸汽流量突然增加时，在燃料量不变的情况下，从锅炉的物料平衡关系看，蒸汽量大于给水量。由于蒸汽用量突然增加，瞬间必导致汽包压力的下降。当蒸汽量加大时，虽然锅炉的给水量小于蒸发量，但在一开始，水位不仅不下降，反而迅速上升，然后再下降；反之，蒸汽流量突然减少时，则水位先下降，然后上升。这种现象称之为“虚假水位”。虚假水位的变化大小与锅炉的工作压力和蒸发量有关，虚假水位现象属于反向特性，给控制带来一定的困难，在控制方案设计时，必须引起注意。

2.锅炉汽包水位的控制

锅炉汽包水位的控制系统中，被控变量是汽包水位，操纵变量是给水流量。主要的扰动变量有下述来源：给水方面的扰动（包括给水压力、减温器控制阀开度等）；蒸汽用量的扰动（包括管路阻力变化和负荷设备控制阀开度变化）；燃料量的扰动（包括燃料热值、燃料压力、燃料含水量等）；汽包压力变化。

（1）单冲量控制系统即汽包水位的单回路控制系统，是最简单和最基本的控制系统。单冲量指只有一个变量，即汽包水位。锅炉汽包水位控制系统的操纵变量选用给水流量。

但是，单冲量控制系统存在很多问题：当负荷变化产生虚假水位时，控制器将反向错误动作，严重时可能会使汽包水位降到危险程度而发生事故，这种系统克服不了虚假水位带来的严重后果；当负荷变化时，需要引起汽包水位变化后才起控制作用，导致控制不及时，控制质量下降；当系统中出现负荷以外的其他扰动时，也同样需要等水位发生变化后才起控制作用，克服干扰不及时。

（2）双冲量控制系统是针对单冲量控制系统不能克服虚假水位的影响的问题，考虑到蒸汽负荷的扰动可测但不可控，将蒸汽流量信号作为前馈信号，与汽包水位组成前馈—反馈的控制系统。双冲量控制系统考虑了蒸汽流量扰动对汽包水位的影响，但对给水流量扰动的影响未加考虑，适用于给水流量波动较小的场合。

（3）三冲量控制系统是将汽包水位作为主被控变量，给水流量作为副被控变量的串级控制系统与蒸汽流量作为前馈信号的前馈—串级控制系统。

（二）锅炉燃烧过程控制系统

燃烧控制系统包括燃料、风量（送风）和炉膛压力（引风）三个子控制系统。这个系统的任务是使进入锅炉的燃料的燃烧热量与锅炉的蒸汽负荷要求相适应，同时保证锅炉燃烧过程安全经济。因此，当锅炉的负荷改变时，锅炉将需要进行燃烧过程的控制。它的基本要求有以下几点。保证出口蒸汽压力稳定，能按负荷要求自动增减燃料量。燃烧良好，供气适宜，既要防止由于空气不足使烟囱冒黑烟，也不要因空气过量而增加热量损失。保证锅炉安全运行。保持炉膛一定的负压，以免负压太小甚至为零，造成炉膛内热烟气往外冒出，影响设备和工作人员的安全；如果负压太大，会使大量冷空气漏进炉内，从而使热量损失增加。此外，还须防止燃烧嘴背压（气相燃料）太高时脱火，燃烧嘴背压（气相燃料）太低时回火的危险。锅炉的燃烧过程是一个能量转换、传递的过程，也就是利用燃料燃烧的热量来产生汽轮机所需蒸汽的过程，而主蒸汽压力是衡量蒸汽量与外界负荷量这两者是否相适应的一个标志。因此，要了解燃烧过程的动态特性主要是弄清汽压对象的动态特性。根据汽压对象的动态特性可以设计燃烧自动控制系统。该控制系统分为三个子系统，分别为燃料量控制系统、送风量控制系统和引风量控制系统。它们彼此协调，以提供适当的负荷，并保证燃烧过程的安全和经济。

1.燃料量控制子系统

根据不同的运行方式，燃料控制子系统完成的任务也不同，在锅炉跟随汽机负荷控制方式以及以此为基础的协调控制方式中，燃料控制子系统的任务是根据燃料量指令的要求，改变给煤机转速，以提供合适的燃料量，从而保证汽压的稳定。在汽机跟随锅炉负荷控制方式以及以此为基础的协调控制方式中，燃料控制子系统的任务仍然是根据燃料量指令的要求，提供合适的燃料量，但目的是保证机组的负荷要求。

由于控制目的是要保证汽压的稳定（在锅炉跟随汽机负荷控制方式以及以此为基础的协调控制方式中），或是要保证机组的负荷要求（在汽机跟随锅炉负荷控制方式以及以此为基础的协调控制方式中）。因此，设计串级控制系统，燃料量控制子系统作为其中的内回路，用来消除燃料侧内部的自发扰动，改善系统的调节品质。

2.送风量控制子系统

送风量控制子系统的任务是使锅炉的送风量和燃料量相协调，以达到锅炉最高的热效率，保证机组的经济性。但由于锅炉的热效率不可直接测量，通常是利用一些间接的方法来达到目的。常用的有以下五种方案：

（1）燃料量—空气系统：此系统控制是以实测的燃料量作为送风量控制器的给定值，使送风量和燃料量成一定的比例。这个系统的优点是实现简单，可以消除来自负荷侧和燃料侧的各种扰动，但由于给煤量难以测准，往往需要采取其他的措施才能实现。

（2）热量—空气系统：将热量作为送风量控制器的给定值，而热量信号可以通过测量蒸汽流量和汽包压力间接得到。此系统的优点是能迅速消除燃料侧的扰动，但是在负荷扰动下，系统的动态偏差比较大。

（3）蒸汽量—空气系统：去掉汽包压力的微分信号，即以蒸汽流量作为送风量调节的给定值，就构成蒸汽量—空气控制系统。在负荷的扰动下，蒸汽量反应迅速，可保证送风量能及时跟踪负荷的变化，但对于燃料侧的扰动，蒸汽量不能及时反应，使系统出现大的动态偏差。

（4）给定负荷—空气系统：在燃料量—空气系统中，以协调控制系统发出的燃料量代替实测的燃料量作为送风量调节器的给定值，即构成给定负荷—空气控制系统，它的特点与蒸汽量—空气系统相同。

（5）氧量—空气系统：以含氧量作为锅炉燃烧的经济性指标是一种较好的控制方案，但由于含氧量的测量具有较大的滞后，故一般采用串级控制系统。送风量控制器和调风门构成快速响应的内回路，含氧量控制器起矫正作用，它是串级系统的主控制器，使含氧量最终稳定在给定值上，以保证适当的风煤配比。

在实际机组的送风量控制系统中，需要测量一次风量和二次风量，并由此得到总风量。另外，因为有几台送风机运行，和燃料控制子系统一样，也需要对控制对象的增益进行补偿。在含氧量—空气系统中，氧量的给定值往往不取常数，而是随锅炉的负荷变化。这是因为最佳的含氧量与锅炉负荷有关，负荷增加时，最佳含氧量减少，这可以通过用蒸汽流量对含氧量给定值进行修整来保证。

3.引风控制子系统

引风控制子系统的任务是保证一定的炉膛负压力。炉膛负压太小甚至变成正压，会使炉膛内火焰和烟气从测点孔洞和炉墙缝隙外溢，影响设备和人员安全；而炉膛负压过大会使大量冷空气进入炉内，增大引风机负荷和排烟热损失，严重时甚至引起炉膛爆炸。因此，炉膛负压力必须控制在允许范围内。

控制炉膛的手段是调节引风机的引风量，其主要的外部扰动是送风量。作为被控对象，炉膛烟道的惯性很小，控制通道和扰动通道的特性都可以近似地认为是一个比例环节。这是一类特殊的被控对象，简单的单回路控制系统并不能保证被控质量，因为被控量的反应太灵敏，以致会激烈跳动。考虑到该系统的被控量反映了吸风量与送风量之间的平衡关系，明显的改进措施是辅以前馈控制，即在送风量改变的同时也改变吸风量。

综上所述，燃烧控制系统是由燃料量、送风量和引风量三个相互匹配、密切联系的控制子系统组成。其中燃料量控制回路使锅炉跟踪外界负荷；送风量控制回路维持锅炉最高的热效率；引风量控制回路保持负压稳定。这三个控制子回路组成了不可分割的一个整体，统称为锅炉燃烧控制系统，共同保证锅炉运行的机动性、经济性和安全性。

（三）锅炉蒸汽温度控制系统

锅炉蒸汽温度直接影响整体热效率及过热器管道、汽轮机等设备的安全运行，汽温控制系统是锅炉的重要控制系统之一。蒸汽过热系统包括一级过热器、减温器、二级过热器。控制任务是使过热器出口温度维持在允许范围内，并保护过热器是管壁温度不超过允许的工作温度。过热蒸汽温度过高或过低，对锅炉运行及蒸汽用户设备都是不利的。过热蒸汽温度过高，过热器容易损坏，汽轮机也因内部过度的热膨胀而严重影响安全运行；过热蒸汽温度过低，一方面使设备的效率降低，另一方面使汽轮机后几级的蒸汽温度增加，引起叶片磨损。

所以，必须把过热器出口蒸汽的温度控制在规定范围内。过热蒸汽稳定控制系统常采用减温水流量作为操纵变量，但由于控制通道的时间常数和纯滞后均较大，组成单回路空中系统往往不能满足生产要求。因此，常采用串级控制系统，以减温器出口温度为副被控变量，可以提高对过热器蒸汽温度的控制质量。过热蒸汽温度控制有时还采用双冲量控制系统。这种方案实质上是串级控制系统的变形，把减温器出口温度经微分器作为一个冲量，其作用与串级控制系统中副被控变量相似。

二、单元机组负荷控制系统

单元机组负荷控制的任务是紧密跟踪负荷的需要和保持主汽压的稳定。当电网负荷变动时，从汽轮机角度看，就能迅速改变蒸汽量，立即适应负荷的需要。但锅炉则不然，当负荷变化时，即使立刻调整燃料量和计水量，由于锅炉固有的惯性及延时，不可能立刻改变提供给汽轮机的蒸汽量。因此，如果汽轮机调节蒸汽的阀门开度已改变，流入汽机的蒸汽量相应发生变化，此时只能利用主汽压力的改变来弥补或储蓄这个蒸汽量供需差额。在这个过程中，主汽压力一定会产生较大的波动。也就是说，提高机组的适应能力和保持汽压稳定这两者之间存在着一定的矛盾。在设计负荷控制系统时，应根据机组在电网负荷变化中所承担的任务而采用适当的控制方式，下面分别进行讨论。

（一）锅炉跟随汽轮机的负荷控制系统

锅炉跟随汽轮机的负荷控制系统。它是通过改变汽轮机的调汽门开度，使发电机输出功率迅速与功率控制器的设定值一致，以满足电网负荷的要求。与此同时，由于调汽门开度改变，主汽压力也随之变化，主汽压控制器将改变燃料量来保持汽压的稳定，从而跟踪汽机的负荷变化。这种控制方式是先让汽机跟随外界的负荷的需要，再让锅炉跟随汽机的需要，它实际上就是常规的机炉分别控制方式。这种方式的优点是充分利用了锅炉的蓄热量，使机组能较快地跟踪外界负荷的变化。但由于锅炉的惯性和延时，主汽压会有较大的波动，这种大幅度波动对锅炉的安全稳定运行是不利的，这就要对机组负荷的变化幅度和速度加以限制。

（二）汽轮机跟随锅炉的负荷控制系统

汽轮机跟随锅炉的负荷控制系统，这种控制方式根据电网负荷的要求，由功率控制器直接控制锅炉的燃料量，随着锅炉输入热量的增大或减少，主蒸汽压力就会发生变化。这时，主蒸汽压力控制器将不断改变调汽门开度以维持主汽压稳定，而调汽门的开大或关小意味着机组负荷的变化，从而适应了电网负荷的需要。由此可见，这种控制方式是先让锅炉跟踪外界负荷的需要，再让其机跟随锅炉的需要，称为汽轮机跟随锅炉的负荷控制方式。在这种控制方式中，由于主汽压是用调汽门来保持的，所以主汽压可以非常稳定，这对锅炉安全运行是有利的。但是，这种方式没有调用锅炉的蓄热量，机组对功率设定值改变的响应很缓慢。根据这种控制方式的特点，它只适用于带固定负荷的单元机组。

（三）机炉协调控制方式

上述两种基本负荷控制方式都不能同时满足既能迅速响应外界负荷需求，又使汽压波动较小的要求。为克服这个缺点，将上述两种方法结合起来，取长补短，既克服“炉跟机”方式中调用锅炉蓄热量过大而引起主汽压波动过大的问题，又解决“机跟炉”方式中根本不动用锅炉蓄热量，以致不能较快地响应负荷变化的矛盾。

这种控制方式的控制过程如下：

（1）当电网要求机组输出增加时，先是增大功率设定值。使它与汽机实际输出的偏差信号，一方面经汽机负荷控制系统，增大汽机调汽门开度，使汽轮发电机输出增加；另一方面，前馈到锅炉负荷控制系统，使锅炉燃料量增加，以加大锅炉的输出。由于锅炉的热惯性与迟延，其输出增加的速度要比汽轮发电机慢得多。因此，主汽压下降，使锅炉输出汽压与汽压给定值之间的偏差，一方面通过锅炉负荷控制系统进一步加大燃料量，另一方面通过汽机负荷控制系统关小调汽门，限制主汽压下降幅度。

（2）当锅炉本身出现干扰，如锅炉燃料量自发增加时，主汽压将会上升，它一方面经锅炉负荷控制系统减少燃料量，另一方面又经前馈到汽机负荷控制系统开大调汽门，以减小主蒸汽压力的波动。在这个过程中，发电机输出的增加只是暂时的，最终还是会被汽机负荷控制系统调回去。

以上分析可以看出，这种控制方式的本质是通过有节制地调用锅炉的蓄热量，既保证了机组能够比较迅速地适应负荷的变化，又保证了主汽压能够不至于波动很大。一般适用于带有变动负荷的单元机组。由于这种控制方式具有记录坚固、互相协调的特点，在大型单元机组中得到普遍的应用。目前的大型单元机组中，一般同时具有上述三种控制方式，可根据机组运行的需要，经过逻辑开关切换到其中任一种控制方式。

第三节　精馏塔的控制

一、精馏塔控制要求及扰动分析

精馏是石油化工等众多生产过程中广泛应用的一种传质过程，通过精馏过程，使混合物料中的各组分分离，分别达到规定的纯度。分离的机理是利用混合物中各组分的挥发度不同（沸点不同），也就是在同一温度下，各组分的蒸气分压不同这一性质，使液相中的轻组分和气相中的重组分互相转移，从而实现分离。一般的精馏装置由精馏塔、再沸器、冷凝冷却器、回流罐及回流泵等设备组成，精馏塔从结构上分，有板式塔和填料塔两大类，板式塔根据塔结构不同，又有泡罩塔、浮阀塔、筛板塔、穿流板塔、浮喷塔、浮舌塔等。各种塔板的改进趋势是提高设备的生产能力，简化结构，降低造价，同时提高分离效果。填料塔的主要特点是结构简单，易用耐腐材料制作，阻力小，一般适用于直径小的塔。

在实际生产中，精馏可分为间歇精馏和连续精馏两种，对石油化工等大型生产过程，主要是采用连续精馏。精馏塔是一个多输入多输出的多变量过程，内在机理较复杂，动态响应迟缓，变量之间相互关联，不同的塔工艺结构差别很大，而工艺对控制提出的要求又很高，确定精馏塔的控制方案是一个极为重要的课题。而从能耗的角度来看，精馏塔是典型单元操作中能耗最大的设备，精馏塔的节能控制也是十分重要的。精馏操作的影响因素很多，这些扰动因素都是通过物料平衡和能量平衡的形式来影响塔的操作。然而，一个塔的物料平衡和能量平衡之间又是相互影响的，要分析各种因素对一个塔正常操作的影响，从而确定合理的控制方案。

精馏塔的控制目标是，在保证产品质量合格的前提下，使塔的总收益（利润）达到最大或总成本最小。具体来说，需要从四个方面来考虑，设置必要的控制系统。

（1）产品质量控制塔顶或塔底产品之一合乎规定的纯度，另一端成品维持在规定的范围内。在某些特定情况下，也有要求塔顶和塔底产品均保证已定的纯度要求。所谓产品的纯度，就二元精馏来说，其质量指标是指其塔顶产品中轻组分（或重组分）含量和塔底产品中重组分（或轻组分）含量。对多元精馏而言，则以关键组分的含量来表示。关键组分是指对产品质量影响较大的组分。塔顶产品的关键组分是易挥发的，称为轻关键组分，塔底产品是不易挥发的关键组分，称为重关键组分。

（2）物料平衡控制进出物料平衡，即塔顶塔底采出量应和进料量相平衡，维持塔的正常平稳操作，以及上下工序的协调工作。物料平衡的控制是以冷凝液罐（回流罐）与塔釜液位一定（介于规定的上、下限之间）为目标的。

（3）能量平衡控制精馏塔的输入、输出能量应平衡，使塔内的操作压力维持稳定。

（4）约束条件控制为保证精馏塔的正常安全操作，必须将某些操作参数限制在约束条件之内。常用的精馏塔限制条件为液泛限、漏液限、压力限及临界温差限等。所谓液泛限，也称气相速度限，即塔内气相速度过高时，雾沫夹带十分严重，实际上液相将从下面塔板倒流到上面塔板，产生液泛，破坏正常操作。漏液限也称最小气相速度限，当气相速度小到某一值时，将产生塔板漏液，板效率下降。防止液泛和漏液，可以塔压降或压差来监视气相速度。压力限是指塔的操作压力的限制，一般是最大操作压力限，即塔操作压力不能过大，否则会影响塔内的气液平衡，严重越限甚至会影响安全生产。临界温差限是指再沸器两侧间的温差，当这一温差低于临界温差时，给热系数急剧下降，不能保证塔的正常传热的需要。

精馏塔的主要干扰因素为进料状态，即进料量、进料组分、进料温度。此外，冷剂与加热剂的压力和温度及环境温度等因素，也会影响精馏塔的平衡操作。所以，在精馏塔的整体方案确定时，如果工艺允许，能把精馏塔进料量、进料温度加一定值控制，对精馏塔的操作平稳是极为有利的。

二、精馏塔被控变量的选择

精馏塔被控变量的选择，主要讨论质量控制中的被控变量的确定，以及检测点的位置等问题。通常，精馏塔的质量指标选取有两类：直接的产品成分信号和间接的温度信号。

（一）采用产品成分作为直接质量指标

以产品成分的检测信号直接用作质量控制的被控变量，应该说是最为理想的。过去，因成分参数在检测上的困难，难以直接对产品成分信号进行质量控制。近年来，成分检测仪表发展迅速，尤其是工业色谱的在线应用，为以成分信号作为质量控制的被控变量，创造了现实条件。然而，因成分分析仪表受以下三方面的制约，至今在精馏质量控制上成功地直接应用还是为数不多的：

（1）分析仪表的可靠性差。

（2）分析测量过程滞后大，反应缓慢。

（3）成分分析针对不同的产品组分，品种上难以一一满足。

因此，目前在精馏操作中，温度仍是最常用的间接质量指标。

（二）采用温度作为间接质量指标

温度作为间接质量指标，是精馏塔质量控制中应用最早也是目前最常见的一种。对于一个二元组分精馏塔来说，在一定的压力下，沸点和产品的成分有单值的对应关系。因此，只要塔压恒定，塔板的温度就反映了成分。对于多元精馏过程来说，情况比较复杂。然而，在炼油和石油化工生产中，许多产品都是由一系列的碳氢化合物的同系物组成。此时，在一定的压力下，温度与成分之间也有近似的对应关系，即压力一定，保持一定的温度，成分的误差可忽略不计。在其余情况下，温度参数也有可能在一定程度上反映成分的变化。

1.温度点的位置

通常，若希望保持塔顶产品质量符合要求，也就是顶部馏出物为主要产品，应把间接反映质量的温度检测点放在塔顶，构成所谓精馏段温控系统。同样，为了保证塔底产品符合质量要求，温度检测点应放在塔底，实施提馏段温控。

但是，在一些特殊情况下并不按照上述温度点位置的设置要求。如具有粗馏作用的切割塔，此时温度检测点的位置应视要求产品纯度的严格程度而定。有时，顶部馏出物为主要产品，但为了获得轻关键组分的最大收率，希望塔底产品中尽量把轻关键组分向上蒸出。这时，往往把温度检测点放在塔底附近，此时，在塔顶产品中带出一些重组分也是允许的，因为切割塔后面还将有进一步的精馏分离。在某些精馏塔上，也有把温度检测点放在加料板附近的塔板上，甚至以加料板本身的温度作为间接质量指标，这种做法常称为中温控制。中温控制的目的是希望能及时发现操作线左右移动的情况，并可兼顾塔顶、塔底的变化，在某些精馏塔上中温控制取得了较好的效果。但当分离要求较高时，或进料浓度变动较大时，中温控制难以正确地反映塔底塔顶的成分。

2.灵敏板问题

采用塔顶（或塔底）温度作为间接质量指标时，实际把温度检测点放置在塔顶（底）是极为少数的。因为在分离比较纯的产品时，邻近塔两端的各板之间温差是很小的，这时塔顶（底）的温度出现稍许的变化，产品质量就可能超出允许的范围，因而必须要求温度检测装置有很高的精度和灵敏度，才能满足控制系统的要求。这一点实现起来有较大的难度，在实际使用中是把温度检测点放在进料板与塔顶（底）之间的灵敏板上。

所谓灵敏板，就是当塔受到干扰或控制作用时，塔内各板的组分都将发生变化，随之各塔板的温度也将发生变化，当达到新的稳态时，温度变化最大的那块塔板即称为灵敏板。灵敏板的位置可以通过逐板计算，经比较后得出。但是，由于塔板的效率不易估准，还需结合实践结果加以确定。通常，先根据测算，确定灵敏板的大致位置，然后在它附近设置多个检测点，根据实际运行情况，从中选择最佳的测量点作为灵敏板。

（三）用压力补偿的温度参数作为间接指标

用温度作为间接质量指标有一个前提，塔内压力必须是一个定值。虽然精馏塔的塔压一般是有控制的，但对于精密精馏等控制要求较高的场合，微小的压力变化，将影响温度与组分间的关系，造成质量难以满足工艺的要求。为此，需对压力的波动加以补偿。

1.温差控制

在精密精馏等对产品要求较高的场合，考虑压力波动对间接指标的影响，可以采用温差控制。选择温差作为间接质量指标时，测温点应按下述方法确定：如塔顶馏出液为主要产品时，一个测温点应放在塔顶（或稍下一些），即温度变化较小的位置，而另一个检测点放在灵敏板附近，即成分和温度变化较大、较灵敏的位置上，然后取上述两个测温点的温度差作为间接质量指标，此时压力波动的影响几乎相互抵消。在工业生产上，温差控制已成功地用于苯—甲苯、乙烯—乙烷等精密精馏系统。

2.多点质量估计器

对双温差控制作进一步的推演，出现了多点质量估计器的控制。它以精馏塔的多点温度分布的情况作为质量指标进行控制，其控制效果将得到进一步提高。对于如进料组分等不可测扰动，利用一些易测变量—多点温度来推断扰动对产品成分的影响，通过控制作用来克服扰动，使产品质量稳定在工艺指标上。

三、精馏塔的整体控制方案

精馏塔是一个多变量的被控过程，可供选择的被控变量和操纵变量是众多的，选定一种变量的配对，就组成一种精馏塔的控制方案。然而，精馏塔因工艺、塔结构不同等多方面因素，使精馏塔的控制方案更是举不胜举，很难简单判定哪个方案是最佳的。这里介绍几种精馏塔常规的、基本的控制方案。

（一）质量指标反馈控制

一般来说，精馏塔的质量指标只有一个，分别为精馏段温度或提馏段温度。在质量指标这个被控变量确定后，用以控制它的操纵变量的选择不一，可分别称之为变量的平衡控制（直接控制）和物料平衡控制（间接控制）。

（二）串级、均匀、比值、前馈等控制系统在精馏塔中的应用

在实际精馏塔的整体控制方案中，串级、均匀、比值、前馈等控制系统是经常被采用的。

（1）串级控制系统：串级控制系统在精馏塔控制中经常用于质量反馈控制系统。

（2）均匀控制系统：由于精馏塔操作经常是多个塔串联在一起，考虑前后工序的协调，经常在上一塔的出料部分和下一塔的进料部分设置均匀控制系统。

（3）比值控制系统：其设置目的是从精馏塔的物料与能量平衡关系出发，使有关的流量达到一定的比值，以利于在期望条件下进行操作。

（4）前馈控制系统：当进料扰动进入精馏系统中，在尚未影响被控变量—塔底产品质量前，通过比值函数部件（实际上即前馈控制器）改变加热剂的流量，来克服扰动的影响。如果这种补偿适宜，就可能减少甚至免除对被控变量的影响。在精馏操作中，除上述控制系统外，选择控制也常用于约束条件的控制，以及完成自动开停车。

（三）精馏塔塔压的控制

精馏塔的操作大多是在塔内压力维持恒定的基础上进行的。在精馏操作过程中，进料流量、进料组分和温度的变化，塔釜加热蒸汽量的变化，回流量、回流液温度及冷却剂压力的波动等都有可能引起塔压的波动。塔压波动必将引起每块塔板上的气液平衡条件的改变，使整个塔正常操作被破坏，影响产品的质量。此外，也将影响间接质量指标温度与成分之间的对应关系。所以，在精馏操作中，整体控制方案必须考虑压力控制系统的设置。

第四节　石油化工生产过程控制

一、安全生产的重要性

（一）有益于经济效益的提升

企业的安全生产将进一步提升企业的经济效益，避免安全问题的发生，帮助企业减少损失。一个健康发展的企业，会将安全生产放在首位，构建良好的生产环境。因此，利用安全生产，可为企业提供稳定发展的环境，为企业创造更多的收益做好保障。

（二）决定了石油化工企业的地位

石油化工企业在我国的国民经济增长中起到了重要的推动作用，根据相关部门统计，该行业在全国生产总值中占据了15%以上。此外，石油化工企业有着较强的延展性，在不同的行业领域中发挥着非常重要的作用，如飞机制造领域、建筑领域、汽车领域、航空航天领域等。其中，只有做好安全生产的相关工作，才能保障石油化工企业的快速发展。

（三）管理不当会造成重大的损失

石油化工生产具有一定的危险性，一旦发生安全事故，会对员工的生命造成威胁，并带来巨大的经济损失，阻碍企业的发展。因此，做好相关的管理工作能够保障工作人员的生命安全，并促进企业的平稳发展。

二、石油化工安全技术的应用与控制

（一）确保故障检测技术的可靠性

故障诊断检测技术是石油化工企业在实施生产管理活动中的一项基础内容，也是需要重点关注的内容。技术人员在工作过程中，必须针对石化生产环节的潜在风险进行检测，采取有效的防范和应对措施，尽可能降低风险发生的概率。同时，石化企业相关部门需要做好技术及设备的更新工作，利用先进技术实现对于生产流程的检测，找出其中存在的问题和漏洞，采取切实可行的措施和方法，规避或者消除生产过程中的潜在风险，保证整个生产流程的稳定性。就目前而言，石化企业在进行生产安全管理的过程中，采用的故障检测技术包括了数据驱动法、定量模型法及安全生产管理图等，其中，数据驱动法可以对软件系统功能进行测试，帮助工作人员找出石油化工生产中相关仪器设备中存在的问题，将测试对象作为一个“黑盒子”，实施动态功能测试，这种方法也可以称为黑盒测试或功能测试；定量模型法是依照石油化工生产设备、生产人员及生产技术等各种生产要素的正常数值，构建起相应的逻辑数学模型，借助模型实现对于化工生产安全性的检测和判断，属于一种综合性的故障检测技术；安全生产管理图则是将安全生产管理部门的架构、相关细则和要求等，通过绘图的方式，在化工生产工作场地中进行公示，帮助生产人员准确判断生产中存在的安全问题。

（二）合理应用虚拟仿真技术

虚拟仿真技术是科学技术发展到一定阶段的产物，通过信息化、大数据、虚拟仿真等相关技术的应用，针对石油化工生产中的安全状况进行仿真模拟，构筑起贴近真实的化工生产情况，以此来实现对于石油化工生产情况的分析。虚拟仿真技术可以通过3D 虚拟仿真的方式，对石油化工安全事故发生的全过程进行模拟再现，使得石化企业能够在模拟场景中进行事故原因分析，制定出切实可行的安全应急措施，实现安全管理水平的提高。同时，虚拟仿真技术能够被应用到石油化工安全事故模拟演练中，有助于促进工作人员安全意识的提高。

三、化工安全生产以及管理工作中存在的问题

（一）安全观念不足

现阶段，我国中小型的化工生产企业数量较多，缺乏先进的工艺技术和机械设备，安全生产意识薄弱，缺乏较强的安全管理理念。由于中小企业自身的局限性，它们对经济效益过度重视，而对安全设施与管理上的投入严重不足，造成企业经常产生安全事故。在企业的化工生产中，员工心中安全生产观念不强，并且由于企业内部对员工在该方面的培训和指导不足，更难以保证企业安全管管理。企业未引进先进的高科技设备，缺乏较强的维护力度，设备运行负荷较大，且潜在的安全性风险较大，难以保证生产的安全性，导致企业生产存在潜在的安全问题。

（二）生产技术以及使用的设备不达标

在生产中，化工企业的操作一定要按照国家要求的程序执行，所用的技术以及有关的设施设备都要有对应的标准，若技术先进性不够或对设备的应用不合理，这样均会导致安全事故的发生。如在三聚乙醛时，在生产过程中会用到乙醛，但乙醛在20.8℃时即可发生沸腾，爆炸的范围很广。若实际生产中，没有按照安全操作规程进行，会导致严重的爆炸事故发生，且四聚乙醛是固体（粉状），容易点燃，如果设施密封得不够完整，不能很好地控制四聚乙醛产生的危害，进而会影响到工作人员的健康。另外，因化工产品有很强的腐蚀性，对易腐蚀设施设备，在选材时，一定要按照原料的性质合理的抉择，个别的化工企业为降低对成本的投入，经常会用一些质量不能满足有关规定要求的设备，且对设备的检修工作重视的程度不够高，最后会导致安

全事故的发生。

（三）安全生产监管不到位

设立专门的监察部门，提升监察人员的责任意识与专业能力是落实企业安全管理工作的主要途径。就我国化工企业安全管理工作来看，大部分工作人员都抱着应付的态度来面对企业的安全管理，企业的监察部门工作过于形式化，没有起到其应有的作用，从而导致监察工作不到位，企业的安全管理工作存在缺失。此外，还有一部分化工企业为了减少经济支出，没有设置专门的生产监察部门，只是由其他部门的工作人员进行临时执行，致使企业的监督职能无法得到有效发挥，制约企业管理水平的提升。

（四）生产人员方面的原因

很多员工素质较低，缺乏专业的技术要求，难以有效地适应化工企业的生产。工作人员是化工生产的直接执行者，在化工生产的过程中由于工作人员安全管理意识的不到位，在进行化工生产的过程当中，忽视安全生产的重要性，或是由于自身的操作水平不高，对生产的相关内容认识不清，没有专业的理论指导，管理不科学，操作不规范等。同时，除了工作人员的专业技术知识不到位以外，工作人员的工作态度和责任心等也与安全生产有着直接的关系，在生产中有些工作人员没有严格按照规章制度来进行生产工作，违章指挥，违章作业，违反劳动纪律等导致在化工生产的过程当中发生事故。

（五）未落实企业安全管理制度

因化工企业有很高的危险性，为保证化工企业的安全运行，我国发布了相关的法律法规，且对生产过程中的安全要求作出了清晰的规定。但在实际生产中，化工企业依旧存在不足，安全事故频繁发生，根本原因还是在执行安全管理制度时，相关部门及企业执行得不到位，对人身安全等重视程度不够，且对安全检查工作执行得不够严格，进而安全事故频频发生。不但会对人员安全产生威胁，还会对企业的名誉及利益产生影响。

四、石油化工企业生产中安全管理模式的应用措施

（一）严格对质量进行把控

石油化工产业正在全面的发展中，其生产的规模也在逐步扩大，同时企业也对内部的生产工艺和技术也进行了较大的改进，促进了生产效率的提升。但有些机械和设备由于长时间的运转，加之强度较高的生产，很容易出现故障，埋下安全隐患。此外，还有刚刚投入使用的设备，会因为工作人员的操作不熟练或者操作不当等情况，引发设备故障，出现安全事故。因此，在实际生产中，如果发现任何的异常情况，要及时上报，以便及时解决问题。

（二）严格规范石油化工类型企业生产原料的标准

我国对于石油化工行业的监管政策非常明确，其目的在于节约能源，减少排放量，对能耗比指标给予严格的控制。同时，我国对于石油化工类型企业的生产原料标准和规范非常严，企业对于材料的挑选要严格依照国家规定的标准，操作人员也要根据国家的标准，应用自动化以及机械化的方式进行生产，减少人员与化学物质的直接接触，如硫酸等，可减少化学物质对工作人员带来的伤害。此外，相关的工作人员还要合理应用设备和原材料，严格按照企业的规章制度进行操作。

（三）构建科学的管理模式

长期以来，对于事故的管理，很多企业都将对事故的处理当作了重点工作，忽视了预防事故的重要性。这样的管理形式，存在很大的缺陷和科学性。对于安全管理的相关工作，要将思想观念进行转变，将重点工作放在对事故的预防上，制定合理有效的管理方式，及时清除存在的安全隐患，保障相关生产工作的有序实施。

（1）安全管理模式与企业的实际生产要配套。当前，我国很多的石油化工企业都应用了HSE管理的形式对安全管理进行配置，对于管理的形式要根据企业的情况合理的进行调整，并结合时代的发展脚步，应用当前最先进的管理模式，保障日常生产活动的有序实施。企业对于安全管理模式的应用，要与企业的生产实践相适应和配套。

（2）安全管理的理念要与环保理念进行结合。当前，我国石油化工产业的发展非常迅速，为社会的整体的发展起到了良好的促进作用。但从环保的角度进行分析，石油化工企业的发展对环保工作的开展带来了一定的阻碍。所以，石油化工企业在发

展的过程中，要对自身的安全管理理念及生产模式及时进行调整，使其能够与环保的理念相符合。同时，要注重环保与发展一起发展的原则，在提升经济收益的同时，更加注重环保工作，以便使石油化工企业能够走可持续发展的路线。

（四）建立完善的安全管理机构

由于石油化工企业生产具有一定的危险性，对于安全管理部门的设置有益于安全管理工作更好的实施。在企业中，设置安全管理部门，可健全安全管理的制度，并将安全管理的整体性进行提升。因此，企业可建立决策部门、管理部门以及职能部门，三个部门之间相互监督、相互帮助。对于决策部门，需要对企业的安全生产工作、环保工作及卫生工作进行负责，实施具体的审查和评估工作，并对其他部门的相关工作给予指导；对于管理部门，可由分管负责人、安全科长、安全员构成，负责安全管理工作的实际落实情况，并对具体的安全生产工作实施监督，这也是保障安全生产的重要原则；对于职能部门，需要将决策部门制定的任务进行传达，并根据指示制定具体的管理制度，对其进行监督和落实。

第九章　水电厂发电/电动机的运维与检修

第一节　发电/电动机的操作

一、绝缘电阻测试

（1）兆欧表的选择：额定电压在500V以下的电气设备，应选用电压等级为500V的兆欧表；额定电压在500～1000V以下的电气设备，应选用电压等级为1000V的兆欧表；额定电压在1000V以上的电气设备，应选用2500V的兆欧表。

（2）测量前对兆欧表本身进行检查。开路检查，两根线不要绞在一起，将发电机摇动到额定转速，指针应指在“∝”位置。短路检查，将表笔短接，缓慢转动发电机手柄，看指针是否到“0”位置。若零位或无穷大达不到，说明兆欧表有毛病，必须进行检修。

（3）测量前将被测设备切断电源，并短路接地放电3～5min，特别是电容量大的，更应充分放电以消除残余静电荷引起的误差，保证正确的测量结果以及人身和设备的安全。

（4）被测物表面应擦干净，绝缘物表面的污染、潮湿，对绝缘的影响较大，而测量的目的是了解电气设备内部的绝缘性能，一般都要求测量前用干净的布或棉纱擦净被测物，否则达不到检查的目的。

（5）接线：一般兆欧表上有三个接线柱，“L”表示“线”或“火线”接线柱；“E”表示“地”接线柱，“G”表示屏蔽接线柱。一般情况下“L”和“E”接线柱，用有足够绝缘强度的单相绝缘线，将“L”和“E”分别接到被测物导体部分和被测物的外壳或其他导体部分。

（6）兆欧表使用时必须平放，匀速转动摇柄，达到每分钟120转，测量绝缘电阻值，摇表未停止转动之前或被测设备未放电之前，严禁用手触及。

（7）测量完毕，放电，清理现场。

二、喷漆

（1）将转子内、外部的灰尘、铁屑、焊渣，全部清扫后，再用0.2MPa压缩空气进行吹扫。

（2）检查所有螺栓（钉）是否紧固。

（3）做好周边无须喷漆设备防护，周围不准有火源，做好防火措施。

（4）喷漆前喷漆设备做好准备。

（5）喷漆由上到下、由里到外，喷出的漆要形成雾状，要求喷得均匀无流柱现象。

（6）待漆干后，按原编号进行编号。

（7）喷漆完毕，清理现场。

第二节　发电/电动机的检修

一、作业内容

（一）B级检修标准项目的主要内容

（1）发电机检修规程规定的项目及制造厂要求的项目。

（2）全面解体、定期检查、清扫、测量、调整和修理。

（3）定期监测、试验、校验和鉴定。

（4）按规定需要定期更换零部件的项目。

（5）按各项技术监督规定检查和预防性试验项目。

（6）针对C及检修无法安排的重大设备和系统的缺陷和隐患的处理。

（二）A级检修标准项目的主要内容

A级检修项目是根据机组设备状态评价及系统的特点和运行状况，除实施B级检修项目外，还应包括以下内容：

（1）制造厂要求的项目。

（2）重点清扫、检查和处理易损易磨部件，必要时进行实测和试验。

（3）按各项技术监督规定检查和预防性试验项目。

（4）针对B修检修无法安排的重大缺陷和隐患的处理。

二、作业前准备

（1）检修计划和工期已确定，检修计划已考虑非标准项目和技术监督项目，电网调度、水电站所属水库调度已批准检修计划。

（2）检修项目所需的材料、备品备件已到位。

（3）检修所用工器具（包括安全工器具）已检测和试验合格。

（4）检修外包单位已到位，已进行检修工作技术交底、安全交底。

（5）特种设备检测符合要求。涉及重要设备吊装的起重设备、吊具完成检查和试验。特种作业人员（包括外包单位特种作业人员）符合作业资质的要求。

（6）检修所用的作业指导书已编写、审批完成，有关图纸、记录和验收表单齐全，已组织检修人员对作业指导书、施工方案进行学习、培训。

（7）检修环境符合设备的要求（如温度、湿度、清洁度等）已组织检修人员识别检修中可能发生的风险和环境污染因素，并采取相应的预防措施。

（8）已制定检修定置图，规定了有关部件检修期间存放位置、防护措施。

（9）已准备好检修中产生的各类废弃物的收集、存放设施。

（10）已制定安全文明生产的要求。

（11）必要时，组织检修负责人对设备、设施检修前的运行状态进行确认。

三、注意事项

（一）发电/电动机内部工作的注意事项

（1）发电/电动机内部严禁吸烟。

（2）严禁攀登或踩踏线圈，以免损坏引线绝缘。

（3）拆卸金属部件时，不要碰及电气绝缘。

（4）使用金属工器具防止破裂，严禁将破裂工具碎末遗落机内。

（5）焊接前应用石棉布或石棉板遮盖定、转子表面绝缘，产生的焊渣应彻底清扫干净。

（6）拆卸零部件应清点，要做好记录、标记，妥善保管，回装时按照记录标记按号入座。

（7）定子线棒上端部及汇流环，在停止工作时应用塑料布遮好，必要时应粘贴封条。有人爬越的部位应铺垫一层十毫米以上的布。

（8）搬运线棒等绝缘部件时，应防止磕碰弯折，防止绝缘表面损坏。

（9）机坑内工作应尽量避免上下两层同时作业，如有必要，应事先做好防止落物的安全措施。

（10）每天工作完后，必须清理发电/电动机内部，不许在机内遗留物件。

（二）发电/电动机风洞内焊接工作注意事项

（1）焊接处周围应清理好，应做好防护工作，并备好消防器具。

（2）工作中应戴好手套、鞋盖、口罩及护目眼镜等，注意安全，防止烫伤。

（3）机内不同的焊接部位根据要求选择符合要求的焊条和焊料。

（4）机内使用电焊时，必须做好绝缘部分的防护措施，易燃物品应撤出风洞。

（5）接头焊接时应做好绝缘隔热防护，做好防止接头的液态残余焊料和在接焊后清理的金属粉粒以及冷却水进入定子铁芯线棒绝缘中的保护措施。

（三）使用绝缘材料的注意事项

使用绝缘材料应经过耐压试验和其他检验合格，绝缘材料应防止受潮、脏污。

（四）检修过程的注意事项

（1）检修分解工作中被拆卸的零部件，应有明确的配合记号，注明配合记号、方向、部位。

（2）被拆卸的零件应按装配放置在工具袋或专用箱内，同时注明名称、规格数量、装配编号。

（3）油槽内部部件进行分解检修时，检修场地要铺塑料布或胶皮板，防止油污落地及零部件磕伤地面，同时应及时处理油污油布。

（4）检修部件应及早地全面检查其损坏、老化、变形情况，以便做好备品备件的供应工作。

（5）各种冷却器检修后必须进行严密性试验，单个冷却器的试验压力额定压力的1.25倍，试验时间为30min；回装后整体试验压力为额定压力的1.5倍，试验时间为30min，冷却器应无渗漏。

（6）分解检修油槽壁、油槽底，挡油管等回装后，必须进行煤油渗漏试验，正常大气压下保持8h，油槽无渗漏。试验结束后清除煤油。

（7）油水气法兰等拆卸后及时封堵。

（8）测量工具必须定期校验，使用前应检查其精度。

（9）发电机内外检修场地必须保持清洁。

（10）因检修出现的孔洞应及时设上围栏，并挂警示标志。

第三节　发电/电动机的故障处理

一、发电/电动机转子一点接地的处理

（一）故障现象

（1）上位机显示及语音报警“发电/电动机转子一点接地保护动作”“电气故障动作”。

（2）现地保护装置动作灯亮。

（二）原因分析

（1）转子引线绝缘老化。

（2）碳刷引线打铁。

（3）励磁系统污垢过多及碳刷处碳粉过多造成绝缘降低。

（4）工作人员在励磁回路上工作时，因不慎误碰或其他原因造成转子接地。

（5）转子滑环、槽及槽口、端部、引线等部位绝缘损坏。

（6）长期运行绝缘老化，因杂物或振动使转子部分匝间绝缘垫片位移，将转子通风孔局部堵塞，使转子绕组绝缘局部过热老化引起转子接地。

（7）鼠类等小动物窜入励磁回路，定子进出水支路绝缘引水管破裂漏水，励磁回路脏污等引起转子接地。

（三）处理过程

（1）检查装置的数据内容，判断转子是正极接地还是负极接地，是金属性接地还是非金属性接地。

（2）转子回路一点接地时，因一点接地不形成电流回路，故障点无电流通过，励磁系统仍保持正常状态，故不影响机组的正常运行。

（3）此时，运维人员应检查“转子一点接地”信号是否能够复归。若能复归，则为瞬时接地。若不能复归，通知检修人员检查转子一点接地保护是否正常。若正常，则可利用转子电压表通过切换开关测量正、负极对地电压，鉴定是否发生了接地。如发现某极对地电压降到零，另一极对地电压升至全电压（正、负极之间的电压值），说明确实发生了一点接地。

（4）检查转子滑环有无明显接地点。

（5）检查励磁各整流屏直流输出裸线部分及励磁开关有无明显接地点。

（6）如果故障无法消除，应立即联系调度转移负荷停机，分别测量励磁整流侧和转子侧绝缘，查到接地点通知检修处理。

（7）确认转子绕组接地，须立即停机。

（四）防范措施

（1）定期清理转子各引线，避免产生污垢和碳粉积累，保持转子引线清洁干净，经常测试转子绝缘电阻并保证在规定值范围内。如发现绝缘值下降，应立即查明原因并予以消除。

（2）定期做转子预防性电气试验，掌握发电/电动机转子绝缘情况，每次开机前用500V摇表（发电/电动机转子电压不同所用的表不一样）检测发电/电动机转子的绝缘电阻是否满足规程要求。

二、发电/电动机转子两点接地的处理

（一）故障现象

（1）上位机语音报警“转子一点接地保护动作”，上位机显示及语音报警“电气故障”。

（2）转子电流急剧增加或强行励磁动作。

（3）发电/电动机定子电压降低。

（4）机组有功功率可能降低，无功功率减少，发电/电动机进相运行，甚至失步。

（5）发电/电动机剧烈振动。

（6）发电/电动机失步振荡，风洞内可能有焦臭味。

（7）机组失磁保护可能动作，现地转子一点接地保护装置动作灯亮。

（二）原因分析

（1）转子引线绝缘老化。

（2）碳刷引线打铁。

（3）励磁系统污垢过多及碳刷处碳粉过多造成绝缘降低。

（4）工作人员在励磁回路上工作时，因不慎误碰或其他原因造成转子接地。

（5）转子滑环、槽及槽口、端部、引线等部位绝缘损坏。

（6）长期运行绝缘老化，因杂物或振动使转子部分匝间绝缘垫片位移，将转子通风孔局部堵塞，使转子绕组绝缘局部过热老化引起转子接地。

（7）鼠类等小动物窜入励磁回路，定子进出水支路绝缘引水管破裂漏水，励磁回路脏污等引起转子接地。

（三）处理过程

（1）上位机检查“事故一览表”“状态一览表”指示内容。

（2）相关保护未动作停机时，立即紧急停机；检查机组出口断路器、灭磁开关是否拉开，如未拉开，应立即拉开出口断路器及灭磁开关，解列事故机组停机。

（3）如发现着火时，立即进行发电/电动机灭火，机组停机后应测量转子绝缘。

（4）对发电机定子、转子、风洞、励磁系统等进行全面检查、处理。

（四）防范措施

（1）定期清理转子各引线，避免产生污垢和碳粉积累，保持转子引线清洁干净，经常测试转子绝缘电阻并保证在规定值范围内。如发现转子绝缘值下降，应立即查明原因并予以消除。

（2）定期做转子预防性电气试验，掌握发电/电动机转子绝缘情况，每次开机前用500V绝缘电阻表（发电/电动机转子电压不同所用的表不一样）检测发电/电动机转子的绝缘电阻是否满足规程要求。

三、发电/电动机冷、热风及定子线圈温度过高

（一）故障现象

（1）监控系统上位机出现发电/电动机冷、热风及定子线圈温度过高越限报警信号。

（2）机组现地控制单元触摸屏发电/电动机冷、热风及定子线圈温度过高报警。

（二）原因分析

（1）检查发电/电动机冷风温度计、冷风温度均升高，上部风洞内冷却器温度也升高，证明冷却水不足引起冷风温度升高警报。

（2）如果只有发电/电动机冷风温度计或巡检仪某个测点冷风温度升高警报，而风洞内冷却温度不高，此时证明测温仪表或测温元件失灵。

（3）在夏季室外温度、水温都较高，机组长时间处于满负荷运行，机组温度也升高，导致冷风温度升高而报警。

（三）处理过程

（1）根据上位机越限报警信号，调出机组水力机械图画面，检查发电/电动机冷、热风及定子线圈温度升高情况，机组总供水压力是否正常。

（2）调出数据库一览表，检查发电/电动机冷却水量是否正常。

（3）调出机组开、停机监视画面，检查发电/电动机定、转子电流是否增大，三相电流是否平衡，如因机组负荷引起，应请示调度适当改变机组出力。

（4）现场检查如下项目：①用机组现地控制单元触摸屏检测发电/电动机冷、热风及定子线圈温度是否异常越限；②检查发电/电动机冷风器运行情况，如不正常，

应按运行规范进行调整，如因阀门失灵等原因不能进行调整的，能用联络阀使两冷风器串联运行的，应串联运行；③检查技术供水主供水滤水器是否堵塞，并进行清扫；④如因发电/电动机冷风器大量跑水，或滤水器堵塞严重不能维持运行时，应立即汇报值长，请示调度停机；⑤夏季机组长时间满负荷运行而引起的，可提高冷却水压，但不允许超过规定值。

（四）防范措施

（1）检修过程中加强滤水器、冷风器疏通检修及打压试验。

（2）结合检修对运行时间较长存在锈蚀管路进行更换。

（3）加强对滤水器的巡视，按照运行规程的规定定期进行清扫。

（4）按照检修规程规定对冷风器进行定期更换。

四、导轴承瓦温越限

（一）故障现象

（1）监控系统上位机出现轴承瓦温越限随机报警信号。

（2）监控系统上位机自动弹出故障机组“光字牌监视图”，断水温度信号、机械故障信号光字牌点亮。

（3）机组现地控制单元触摸屏轴承瓦温越限报警。

（二）原因分析

（1）由于导轴承冷却水水压不足或中断造成冷却效果差，引起导轴承瓦温升高而警报。此时导轴承油槽油温较高，导轴承各瓦间温差较小。并有导轴承冷却水中断故障光字牌。

（2）由于导轴承瓦的标高调整不当（此时机组刚启动不久），或运行中的变化（此时机组振动较大）造成导轴承瓦之间受力不均，使受力大的导轴承瓦瓦温升高而警报。此时导轴承各瓦间温差较大。

（3）由于导轴承绝缘不良，产生轴电流，破坏油膜，造成导轴承瓦与镜板间摩擦力增大，使导轴承瓦温升高而警报。此时导轴承各瓦间温差较小，油色变深变黑，其他轴承也同样受影响。

（4）机组振动摆度增大引起导轴承瓦间受力不均，受力大的导轴承瓦瓦温升高而警报。此时导轴承各瓦间温差较大，相邻导轴承瓦间温度相差不大。

（5）由于导轴承油槽油质劣化或不清洁造成润滑条件下降，引起导轴承瓦温升高而警报。此时可能有轴电流，或有导轴承油槽油面升高。

（6）导轴承油槽油面降低引起润滑条件下降，造成导轴承瓦温升高。

（7）开停机时油压减载系统工作不正常引起润滑条件下降，造成导轴承瓦温升高。

（8）由于导轴承测温元件损坏、温度计或巡检仪故障引起误警报。

（三）处理过程

（1）值班人员根据上位机越限报警信号，调出机组水力机械图画面，检查机组轴承瓦温、轴承冷却水压、轴承冷却水量是否正常。对瓦温情况应加强监视，并做好事故预想。

（2）值长指派值班人员，现场检查如下项目：①用机组现地控制单元触摸屏检测轴承瓦温是否异常越限；②检查轴承油位、油色是否正常，油位异常时应检查轴承是否跑油或进水，如油色异常，应汇报值长，联系维护人员进行油质化验；③检查轴承冷却器给水压力是否正常，如不正常应按设备运行规范要求进行调整；④监听轴承运行是否有异音，并测量轴承摆度是否符合运行规范，有无增大情况；⑤检查机组是否运行在振动区域，如运行在振动区域，应汇报值长、请示调度，调整机组负荷避开此区域运行；⑥检查发电/电动机冷风温度是否正常，如由此而引起轴承温度不正常，应按设备运行规范要求进行冷风调整；⑦如轴承瓦温继续（急剧）升高，应立即汇报值长，联系调度停机。

（3）在导轴承瓦温故障的同时若有导轴承冷却水中断故障掉牌，应检查导轴承冷却水。若导轴承冷却水水压不足造成冷却效果差，应检查和处理调节阀和滤过器以及管路渗漏。若导轴承冷却水中断造成冷却效果差，应检查和处理常开阀和电磁阀。各导轴承瓦间温差较大，且机组振动摆度较大时，应考虑导轴承瓦的标高问题。

（4）由于导轴承瓦的标高调整不当或运行中的变化造成导轴承瓦之间受力不均，应紧急停机。停机后检修处理。

（5）在导轴承瓦温故障的同时若有轴电流故障掉牌，油色变深变黑。①应测量轴电流和化验油质。②监视导轴承轴承瓦温和油温温度运行或停机处理。③监视其他各油轴承的温度。④确系轴电流引起，应检修更换绝缘垫。

（6）导轴承瓦温升至故障、振动摆度较大，应尽快停机检查处理。

（7）导轴承油槽油质劣化或不清洁造成的导轴承瓦温升高，应化验导轴承油槽油质和检查导轴承油槽油面。待停机后处理，并进行换油和清扫油槽。若有导轴承泄槽油面升高，应检查冷却器和导轴承油槽内的供水管。

（8）轴承油槽油面下降引起的导轴承瓦温升高。①应检查油压减载系统，导轴承油槽的给排油阀是否有漏油之处，导轴承油槽的挡油板是否有油甩出，密封盘根处是否漏油，导轴承油槽液位计是否破碎漏油。②确系导轴承油槽漏油引起，应立即监视导轴承瓦温的高低和上升的速度的大小，正常停机或紧急停机。③停机后处理漏油点，并联系检修给油槽添油。

（9）开停机该启动油压减载系统时未启动或压力继电器失灵引起。

（10）以上各项无任何现象时，应检查测量和显示温度的零部件。

（四）防范措施

（1）结合机组各级检修、定检对导轴承进行维护、分解检查及清扫。

（2）结合检修，对运行时间较长存在锈蚀的管路进行更换。

五、技术供水总管压力异常

（一）故障现象

（1）监控系统上位机出现机组技术供水总管压力异常越限随机报警信号。

（2）监控系统上位机出现主供水滤水器故障报警信号。

（3）监控系统上位机自动弹出故障机组“光字牌监视图”，机械故障信号光字牌点亮。

（4）机组现地控制单元触摸屏技术供水总管压力异常报警。

（二）原因分析

（1）技术供水主供水滤水器堵塞，导致供水压力不足。

（2）技术供水总管路有漏水。

（三）处理过程

（1）值班人员根据上位机越限报警信号，调出机组水力机械图画面，检查机组各轴承供水情况、机组总供水压力是否正常。

（2）值长指派值班人员，现场检查如下项目：①检查机组各轴承供水情况能否满足要求，如不能，应按本规程有关规定及时采取相应措施；②如果是机组总供水压力过高情况，检查机组技术供水自控阀门工作是否正常，如因减压导阀失灵，应检查机组备用水投入，否则手动投入；③如果是机组总供水压力下降情况，还应检查主供水滤水器、泄压阀工作是否正常，如有堵塞、应进行清扫，如泄压阀失灵误开，应将其隔离阀关闭；④如因有大量跑水或滤水器严重堵塞，无法消除不能维持机组安全运行时，应立即汇报值长，请示调度停机。

（四）防范措施

（1）缩短滤水器手动清扫周期，运行期间每周进行两次。

（2）结合机组各级检修、定检对技术供水主供水滤水器进行分解检查及清扫。

（3）结合检修对运行时间较长存在锈蚀管路进行更换。

六、导轴承冷却水中断

（一）故障现象

（1）监控系统上位机出现轴承冷却水中断随机报警信号。

（2）监控系统上位机自动弹出故障机组“光字牌监视图”，断水温度信号、机械故障信号光字牌点亮。

（3）机组现地控制单元触摸屏轴承冷却水中断报警。

（二）原因分析

（1）导轴承技术供水滤水器堵塞，导致供水压力不足。

（2）技术供水总管路、导轴承供水管路有漏水。

（3）给、排水阀门误关或堵塞。

（三）处理过程

（1）值班人员根据上位机越限报警信号，调出机组水力机械图画面，检查机组轴承供水压力、流量及瓦温是否正常，轴承供水如不正常，应监视导轴承瓦温上升情况。

（2）值长指派值班人员，现场检查如下项目：①检查机组轴承供水压力是否下降，给、排水阀门位置是否正常；②检查技术供水总水压是否正常，总供水管路各阀门位置是否正常，水管路有无跑水或其他用水影响，应根据实际情况处理；③检查主供水滤水器是否堵塞，如有堵塞，应进行清扫。

（四）防范措施

（1）缩短滤水器手动清扫周期，运行期间每周进行两次。

（2）结合机组各级检修、定检对技术供水主供水滤水器进行分解检查及清扫。

（3）结合检修对运行时间较长存在锈蚀管路进行更换。

七、导轴承甩油

（一）故障现象

（1）油槽对口有油渗出。

（2）轴承油槽内壁主轴部分有大量油迹。

（3）油槽与上下机架连接法兰处渗油。

（4）导轴承密封盖周围有大量油迹。

（5）机组导油槽盖板处的油雾外溢及外甩油，造成机组导油槽油位在机组运行中呈下降的趋势变化，机组运行一段时间后，需对导油槽增补透平油。

（二）原因分析

（1）内甩油。由于挡油管与主轴轴领圆壁之间，因制造、运输、安装时的原因，产生不同程度的偏心，使工件之间的油环不均匀。如果该处间隙设计时取得很小，则相对偏心率就增大。这时，主轴轴领内壁带动其间静油旋转时，出现油泵效应，使润滑油产生较大的压力脉动，导致润滑油上行而出现甩油。另外，机组在运行过程中，由于旋转部位鼓风的作用，使得轴领内下侧至油面之间及挡油管与主轴之间的上部形成负压，把油面吸高，将润滑油及油雾而甩溅到主轴壁上，形成内甩油。

（2）外甩油。主轴轴领下部开有径向进油孔或开有与径向成某一角度的进油孔。当主轴旋转时，这些进油孔起着油泵的作用，把润滑油输送到轴瓦与轴领之间的空隙内及轴瓦之间的轴承油槽中。如果进油孔呈斜向布置，高速射油碰上工件后，一部分油会因其黏性而附着在工件上，另一部分会朝另一方向反射出去，到处飞溅，形成大量的雾状油珠。同时，由于主轴轴领的高速旋转，造成轴承油槽内油面波动加剧，从而产生许多油泡。当这些油泡破裂时，也会形成很多油雾。另外，随着轴承温度的升高，使油槽内的油和空气体积逐渐膨胀，从而产生一个内压。在内压的作用下，油槽内的油雾随气体从轴承盖板及其他缝隙处逸出，形成外甩油。

（3）油槽对口或法兰面密封垫老化。

（4）油槽对口面或法兰面有缺陷。

（5）导轴承油槽内油位过高。

（6）密封结构不合理。

（三）处理过程

1.内甩油

（1）在主轴轴领颈部上钻均压斜孔，孔径适当，按圆周等分，布置多个孔，使轴领内外通气平压，防上因内部负压而使油面被吸高甩油。

（2）加大轴领内侧与挡油管之间的间隙，使相对偏心率减小，从而降低了油面的压力脉动值，保持了油面的平衡，防止了润滑油的上窜。实际使用情况表明，轴领内侧与挡油管之间的距离增大，可使润滑油的搅动造成的甩油大幅度降低。

（3）加大挡油管顶端与油面的距离，避免运行中的润滑油在离心力作用下翻过挡油管溢出。

（4）加装稳油挡油环。运行时，稳油挡油环起着阻旋作用，增大了内甩油的阻力。部分甩出来的油通过挡油环上环板上的小孔回到轴承槽中，挡油环与挡油管之间呈静止状态，不会因主轴轴领的旋转运动而使油面波动。

（5）在形成负压的旋转部件外加装保护罩，降低该旋转部件搅拌而在轴承下部形成的负压，减小内甩油发生的可能。

2.外甩油

（1）合理选择油面零位，控制轴承油面在正常范围内，不要将油面加得过高。一般而言，导轴承正常静止油面不应高于轴瓦中心。油位过高，既对降低轴瓦温度无益，又会增大轴承甩油出现的可能性。

（2）合理确定进油孔中心与轴瓦中心的距离，这是因为导轴瓦的吸油点，如果太高，容易产生大量的气泡，从而增加甩油的可能性。

（3）在油槽内设稳流板。它的作用是将润滑油与旋转的轴领分隔开，使润滑油不受旋转件黏附作用的影响（油槽内的润滑油不跟轴领一起旋转或不被搅动），使油面较平稳，减少油泡的产生，并且稳流板还可以避免循环热油短路，这对控制轴承温度也有好处。

（4）在主轴轴领根部开径向进油孔，避免了开斜向孔，由于产生射油，造成油面紊乱、飞溅大、易甩油的缺陷。

（5）在轴承盖板与主轴配合处迷宫式密封。通过密封部位形成多次扩大与缩小的局部流体阻力，使渗漏的油气混合体的压力减小，从而防止油雾从密封盖与旋体之间泄漏。

（6）改善静密封面的密封结构，采用O型密封。

（7）处理好各密封面，清除凸点及凹痕等缺陷，使密封面具备工作条件。

（8）改善轴承动密封，立式机组轴承密封盖或卧式机组的油封可采用新型接触式密封，这种密封在密封面上开有类似梳齿迷宫环式的齿口，在其中上下的齿口内安装有弹簧和密封齿，密封齿采用非金属耐磨特种复合密封材料，密封材料具有自润滑特性，以及独特的分子结构，吸噪声、抗静电、比重轻、绝缘性能好，极高抗滑动摩擦能力、耐高温、耐化学物质侵蚀，材料自润滑性能优于用润滑油的钢或黄铜。密封齿沿圆周分布，每瓣均能与轴形成径向跟踪，靠弹簧的作用可实现径向前进1mm左右和后退3～5mm，在轴偏摆运行时，密封齿可通过弹簧的作用自动跟踪调整其与转轴之间的间隙，实现盖板与轴领之间的无间隙运行，密封盖在运行中不损伤轴领，也不引起转轴震动及轴温升高，从而保证机组运行中油槽盖内油雾无法外溢和甩油现象产生。

八、导轴承油冷却器漏水

（一）故障现象

（1）导轴承油槽内油位增高。

（2）油槽内的润滑油发生乳化，油色变为乳白色。

（3）导轴承绝缘下降，产生了轴电流。

（二）原因分析

1.铜管渗漏

（1）导轴承冷却器在运输及检修吊运过程中发生磕碰，使铜管受伤，形成破坏源。

（2）检修过程中工作人员疏忽，工器具将铜管碰伤，形成破坏源。

（3）油冷却器胀管时，胀管器插入过深，超过承管板，使承管板后一段长度的铜管形成环形变径。变径处存有环形集中应力及微观加工缺陷；胀管时力度控制不当，用力过小使铜管与承管板接触不紧密，容易发生渗漏；胀管力度过大，铜管与承管板接触处管壁过薄，形成破坏源。

以上情况随着水流的冲刷及机组长期振动使微观缺陷即破坏源处形成疲劳破坏，逐渐深化形成裂纹。

2.油冷却器水箱渗漏

（1）油冷却器水箱端盖螺栓紧固力不均匀时，水会从紧固力较小的螺栓根部渗出。

（2）油冷却器水箱端盖螺栓紧固力不足，密封垫老化，水箱密封面有凸点或较深贯通伤痕时，冷却水容易从油冷却器水箱盖处渗出。

（三）处理过程

导轴承冷却器漏水故障发生后，需要机组停机，导油槽排油，打开导油槽盖，将冷却器吊出导轴承油槽运到专门的检修场地进行检修。具体的处理方法在模块6中作详细介绍。

九、导轴承油冷却器堵塞

（一）故障现象

（1）导轴承瓦温、油温非常高，甚至达到报警温度。

（2）油冷却器冷却水压下降，增加阀门开度，冷却效果仍没有明显好转。

（3）油冷却器给水、排水温差很大，排水温度很高。

（4）打开冷却器水箱端盖，水箱内充满锈泥。

（二）原因分析

（1）导轴承油冷却器长期没有进行清洗，水流将水箱内防腐漆冲刷腐蚀掉后，形成锈蚀，附着在水箱内，锈蚀阻碍水流通道，减缓水流流速，使杂质便于停留并附着在锈蚀表面，从而增加了水流阻力。如此循环下去，经过长时间的积累，冷却器内越堵越严重。

（2）水质比较差，水中含杂质泥沙较多，加速了锈蚀情况的恶化。

（3）水压较低，较低的水压减弱了水流带走杂质泥沙的能力，同时低压水流无法破坏锈蚀的形成和扩大。

（三）处理过程

（1）经常清洗油冷却器，油冷却器清洗方法如下：①打开油冷却器水箱端盖，用钢丝刷、扁铲等工具去除水箱内水垢及锈蚀，用抹布擦拭干净后，均匀刷防腐漆；②用白布清扫铜管内外水垢，用风管吹扫铜管内部。

（2）改善水质。在导轴承冷却器进水口前端安装滤水器，滤除较大杂质，并经常清洗滤水器。

（3）保证油冷却器有较高的供水压力，破坏锈蚀形成的条件。

十、机组潜动

（一）故障现象

（1）监控系统上位机出现机组潜动随机报警信号。

（2）机组现地控制单元测速装置转速不为零。

（二）原因分析

（1）导叶严重漏水，机组发生潜动，被水冲转。

（2）导叶开关过快，使剪断销受冲击剪切力而剪断。

（3）蝶阀未全关，导叶被杂物卡住，导叶未全关。

（三）处理过程

（1）值班人员根据上位机随机报警信号，调出机组水力机械图，确认机组转动情况。

（2）值长指派值班人员，现场检查如下项目：①检查测速装置转速不为零后，确认机组潜动，应检查机组高压油顶起装置、制动风闸自动投入，否则手动投入；②如机组导叶漏水量过大，应根据机组当前运行水头确定风闸制动时间，确无潜动可能解除风闸；③检查机组导叶是否全关，导叶剪断销有无剪断，调速系统工作是否正常；④检查蝶阀油压系统工作是否正常，蝶阀位置是否正确。

（四）防范措施

（1）结合机组各级检修调整导叶压紧行程，控制导叶漏水量。

（2）举一反三，对其他机组导叶剪断销进行仔细检查，并加强设备巡回检查，发现问题及时处理。

十一、导轴承油位异常

（一）故障现象

（1）监控系统上位机出现导轴承油位异常随机报警信号。

（2）监控系统上位机自动弹出故障机组“光字牌监视图”，油位异常信号、机械故障信号光字牌点亮。

（3）机组现地控制单元触摸屏导轴承油位异常报警。

（二）原因分析

（1）导轴承油槽进水，冷却器管路磨损漏水造成导轴承油槽油面升高。

（2）导轴承油槽供、排油阀关闭不严或油阀误开，造成导轴承油槽油面异常。

（3）运行中导轴承油槽密封盘根老化，长期漏油引起导轴承油槽油面下降。

（4）导轴承油槽取油阀关闭不严漏油，造成导轴承油槽油面下降。

（5）高压油顶起装置系统漏油引起推力油槽油面下降。

（三）处理过程

（1）值班人员根据上位机随机报警信号，调出机组水力机械图，检查机组导轴承油位、瓦温变化情况，同时检查导轴承冷却器供水压力是否超运行规范。

（2）值长指派值班人员，现场检查如下项目：①如果导轴承油位升高，检查油色是否正常，导轴承冷却器供水压力是否超运行规范、阀门位置是否正确；②如果导轴承油位降低，检查导轴承是否有漏油，导轴承排油阀及取油阀是否关闭良好。

（3）检查推力油槽油面确实下降，应首先监视导轴承温度的大小和上升速度快慢，若推力轴承温度较高应正常停机；若推力轴承温度较高且上升速度较快应紧急停机；若推力轴承温度不是很高和上升速度不快，应检查推力油槽是否有明显漏油之处。若能处理设法处理，联系检修添油，使油面合格。

（4）运行中导轴承油槽密封盘根老化，长期漏油引起导轴承油槽油面下降，结合机组各级检修处理油槽密封盘根。

（5）高压油顶起装置系统漏油引起推力油槽油面下降，及时处理高压油顶起装置系统漏油部位。

（6）导轴承冷却器漏水故障发生后，如油色异常、应联系维护人员进行油质化验，需要机组停机，导油槽排油，打开导油槽盖，将冷却器吊出导轴承油槽运到专门的检修场地进行检修。

（四）防范措施

（1）结合机组各级检修、定检对导轴承进行维护、分解检查及清扫。

（2）结合检修对运行时间较长存在锈蚀管路进行更换。

第十章　水轮机设备改造

第一节　水轮机调速器的改造

一、安装规范

在水电厂设备的改造过程中，经常会遇到水轮机调速器的更换工作。水轮机调速器的更换，有的伴随主机设备的改造进行，如更换水轮机转轮、主机增容改造等，因新机组出力的增大，使得水轮机导水机构操作力矩增加，原调速器已不能适应主机设备的要求，只能被动地更换，有的则因为调速器本身运行时间较长、太过陈旧，加之缺陷较多，已经达不到系统的要求，也应适时更换。

（一）水轮机调速器形式及工作容量的选择

水轮机调速器是水电厂综合自动化的重要基础设备，其技术水平和可靠性直接关系到水电厂的安全发电和电能质量。所以，当机组容量较大，在系统中承担调频任务，更换调速器时，应选择调节品质好、自动化程度高的调速器，当机组容量小，在系统中地位不重要，长时间承担基荷时，可以从实际出发，选择自动化程度相对较低的调速器。

对于增容改造的机组，特别是导叶接力器容积发生改变的机组，要重新计算选择调速器的工作容量。大型调速器工作容的选择主要是选择合适的主配压阀直径。调速器的更新改造应根据现场实际需要合理选择。选择结构先进、使用可靠的调速器能大大减轻今后运行与维护的工作量。

（二）更换调速器的注意事项

（1）各项性能指标及可性较好，能满生产和工艺要求。

（2）结构合理，零件标准化、通用化，工艺先进，使用、维修方便。

（3）安全保护装置、调节置、专用工具齐全可。

（三）调速器系统的安装与调试要求

（1）凡需进行分解的调速器，其各部件清洗、组装、调整后的要求。①飞摆电动机和离心飞摆连接应同心，转动应灵活。菱形离心飞摆弹簧底座相对于钢带上端支座的摆度、径向和轴向均不应大于0.04mm。②缓冲器活塞上下动作时，回复到中间位置最后1mm所需时间，应符合设计要求；上下两回复时间之差，一般不大于整定时间值的10%。测量调速器的缓冲托板位于中间及两端三个位置时的回复时间。缓冲器支撑螺钉与托板间应无间隙。缓冲器从动活塞动作应平稳，其回复到中间位置的偏差不应大于0.02mm。③水轮机调速柜内各指示器及杠杆，应按图纸尺寸进行调整，各机构位置误差一般不大于1mm。④当永态转差系数（残留不均衡度）指示为零时，回复机构动作全行程及转差机构的行程应为零，其最大偏差不应大于0.05mm。校核该行程应与指示器的指示值一致。⑤导叶和桨叶接力器处于中间位置时（相当于50%开度），回复机构各拐臂和连杆的位置，应符合设计要求，其垂直或水平偏差不应大于1mm/m。

（3）调速器机械部分调整试验。①调速系统第一次充油应缓慢进行，充油压力一般不超过额定油压的50%；接力器全行程动作数次，应无异常现象。油压装置各部油位，应符合设计要求。②手动操作导叶接力器开度限制机构，指示器上红针与黑针指示应重合，其偏差不应大于2.0%。调速柜内指示器的指示值应与导叶接力器和桨叶接力器的行程一致，其偏差前者不应大于活塞全行程的1%，后者不应大于0.5%。③导叶、桨叶的紧急关闭时间及桨叶的开启时间与设计值的偏差，不应超过设计值的±5%；但最终应满足调节保证计算的要求。导叶的开启时间一般比关闭时间短20%～30%。关闭与开启时间一般取开度75%～25%之间所需时间的2倍。④事故配压阀关闭导叶的时间与设计值的偏差，不应超过设计值的±5%；但最终应满足调节保证计算的要求。⑤从开、关两个方向测绘导叶接力器行程与导叶开度的关系曲线。每点应测4～8个导叶开度，取其平均值；在导叶全开时，应测量全部导叶的开度值，其偏差一般不超过设计值的±2%。⑥从开、关两个方向测绘在不同水头协联关系下的导叶接力器与桨叶接力器行程关系曲线，应符合设计要求，其随动系统的不准确度应小于全行程的1%。⑦检查回复机构死行程，其值一般不大于接力器全行程的0.2%。⑧在额定油压及无振荡电流的情况下，检查电液转换器差动活塞应处于全行程的中间位置，其行程应符合设计要求；活塞上下动作后，回复到中间位置的偏差，一般不大于0.02mm。⑨电液转换器在实际负荷下，检查其受油压变化的影响。在正常使用油压变化范围内，不应引起接力器位移。⑩在蜗壳无水时，测量导叶和桨叶操作机构的最低操作油压，一般不大于额定油压的16%。

二、拆除旧调速器

水轮机调速器一般整体拆除，在进行必要的停机、停电、排压、排油等安全措施后，即可将其拆除。水轮机调速器整体拆除工作流程如下:

（1）对集油槽进行排油。

（2）将旧调速器及管路内的压力油全部排掉。

（3）拆除电气回路接线。

（4）拆除调速器主供油管及回油管、接力器开闭侧油管以及渗漏油管路。双重调节调速器还应拆除桨叶接力器开闭侧管路。拆除时，注意检查管路内有无存油，及时排净，避免污染地面。

（5）拆除机械反馈杆件等其他所有附件。

（6）拆除旧调速器基础固定螺栓。

（7）整体吊出调速器，报废或交有关部门保管。

三、建立新调速器基础并安装到位

（一）调速器基础的安装

（1）安装基础架。一般调速器的基础部件都是埋设在楼板的混凝土内。按预留的孔将基础架安装就位，基础架的高程和水平应符合安装要求，高程偏差不超过-5～0mm，中心和分布位置偏差不大于10mm，水平偏差不大于1mm/m。调整用的楔子板应成对使用，高程、水平调整合格后埋设的千斤顶、基础螺栓、拉紧器、楔子板、基础板等均应点焊牢固，然后浇筑混凝土。基础牢固后，复测基础的高程和水平。对于老电厂更换调速器，就不需要重新安装基础架，利用原来的基础架装过渡压板，同样必须校正水平和点焊牢固。

（2）安装底板。出厂时，主配压阀和操作机构等与底板是组装好的，一般在现场不必重新解体。因此，可根据安装图将组装好的底板和主配压阀一起吊装至基础架上固定，吊装时应注意方位和校底板水平。

（二）管路的配制

（1）先将弯管组件分别按安装图装好，再配制调速器与油压装置及接力器的连接管道。

（2）管道安装前应先对管道内部用清水或蒸汽清扫干净，一般压力油连接管路均使用法兰连接，管道的安装一般应先进行预装，预装时检查法兰的连接、管路的水平、垂直及弯曲度等是否符合要求。预装完毕后，可先将管路拆下，正式焊接法兰。新焊接的管路内部必须清扫干净。然后再进行法兰的平面检查及耐压试验等工作。法兰连接需要采用韧性较好的垫料，同时也要有平整的法兰接触面，以免渗漏。

（三）注意事项

（1）所有零部件的装配，都必须符合有关图纸的技术要求。装配前，所有零部件都必须清洗干净。特别是液压集成的阀盖和主配压阀及其他有内部管道的零部件，都要用压缩空气吹净暗管内杂质并用汽油反复冲洗干净。

（2）各处O形密封垫均不得碰伤或漏装。

（3）主配压阀的阀体和底板连接。先将密封垫装置阀体和底板之间，然后将阀体和底板用螺栓连接牢固，再连接阀体侧面的法兰和管道等。

（四）机械液压系统的拆装和清洗

（1）拆卸和清洗柜内全部零件，用汽油清洗后并用压缩空气吹净，用清洁布包好待装。按主配压阀和操作机构的总装配图，从上至下进行解体、清洗。

（2）对主配压阀阀体、活塞、引导阀衬套、引导阀活塞和复中活塞、复中缸体等精密零件千万要仔细，切勿碰伤。特别是主配压阀和引导阀活塞的控制口锐边千万不要碰伤。

（3）部件拆卸前必须了解它的结构，当无图纸时，可先拆卸而待结构全部了解后，再进行组装。

（4）对于相互配合的零件，若无明显标志，在拆卸前应做好相对记号。

（5）对于相同部件的拆卸工作，应分两处进行，以免搞混。

（6）对于有销钉的组合面，在拆卸前应先松开螺栓，后拔销钉，在装配时应先打销钉后紧螺栓。拆卸下来的螺栓与销钉，当部件拆卸后应拧回原来位置，以免丢失。

（7）机件的清洗应用干净的汽油和少毛的棉布进行。对较小的油孔应保证畅通。

（8）机件清扫完毕，应用白布擦拭后妥善保管，最好立即组合。组合前，检查零件有无毛刺，如有应使用油石与砂布研磨消除。

（9）组合前零件内部应涂润滑油，组合后各活动部分动作灵活而平稳。

（10）各处采用的垫的厚度，最好与原来一样，以免影响活塞的行程。

（11）组合时，应按原记号进行，组合螺栓及法兰螺栓应对称均匀地拧紧。

四、调试

（一）调速器机械部分检查与调整

（1）机械部分分解检查，将所有零件的锈蚀部位处理好，清扫干净后重新组装，组装后各部件应动作灵活。

（2）新配制的油管路应清扫干净，管路连接后应无渗漏点。

（3）压力油罐油压、油面正常。油压装置工作正常。

（4）调速器充油。将压力油罐的油压降至0.5倍额定油压以下，缓慢向调速器充油，检查调速器的各密封点在低油压下应无渗漏现象。利用手操机构手动操作调速器，使接力器由全关到全开往返动作数次，排除管路系统中的空气，同时观察接力器的动作情况，应无卡滞。

（二）充水前调整项目

（1）调速器零位调整。

（2）最低油压试验。手动调整压力油罐的压力，使压力油罐的压力逐渐下降，同时利用机械手操机构，手动操作调速器，使接力器反复开关，得出能使接力器正常开、关的最低油压。

（3）导叶开度与接力器行程关系曲线的测定。

（4）接力器直线关闭时间测定。

（三）充水后试验

（1）手动空载转速摆动测量。机组手动开机至空载额定工况运行，测量机组转速，观察3min，记录机组转速摆动的相对值；将励磁投入，机组在手动空载有励磁工况下，观察3min机组转速摆动的情况。转速摆动的相对值应小于0.15%。

（2）自动空载转速摆动测量。调速器参数整定为空载运行参数，自动开机至空载额定转速，开机过程采用录波器录制开机过程（转速、行程）。当机组转速达到额定时，测量机组转速3min，记录机组转速摆动相对值，不应超过额定转速的0.15%。

（3）空载扰动试验。机组在空载无励磁的工况下运行，选择不同的调节参数，分别用频给键给定扰动信号，由48～52Hz、52～48Hz，观察并记录机组转速和接力器行程的过渡过程。根据过渡过程确定最佳的空载运行参数。

（4）带负荷72h运行试验。调速器及机组所有试验全部完成，拆卸全部试验设备，机组恢复正常运行状态，带负荷72h运行，期间对设备进行定期检查，应无异常。

五、验收

（1）产品应按照规定程序批准的图纸和文件制造。大、中型电液调节装置在交货前，应按有关标准以及订货合同的要求，由用户组织专门力量进行验收。验收的程序、技术要求及负责单位，应在产品订货合同中加以明确。

（2）设备运到使用现场后，应在规定的时间内，在厂方代表在场或认可的情况下，进行现场开箱检查。检查应包括以下内容：①产品应完好无损，品种和数量均符合合同要求；②按合同规定，随产品供给用户的易损坏件及备品备件齐全，并具有互换性；③随产品一起供给用户的技术文件包括产品原理、安装、维护及调整说明书，产品原理图、安装图及总装配图，产品出厂检查试验报告、合格证明书装箱单。

（3）电液调节装置经现场安装、调整、试验完毕，并连续运行72h合格后，应对其进行投产前的交接验收，验收内容如下：①各项性能指标均符合要求；②设备本体完好无损，备品、备件、技术资料及竣工图纸、文件齐全（包括现场试验记录和试验报告）。

第二节　油压装置的改造

一、安装规范

在水电厂设备改造过程中，经常会进行油压装置全部或部分的更换改造工作，油压装置的更换，有的是伴随着主机的设备改造进行的，如更换水轮机转轮、主机增容改造等，因新机组出力的增大，使得水轮机导水机构操作力矩增加，必须提高油压装置的压力等级，而原压力油罐设计压力不能满足要求，只能进行更换。有的则是因为油压装置本身运行时间较长、部分设备太过陈旧，加之缺陷较多，已经达不到系统的要求，也应适时进行改造。对油压装置整体更换的情况很少见，但部分设备如压油泵、阀组、自动化元件、充排风组件的更新改造，由于新工艺、新材料的应用，在各个电厂经常进行。

对油压装置的安装与调试有下列要求：

（1）回油箱、漏油箱应进行注水渗漏试验，保持12h，无渗漏现象。压力油罐做严密性耐压试验。安全阀、止回阀、截止阀应做煤油渗漏试验，或按工作压力用实际使用介质进行严密性试验，不应有渗漏现象。

（2）油泵、电动机弹性联轴节安装找正，其偏心和倾斜值不应大于0.08mm。在油泵轴向电动机侧轴向窜动量为零的情况下，两联轴器间应有1～3mm的轴向间隙。全部柱销装入后，两联轴器应能稍许相对转动。

（3）调速系统所用油的牌号应符合设计规定，使用油温不得高于50℃。

（4）油泵电动机试运转，应符合下列要求：①油泵一般空载运行1h，并分别在25%、50%、75%、100%的额定压力下各运行15min，应无异常现象；②运行时，油泵外壳振动不应大于0.05mm，轴承处外壳温度不应大于60℃；③在额定压力下，测量并记录油泵输油量（取3次平均值），不应小于设计值。

（5）油压装置各部件的调整，应符合下列要求：①安全阀动作时，应无剧烈振动和噪声；②油压降低到事故低油压时，紧急停机的压力信号器应立即动作，整定值应符合设计要求，其动作偏差不得超过整定值的±2%；③连续运转的油泵，其溢流阀的动作压力应符合设计要求；④压力油罐的自动补气装置及回油箱的油位发信装置，应动作准确可靠；⑤压油泵及漏油泵的启动和停止动作，应正确可靠，不应有反转现象；⑥压力油罐在工作压力下，油位处于正常位置时，关闭各连通阀门，保持8h，油压下降值不应大于0.15MPa（$1.5kgf/cm^2$），并记录油位下降值；⑦压力油罐的制造、焊接和检查必须符合《压力容器监察规程》等有关规定。

二、拆除旧油压装置

（一）油压装置整体更换

（1）所需安全措施。①机组停机。②断开压油泵控制及动力电源。③压力油罐排压至零。④彻底排净压力油罐及回油箱内的透平油。

（2）油压装置拆除。①与电气人员配合拆除各种表计，如有再利用价值，交有关部门保管。②拆除油泵电动机接线，拆除电动机、油泵的基础螺栓，拆除油泵连接管路，整体吊出电动机及油泵，报废或交有关部门保管。③拆除回油箱、压力油罐所有与外界连接的油、水、风管路、阀门。管路、阀门拆除时，要注意随时检查管路、阀门是否有未排净的存油，做好防护措施，防止污染地面。较重管路拆除应有起重人员配合，注意防止人员伤害。④拆除压力油罐基础螺栓，整体吊出压力油罐。⑤拆除回油箱。大多数情况下，回油箱被浇筑在混凝土内，需进行适当的开挖，必要时可破坏性拆除。

（二）压油泵及阀组更换

（1）所需安全措施。①机组停机。②断开压油泵控制及动力电源。③压力油罐排压至零。④彻底排净回油箱内透平油（如为单项工程，且油泵出口阀不更换，压力油罐可不排油）。

（2）压油泵及阀组拆除。①拆除油泵电动机接线，拆除电动机、油泵基础螺栓，拆除油泵连接管路，整体吊出电动机及油泵，报废或交有关部门保管。②拆除阀组，报废或交有关部门保管。③拆除其余残余附件，将拆除后的各基础部位打磨平整。

（三）其他附件的改造

（1）所需安全措施。根据工作需要采取相应的停机、停电、停泵措施。

（2）设备拆除。拆除要更换的设备，封堵或处理各孔洞。

三、建立新油压装置基础并安装到位

（一）油压装置安装

（1）基础处理。首先根据回油箱的安装尺寸及各管路布置方位，确定基础的开挖范围。安装位置的确定应绝对保证基础楼板能够承受充油运行后油压装置的总重。不确定时应经过水工专业人员来确认，必要时加固处理。开挖范围确定后，由水工人员进行开挖。用槽钢制作基础架，吊入基础坑中调整方位、水平，调整好后与基础充分固定。对基础浇筑的混凝土进行养生。

（2）回油箱吊装、固定。混凝土具备安装强度后，即可吊入回油箱。回油箱调整水平合格后，与基础架焊接固定，进行二次灌浆。

（3）压力油罐吊装、固定。将压力油罐吊入安装位置，调整水平，紧固基础螺栓。注意做好压力油罐基础法兰密封，防止运行后出现渗油现象。

（4）油泵、阀组及其他管路附件安装。由于油压装置进行整体更换，油泵、阀组安装位置在回油箱出厂时就已确定，甚至已经安装就位，只需对其进行检查、清扫就可以了。管路、阀门的配制、安装应遵循简洁、美观、合理的原则，特别注意配制好的管路、阀门在安装前要进行彻底清扫。需安装的管路主要有油泵、阀组相关管路，调速器供油、回油管路，回油箱充油、排油管路，压力油罐充风、排风管路，漏油装置管路，压力油罐排油管路，压力油罐表计附件管路等。

（二）压油泵及阀组安装

压油泵及阀组的更换，在一些水电厂经常进行。由于新压油泵及阀组与原压油泵及阀组可能存在较大差异，需重新制作基础板及配制管路。以下为卧式油泵及阀组安装步骤：

（1）油泵安装。①在回油箱表面确定油泵的安装位置并进行测绘，用角磨机处理回油箱表面基础位置，应无伤痕、高点等。②焊接油泵新的基础板，用水平仪进行测量，水平度不大于0.10mm/m。③安装油泵找正并用螺栓将油泵固定。④将电动机与基础板用螺栓连接在一起。⑤根据油泵主轴中心位置测绘电动机的安装位置，将基础板与电动机定位；测量油泵与电动机的同心度，应不大于0.05mm；否则，用加铜皮方式调整轴心低的一侧高度，并进行测量。⑥按照油泵位置进行管路配制，管口插入法兰倒槽内进行焊接，然后将管路与油泵加密封垫后用螺栓连接牢固。⑦手动转动电动机与油泵联轴器，应转动灵活，无忽重忽轻现象。

（2）组合阀安装。①根据油泵和管路的方位对组合阀位置进行测绘。②将组合阀底座支架进行焊接固定，用水平仪测量，水平度不大于0.10mm/m。③将组合阀放到支架上，按照管路方位摆正，测量其水平度满足要求后，进行点焊固定。④管路配制，管口插入法兰倒槽内进行焊接，然后将管路与油泵加密封垫后用螺栓连接牢固。

（3）其他附件的改造。油压装置其他附件的改造，多为一些小的附件的改动，如油面计、压力开关、充排风部件，可根据具体改造要求灵活施工，只要保证施工工艺正确就可以了。

四、调试

（一）压力油罐耐压试验

压力油罐安装完毕后，必须按规定进行耐压试验，试验压力为1.25倍额定压力。试验压力下，保持30min，试验介质温度不得低于5℃。检查焊缝有无泄漏，压力表读数有无明显下降。如一切正常，再排压至额定值，用500g手锤在焊缝两侧25mm范围内轻轻敲击，应无渗透现象。

（二）油压装置密封性试验及总漏油量测定

压力油罐的油压和油位均保持在正常工作范围内，关闭所有对外连通阀门，升压0.5h后开始记录8h内的油压变化、油位下降值及8h前后的室温。

（三）油泵试运转及输油量检查

油泵运转试验。启运前，向泵内注入油，打开进、出口压力调节阀门，安全阀或阀组均应处于关闭状态。空载运行1h，分别在25%、50%、75%额定油压下各运行10min，再升至额定油压下运行1h，应无异常现象。

（四）零压点给定转速油泵输油量测定

试验时，进出口压力调节阀门全开（进口压力指示不大于0.03MPa、出口压力指示不大于0.05MPa，则视为进、出口压力示值为零），按压力点油泵输油量测定方法测定零压点实测油泵输油量。

（五）安全阀调整试验

启动油泵向压力油罐中送油，根据压力油罐上压力表测定安全阀开启、关闭和全关压力。重复测定三次，结果取平均值。

（六）卸荷阀试验

调整卸荷阀中节流塞的节流孔径大小，改变减荷时间，要求油泵电动机达到额定转速时，减荷排油孔刚好被堵住，如从观察孔看到油流截止，则整定正确。

（七）油压装置各油压、油位信号整定值校验

人为控制油泵启动或压力油罐排油、排气，改变油位及油压，记录压力信号器和油位信号器动作值，其动作值与整定值的偏差不得大于规定值。

（八）油压装置自动运行模拟试验

模拟自动运行，用人为排油、排气方式控制油压及油位变化，使压力信号器和油位信号器动作，以控制油泵按各种方式运转并进行自动补气。通过模拟试验，检查油压装置电气控制回路及油压、油位信号器动作的正确性。不允许采用人为拨动信号器触点的方式进行模拟试验。

五、验收

（1）用户组织专门技术人员按照订货的技术要求进行验收。

（2）在厂方代表在场的情况下进行现场开箱检查，包括油泵、组合阀本体完好无损，数量和形式符合合同要求；检查随机供给的密封件及备品备件齐全，并有互换性。随新产品供给的技术文件包括油泵、组合阀原理、安装、维护及调整说明书、原理图、安装图及总装配图；油泵、组合阀出厂检查试验报告、合格证书及装箱单。

（3）现场安装调试后，连续运行若干小时，合格后按照油泵、组合阀说明书及验收规范进行验收。

（4）压力油罐、回油箱、油泵、组合阀完好无损，备品备件、技术资料、竣工图纸齐全、准确（包括现场试验记录和试验报告）。

（5）油压装置进行技术改造，投入运行后还应检查设备的工作状态，具体有以下项目：①压力油罐的油压、油位应正常，回油箱的油位正常。②压油泵一台运行，一台备用；油泵启、停间隔时间无显著变化，动作良好；油泵及电动机声音正常，无

剧烈振动。③电接点压力表（或压力信号器）和安全阀空载动作正常；磁力启动器无异响，启动时无跳动。④各管路阀门位置正确，无漏油。

第三节　压缩空气系统的改造

一、安装规范

一般情况下，空气压缩机更换是在原系统升压、原空气压缩机损坏不具备修复价值或设备更新改造要求的情况下进行。更换或改造应在充分论证的基础上进行。

应根据现场实际需要合理选择空气压缩机形式、压力等级、排气容量、电压等级、冷却方式等。对空气压缩机形式、结构的正确选择，是关系到今后使用和维护的一个重要方面，故在选型购置时，必须考虑下列因素：

（1）各项性能指标及可靠性较好，能满足生产和工艺要求。

（2）结构合理、零件标准化、通用化，工艺先进，使用、维修方便。

（3）安全保护装置、调节装置、专用工具齐全、可靠、先进，无跑、冒、滴、漏现象。

设备到货后，应尽快会同有关部门和电气、仪表、设备的安装人员和订货、保管人员等共同开箱验收。按照装箱单、使用说明书及订货合同上的要求，认真检查设备各部位的外表有无损伤、锈蚀（有条件的，应拆封清洗、检查验收设备内部）；随机零部件、工具、各种验收合格证，以及安装图纸（包括易损件图纸）、技术资料等是否齐全。同时，应做好验收记录。对于从国外引进的设备或重要零部件如曲轴、连杆、活塞杆、连接螺栓等，应仔细检查并做无损探伤。发现问题，应当场拍照和记录，及时报有关部门处理。如验收后暂时不安装，可重新涂油，按原包装封好入库保存。

安装空气压缩机前，负责安装的技术人员和操作者必须熟悉设备技术文件和有关技术资料，了解其结构、性能和装配数据，周密考虑装配方法和程序。绝大部分空气压缩机在制造厂内进行了严密的装配和试验，安装时最好不要拆卸、解体，以免破坏原装配状态，除非制造商提供的技术文件中有详细的允许拆卸的说明。回转空气压缩机出厂时已组成整套装置，并经试验检验合格。安装时，仅需按厂家说明，进行整体安装。

安装时，应对接合部位进行检查，如有损坏、变形和锈蚀现象，应处理后安装。

安装用的工具必须适当，如旋紧螺纹时，应适用于其相符的扳手，不应使用活扳手或其他工具代替；有预紧力矩要求的螺纹连接，应按规定力矩旋紧，严禁过松或过紧；对没有预紧力矩要求的螺纹也应按相应的材料和用途确定预紧力矩，以免松紧失当。

安装后，应认真检查安装精度是否符合技术文件和有关规定的要求，并应做检测记录。密闭容器、水箱、油箱在安装前应进行渗漏检查。

空气压缩机的吊装应确保安全，使用合理的吊装设备和工具。应特别注意机件上的各种标记，防止错装、漏装。对安装说明书中的警示、警告应特别注意。

空气压缩机安装后，必须明显标示旋转方向。对所有可能危害人身的运动部件应装设保护装置。对温度超过80℃的管路应采取防护措施。气体、液体排放装置的排放口不应威胁人身安全。

对空气压缩机，一般还有下列要求：

（1）空气压缩机应安装在周围环境清凉的地方。若必须把空气压缩机安装在炎热和多尘的环境，则空气应通过一个吸入导管，从尽可能清凉少尘的地方吸入，并尽可能降低吸入空气的湿度。

（2）吸入的空气不应含有导致内燃或爆炸的易燃烟气或蒸汽，如涂料溶剂的蒸汽等。

（3）风冷空气压缩机应安装在冷却空气能畅通的地方。

（4）空气压缩机周围应留有适当的空间，便于进行必要的检查、维护和拆卸。

（5）为了维护和试运行的安全，应能单独对一台空气压缩机进行停机和开机，而不影响其他空气压缩机运行。

（6）空气压缩机的吸气口应布置在不易吸入操作人员衣服的位置，以避免造成人身伤害。

（7）未配有吸入空气过滤器或筛网系统的空气压缩机，不能安装和使用。

（8）输入功率大于100kW的空气压缩机，当过滤器中灰尘或其他物体积聚会引起两端压力降显著增加时，其每个吸入空气过滤器都应装设压力降指示装置。

除以上要求外，进气和排气管路，进、出水管路和电力线等，都应与空气压缩机上的管路直径和电力线的通流面积匹配，并应连接可靠，走向合理美观、维修方便。

空气压缩机排气口至第一个截止阀之间，必须装有安全阀或其他压力释放装置，并保证安全阀能定期校验。在管路（特别是气体进、排气管路）的最低处，应安装排放管，且保证启闭方便。

二、拆除旧空气压缩机

旧空气压缩机的拆除，如旧空气压缩机已停用，则需断开电源，挂好标示牌，使机器无法运行。断开机器与其他任何气源的连接，并释放空气压缩机系统内的压力；水冷式空气压缩机应断开冷却水源，排净空气压缩机内部冷却水。如旧空气压缩机仍在运行，则需在有备用气源可靠供气的前提下将设备停用。设备退出运行后，即可将其整体或分解拆除。

三、建立新空气压缩机

移动式空气压缩机无须建立基础，直接与压缩空气系统建立固定或可拆卸的管路连接即可。

非移动式空气压缩机则需根据技术要求进行安装。

（一）无基础空气压缩机的安装

一般中、小型回转空气压缩机，小型的往复式活塞空气压缩机，以及制造厂专门提供的无基础空气压缩机都属于这一类，安装工作应按下述步骤进行:

（1）按空气压缩机室平面布置图或预定的安装位置先确定机器的方位，然后处理地面（若地面是大于100mm厚的混凝土地面即可进行下步）。

（2）在地面上用墨线画出空气压缩机拟安装位置的轴线，将空气压缩机搬运到预定位置，使空气压缩机的纵、横轴线与地面墨线重合，并在空气压缩机底座下垫橡胶板或木板，检查空气压缩机位置是否合理和操作维护是否方便。若位置合理，可开始找平。

（3）以机器上与地面平行的加工平面或底座平面作为基准，用水平仪测量水平。纵、横水平控制为0.2mm/m较好，水平可用垫在机座底下的橡胶板或木板调整。

（4）接气体管路。水冷却空气压缩机应连接进水和出水管路。

（5）完成电气安装。

（6）按说明书规定的其他安装要求完成规定的安装。

（二）有基础不解体空气压缩机的安装

这类空气压缩机主要包括中、小型活塞空气压缩机等。这些空气压缩机在制造厂内大多经过严密的安装、检验和试验。试验后一般不解体，但进行了必要的防锈和包装。有些制造厂拆除了进、排气阀，有的拆除了活塞另行包装。安装此类空气压缩机时，应整体安装，不应解体，以保持原有的精度。

当采用预留地脚螺栓安装时，按照基础施工时画定并保留的空气压缩机轴线，在基础平面上画出空气压缩机轴线和底座（或机身）轮廓，并测量地脚螺栓或预留孔是否符合要求。若不符合要求，应修整预留孔或设法修理预埋螺栓，使之符合要求。在地脚螺栓两边放置垫铁，垫铁与机组应均匀接触。放上垫铁后，用精度为0.02mm/m的水平尺在纵、横向找平。基础表面的疏松层应铲除，基础表面应铲出麻面。

将空气压缩机吊到预定位置，平稳下落，下落时防止擦伤地脚螺栓螺纹。待空气压缩机放平后，检查机器轴线与预定位置是否相符，并检查垫铁位置与高度是否合理。垫铁应露出空气压缩机底座外缘10～30mm，且应保证机器底座受力均衡。然后移开吊装设备和工具。测量空气压缩机纵向和横向水平度，每米允许偏差为0.1mm，检查每组垫铁是否垫实。垫铁都平均接触后，开始预紧地脚螺栓，并同时检查水平度的变化。当地脚螺栓均匀旋紧，并且力矩达到要求时，空气压缩机水平度也合格，才算找平。否则，应调整垫铁厚度，使水平度达到要求。用0.25kg或0.5kg的手锤敲击，检查垫铁的松紧程度，应无松动现象。不可使用改变不同位置地脚螺栓力矩的方法使水平度符合要求。

上述工作完成后，即可支模板灌浆。灌浆应在找平找正后24h内进行，否则应对找平找正数据进行复测核对。在捣实混凝土时，不得使地脚螺栓歪斜或使空气压缩机产生位移。

当采用预留地脚螺栓孔（二次灌浆法）安装时，在铲平基础及放好垫铁使空气压缩机放平后，初找空气压缩机纵、横水平度，挂上地脚螺栓，调整地脚螺栓高出螺母约3个螺距，检查地脚螺栓铅垂度，允许偏差为1/100。挂地脚螺栓时，应在螺栓和机座螺栓孔之间垫一定厚度的铜皮，使螺栓保持处于螺栓孔中心，防止在旋紧螺母时，由于螺栓偏心而使空气压缩机产生不应有的移位，铜皮应在灌浆初凝后取出。当灌浆混凝土强度达到设计强度的75%时，重新找正空气压缩机，并将地脚螺栓旋紧。上述工作完成后，即可进行管线安装工作。

（三）储气罐的安装

固定式空气压缩机通常采用立式储气罐，其高度为直径的2~3倍。储气罐可减弱排气时的气流脉动（起缓冲器的作用），稳定输出压缩空气的压力，还可起油水分离器的作用。

（1）储气罐压缩空气的进口一般应接在罐的中、下部，出口接在上部，以利于析出空气中夹带的油和水。

（2）储气罐的最低点必须装设排油、排水阀门，油、水尽量排到油水收集器中后排出。

（3）储气罐应装压力表和安全阀，并定期校验。储气罐的进口应装止回阀、出口切断阀门。储气罐的外表应涂耐久性的灰色油漆，并保持漆色明亮，内表面则应涂防锈油漆。

（四）阀门的安装

（1）空气压缩机所用阀门必须有足够的强度和密封性，垫料、填料和紧固零件应符合介质性能所需要求；安装位置应便于操作和维修。

（2）水平管道上的阀门、阀杆应向上垂直或略有倾斜，禁止朝下。一般截止阀介质应自阀的下口流向上口；旋塞、闸阀和隔膜式截止阀允许从任意端流入和流出。

（3）止回阀的介质流向不得装反。升降式止回阀应保持阀盘轴线与水平面垂直；旋转式止回阀摇板（阀瓣）的旋转轴应水平放置。止回阀在安装前后，必须检查、调整其关闭位置和密封性。

（4）在空气压缩机与储气罐的进气管道上应装设止回阀，在空气压缩机与止回阀之间应装设放空管及阀门。

（5）空气压缩机至储气罐之间不宜装切断阀门。如装设，在空气压缩机与切断阀门之间必须安装安全阀。

（6）安全阀的开启压力应为工作压力的1.1倍，其开启时所能通过的流量必须大于空气压缩机的排气流量（即能保证尽快排流卸压）。杠杆式安全阀在安装时，必须保证阀座轴线与水平面垂直。

（7）法兰连接的阀门，安装时应保证两法兰的端面平行和同心。螺纹连接的阀门，安装时螺纹应完整无损，并涂以密封胶合剂或在管道上缠生胶带。

（8）阀门在安装前后应转动阀杆，检查其是否灵活（有无卡阻或歪斜），并检查密封性。

（五）管路安装

空气压缩机管路分为五种，即气体管路（主管路）、润滑油管路、冷却水管路、控制和仪表用管路、排污管路。管路的安装和制作应符合下列要求：

（1）与空气压缩机连接的管道，安装前必须将内部处理干净，不应有浮锈、熔渣、焊珠及其他杂物。

（2）与空气压缩机连接的管道，其固定焊口一般应远离空气压缩机，以避免焊接应力的影响。法兰副在自由状态下应平行且同心，其间距应以能顺利放入垫片的最小间距为宜。

（3）管路最好弯制或焊接构成，尽量减少法兰和管件的使用；管道之间、管道和设备之间的距离不应小于100mm；管路的法兰及焊缝不应装入墙壁和不便检修的地方；管路不应有急弯、压扁、折扭等现象，转弯处尽量采用大的圆弧过渡。

（4）管道布置应整齐美观，便于操作维护，不应妨碍通道。

（5）所有气体管道和管件的最大允许工作压力，应至少大于额定排气压力的1.5倍或0.1MPa，两者取最大值，且不应小于安全阀的整定压力。

（6）水管路应装有高点排气、低点排污接头，以便整个系统的气、液排净。气体管路也应有低点排污接头。

（7）为了补偿输气管道的热胀冷缩，管道每隔150～250m宜装设伸缩器。伸缩器用于压缩空气管道上一般有两种，即弧形伸缩器和套管式伸缩器。

（8）管道的走向应平直无急弯。为消减气流脉动所引起的管道振动，架空管道应选择合理的固定方法、支撑方式、刚度和间距。

（9）所有容器、管道和阀门在新装或大修后，于试运行前均应用压缩空气吹扫其中的沙土、杂物等。同时，必须做耐压试验，合格后方能投入正常运行。

四、调试

空气压缩机安装结束后需进行试运行，以检验安装质量和设备工作状态是否符合设计要求。

（一）试运行前应具备的条件

（1）空气压缩机主机、驱动机、附属设备及相应的水、电设施均已安装完毕，经检查合格。

（2）土建工程、防护措施、安全设备也已完成。

（3）试运行所需物品，如运行记录、工具、油料、备件、量具等应齐备。

（4）试运行方案已编制，并经审核批准。

（5）试运行人员组织落实，应明确试运行负责人、现场指挥、技术负责人、操作维护人员和安全监护人员。

（6）工作电源已具备，空气压缩机上、下游已做好试运行准备。

（二）试验主要项目

（1）冷却水系统通水试验（水冷机组）。

（2）润滑油系统注油。

（3）电动机试转。

（4）空载试运行。

（5）负荷试运行。

五、验收

空气压缩机安装后，验收因设备交付状态不同而有所区别。

对于无基础空气压缩机和不解体空气压缩机，一般在出厂时已进行负荷试运行，安装试运行合格后，由使用单位与安装单位共同验收即可。

解体空气压缩机由于已进行解体后的恢复安装，安装后状态是否符合设计制造要求，有待制造厂家确认，空气压缩机安装后的试运行数据也需供货方确认。这些都需要使用单位、安装单位和制造厂共同验收。

验收的依据是空气压缩机的采购合同和有关技术参数，使用单位、安装单位和制造厂的最终检验和试验数据，以及国家有关强制性的标准和法则。

安装施工中各项施工记录、交工文件及各种原始记录应填写清楚，不得缺项，各签章栏内应有签名或印记，并签署日期。安装交工文件和试运行记录应有规定值和实测值，以便对照。空气压缩机的安装交工文件应装订成册，按规定的份数分别保管，安装单位应组织有关单位对安装工程质量进行交工验收，经有关方签署交竣工证明后，空气压缩机方可投产使用。

压缩空气管道完好的要求如下：

（1）压缩空气管道技术档案、资料齐全、正确，有管线图、安装（或改装）施工图、水压试验单等。

（2）管道油漆明亮，外表无锈蚀现象，无漏气现象。

（3）管道敷设与使用应能满足生产工艺要求，选用管道材料及附件应符合规范要求。管道一般可采用架空敷设，架空管道可沿建筑物、构筑物布置，在用气入口处宜装阀门和压力表。管道宜选用结构合理的支架或吊架妥善支撑。在确定支架的间距时，应考虑管件、管道重量。管道连接一般选用焊接或法兰连接。

（4）管道应留有一定的坡度。在干管的末端或最低点宜装集油水器，以便进行定期排放。

压缩空气管道架空或埋地敷设时，与其他工业管道、电力、电信线路之间的水平或垂直交叉净距应满足管道设计规范的有关要求。

试验程序:升压至试验压力，保持20min做外观检查无异常，再降至工作压力进行检查，无渗漏为合格。

第四节　接力器的改造

一、安装规范

接力器安装应符合下列要求：

（1）需在工地分解的接力器，在进行分解、清洗、检查和装配后，各配合间隙应符合设计要求，各组合面间隙用0.05mm塞尺检查，不能通过；允许有局部间隙，用0.10mm塞尺检查，组合螺栓及销钉周围不应有间隙。

（2）接力器严密性耐压试验要求试验压力为1.25倍的实际工作压力，保持30min，无渗漏现象。摇摆式接力器在试验时，分油器套应来回转动3～5次。

（3）接力器安装的水平偏差，在活塞处于全关、中间、全开位置时，测套筒或活塞杆水平不应大于0.10mm/m。

（4）接力器的压紧行程应符合制造厂的设计要求。

（5）节流装置的位置及开度大小应符合设计要求。

（6）接力器活塞移动应平稳灵活，活塞行程应符合设计要求。直缸接力器两活塞行程偏差不应大于1mm。

（7）摇摆式接力器的分油器配管后，接力器动作应灵活。

二、拆除旧接力器

以导管直缸接力器及摇摆式接力器为例进行介绍。

（一）拆除导管直缸接力器（带锁锭装置）

（1）接力器开关侧及油管路排净油。

（2）拆除接力器开度指示装置及反馈装置。

（3）测量接力器导管水平。

（4）拆除接力器及锁锭装置的供排油管路，将油倒干净后，用塑料布包好。

（5）拆除接力器缸体与基础座的连接销钉及螺栓。

（6）拆除接力器与控制环的连接轴销，移出接力器推拉杆。

（7）整体吊出接力器，运至检修场地。

（二）拆除摇摆式接力器

（1）机组停机，导叶接力器在全关位置，锁锭装置投入，排掉接力器及管路内的油。

（2）拆除接力器的反馈装置。

（3）测量接力器推拉杆水平。

（4）拆除与接力器、分油器连接的管路，将油倒干净后，用塑料布包好。

（5）拆除两个接力器推拉杆与调速环的连接轴销，并将接力器推拉杆移开一个角度。

（6）拆除分油器固定螺栓并取下分油器。

（7）拆除接力器的后座与基础板连接的轴销并取下。

（8）移开接力器并整体吊出，放到指定的检修现场。

三、建立新接力器基础并安装到位

（一）导管直缸接力器安装

（1）将接力器及其配合表面清扫干净，无高点，测量基础法兰面垂直度；测量轴销与轴套的配合符合图纸要求。

（2）接力器活塞放到全关位置，整体吊入接力器就位，装上接力器与基础法兰定位销，检查定位销紧固，装上连接螺栓并紧固，测量接力器导管水平符合 0.10mm/m，否则在法兰面加垫调整其水平；法兰面间隙用 0.05mm 塞尺检查，不能通过。

（3）调速环拉到全关位置，将接力器推拉杆与调速环对位，测量接力器推拉杆的水平符合0.10mm/m，装入轴销，否则采用刨削轴瓦或加垫方法来实现。

（4）安装接力器渗漏管路及接力器开关腔管路。

（5）安装锁锭装置，检查锁锭活塞动作无卡阻。

（6）安装接力器开度指示装置及反馈装置，紧固无松动。

（二）摇摆式接力器安装

（1）将接力器及其配合表面清扫干净，测量轴销与轴套的配合符合图纸要求，测量接力器基础压板水平。

（2）整体吊入接力器就位，落于底部支撑板上。

（3）将接力器后座与基础压板对位，装入后座轴销，其配合符合图纸要求；测量接力器推拉杆的水平符合0.10mm/m，否则处理接力器底部支撑板。

（4）装上分油器，并对称紧固螺栓。

（5）安装接力器渗漏管路及接力器开关腔管路，将分油器轴销用限位板固定牢固，人为动作接力器，接力器与分油器动作无卡阻，无异常声响。

（6）接力器推拉杆与调速环对位，测量接力器推拉杆的水平符合0.10mm/m，装入轴销。

四、调试

（1）接力器安装前做耐压试验。

（2）接力器充油、充压后动作及渗漏检查。

（3）两个接力器的行程测量、调整。

（4）接力器压紧行程测量、调整。

（5）接力器全关位置确定。

（6）接力器反馈装置调试。

五、验收

（1）用户组织专门技术人员按照接力器的订货技术要求进行验收。

（2）在厂方代表在场的情况下进行现场开箱检查，包括接力器本体完好无损，数量和形式符合合同要求；检查随机供给的密封件齐全；随接力器供给的技术条件包括接力器原理、安装、维护、调整说明书及安装图和总装配图，接力器出厂检查试验报告、探伤报告、合格证书及装箱单，双方进行确认签字。

（3）现场安装调试后，按照接力器说明书及安装规范进行验收合格后，签署验收单。

（4）交付使用后，移交接力器安装的技术资料、竣工图纸及报告（包括现场试验记录和试验报告），齐全、准确。

第五节　漏油装置的改造

一、安装规范

（1）改造前，首先对新漏油装置进行全面验收检查，保证各部基本数据符合现场实际要求。

（2）检查泵在运输过程中是否受到损坏，如电动机是否受潮，泵出口的防尘盖是否损坏而使污物进入泵腔内等。

（3）对照说明书与实际设备是否相符。

二、拆除旧漏油装置

（1）手动启动漏油泵，尽量将漏油箱内的透平油排掉。

（2）对集油槽进行排油。

（3）拆除进油管与出油管以及渗漏油管路。

（4）分解手动开关阀与止回阀。

（5）将漏油槽上的液位计与自动触点分解开。

（6）电动机断线。

（7）拆除漏油泵与电动机的地脚螺栓。

（8）分开漏油泵与电动机，并运出工作现场。

（9）人工清除漏油箱内的残油，分解漏油箱，运出工作现场。

三、建立新漏油装置基础并安装到位

（一）漏油箱的安装

在原来位置安装新漏油箱时，为避免环境潮湿，漏油装置的基础座必须高于地面10～20mm。漏油箱安装前，应先将上部漏油泵等附件全部拆除，用木塞堵住油箱四周及上部的通孔，然后对油箱注满水，进行渗漏试验经过12h后，检查油箱的焊缝、组合面等各处，应无渗漏现象。若发现有渗漏现象，对焊缝部分可用电焊补焊的形式消除，对接合面应更换密封板，处理后再重新进行试验，直至达到不漏标准为止。试验完毕，为了避免油箱内部产生锈蚀，应立即将水排掉并清扫干净，油箱内部的脏垢用和好的面团进行粘贴清扫。清扫干净后，在油箱内部表面涂抹一层润滑油或刷一层防锈漆。

（二）漏油泵的安装

将漏油泵与电动机公共水平底板直接安装在漏油箱上部，一般为了拆装方便，均使用螺栓进行固定。泵体与电动机依靠弹性联轴器相连，并安装在公共底板之上。油泵安装后，用手进行手动盘车，检查油泵与电动机转动是否灵活，有无别劲和高低不平等现象，否则应进行处理。通常油泵与电动机的轴线调整，都是依靠两联轴器中心是否一致来确定的。由于油泵有销钉固定，而电动机可稍做移动，电动机的联轴器可依据油泵找正。先将电动机安放在基础上大致找正，用手触摸两联轴器的外缘应无明显错位，并使两联轴器之间靠紧，保留2～3mm的间隙，然后拧紧电动机基础螺栓。

用钢板尺靠在联轴器上，接着使用塞尺测量钢板尺与较低联轴器的间隙，在圆周上进行四点测量，依据测量结果分析，如电动机低，则应在基础上加垫，垫的厚度等于对应两点记录差的一半。当发现油泵低时，则应松开油泵基础螺栓与销钉，垫高后，再紧上销钉与基础螺栓进行找正。若在平面上发现错位，可按照上述原则移动电动机。

（三）手动开关阀与止回阀的安装

手动开关阀与止回阀在安装前，应使用煤油进行渗漏试验，试验时间必须保证在8h以上，确保无渗漏现象。阀门在安装过程中，一定要确保流体流动的方向正确。

（四）液位计的安装

液位计的浮子安装在漏油槽内，液位计安装在油箱上部，用螺栓进行固定。

（五）管道的配制

管道安装前，应先对管道内部用清水或蒸汽清扫干净。安装时，避免由于管道的重量对泵体造成负担，以免影响泵的精度。一般压力油连接管道均使用法兰连接，管道的安装一般从设备的连接端开始，应先进行预装，预装时检查法兰的连接、管道的水平、垂直及弯曲度等是否符合要求。预装完毕后，可先将管道拆下，正式焊接法兰。然后，再进行法兰的平面检查及耐压试验等工作。法兰连接需要采用韧性较好的垫料，应有平整的法兰接触面，以免渗漏。

四、调试

当漏油装置安装结束、各连接管道装配完毕后，集油槽内注入透平油，打开手动开关阀，电气人员对电动机进行接线，瞬时启动电动机，检查电动机旋转方向是否正确，打开接力器排油阀，向漏油箱内注入透平油。然后，调整液位计启动触点，触点调整完毕后，即可进行试验。漏油泵在打油过程中，工作人员时刻检查各连接管道，法兰是否出现渗漏现象。一般情况下，不得任意调整漏油泵的安全阀。如需调整，必须使用仪器校正。当泵在运转中有不正常的噪声或温度过高，应立即停止工作，进行拆检。管道各连接部位不得有漏油、漏气，否则会发生吸不上油的现象。

五、验收

设备经过1～2天的试运行后，即可进行验收。技术图纸与设备说明书、标准化作业指导书、竣工报告、设备验收单等全部归档，进行保存。

第六节　过速限制装置的改造

过速限制装置由电磁配压阀、油阀和事故配压阀组成，其中事故配压阀串接在调速器至主接力器的油管路上。

一、安装规范

（1）事故配压阀垂直度或水平允许偏差为0.15mm/m（测量事故配压阀基础板）。

（2）事故配压阀安装位置不宜过低，尽量靠近回油箱。

（3）过速限制装置各部件活塞动作灵活，无卡阻。

（4）过速限制装置各部件安全可靠，手动动作可靠。

（5）过速限制装置各部件密封可靠，无渗漏。

（6）油阀做1.25倍额定油压的耐压试验，保证严密不漏。

（7）事故配压阀关闭导叶的时间与设计值的偏差，不应超过设计值的±5%；但最终应满足调节保证计算的要求。

二、拆除旧过速限制装置

（1）调速系统排油、排压。

（2）断开电磁配压阀及各部信号开关电气接线。

（3）拆除事故配压阀、油阀、电磁配压阀（进行某一阀更换时可单独进行拆除）。

（4）拆除的各部件将油擦干净，用塑料布包好，防止漏油。

三、建立新过速限制装置基础并安装到位

（1）利用原基础进行过速限制装置的安装，事故配压阀及油阀垂直度或水平允许偏差为0.15mm/m。

（2）事故配压阀及油阀阀体加垫就位安装，对称把紧螺栓。

（3）各阀零部件进行清洗检查，涂油后进行回装，密封良好，无渗漏。

（4）连接各阀之间的压力油管路无渗漏。

（5）电磁阀及各部信号开关接线。

（6）各阀体及管路刷漆。

（7）充油后进行调整试验。

四、调试

（1）调速系统充油、充压，动作调速器机械液压机构，排除液压系统内的空气。

（2）事故配压阀应在复归状态，如果不在复归状态，则说明事故配压阀安装位置过低或活塞发卡，需进一步检查。

（3）事故配压阀在复归状态，油阀关闭，密封良好。

（4）动作电磁配压阀操作事故配压阀关闭导叶，记录导叶关闭时间，检查是否符合设计要求。

（5）如果导叶关闭时间不符合要求，应调整事故配压阀一端调节螺钉，来调整活塞的行程，即活塞动作后油口打开的大小，使事故配压阀动作情况下的导叶关闭时间符合设计要求。

（6）调整合格后将调节螺钉锁紧。

五、验收

（1）用户组织专门技术人员按照订货的技术要求进行验收。

（2）在厂方代表在场的情况下进行现场开箱检查，包括过速限制装置本体完好无损，数量和形式符合合同要求；检查随机供给的密封件及备品备件齐全，并有互换性；随新产品供给的技术条件包括安装、维护及调整说明书、原理图、安装图及总装配图；过速限制装置出厂检查试验报告、合格证书及装箱单。

（3）现场安装调试后，连续运行72h，合格后按照说明书及验收规范进行验收。

（4）过速限制装置完好无损，备品备件、技术资料、竣工图纸齐全、准确（包括现场试验记录和试验报告）。

第七节　管道配置及检验

一、管道检修

管道的连接方法有焊接、法兰连接和螺纹连接三种。

第一，在高压管道系统中，除了与设备连接处采用法兰连接外，大多采用焊接，以减少泄漏。第二，其他管道系统，在不影响设备检修和管道组装的前提下，应尽量少采用法兰连接。第三，螺纹连接主要用于工业水管道系统及其他低温低压管道系统。

（一）焊接管道与法兰连接管道检修

（1）焊接管道的检修。①高压管道的原有焊缝，在检修时必须按照金属技术监督规程的有关规定进行检查。②一般低压管道的焊缝，只需进行外观检查，查看是否有渗透、裂纹及焊缝的锈蚀。③对于高温高压管道进行蠕变检查。④新配制的管子应进行材质检查，并按焊接规程加工成坡口进行施焊。对于高压管道的焊缝，应做无损探伤检查。

（2）法兰密封面的形式及新法兰的检查。①法兰的材质是否符合使用要求，重要的法兰应有材质证明及施焊、热处理的说明。②法兰的几何尺寸是否符合图纸要求。相配对的法兰止口、螺孔是否匹配。③重要法兰应配有配套的紧固螺栓。

（3）法兰与管道的组装要求。用法兰连接的管道，要做到装复后法兰不漏，需按以下要求进行组装。①组装前，必须将法兰接合面原有的旧垫铲除干净，但不得把法兰表面刮伤，并检查内外焊缝的锈蚀程度。②法兰密封面应平整、无伤痕。有些法兰厚度不符合要求（非标准法兰），加之施焊不当，法兰面成一凸形。这样的法兰应进行更换。③组装时，两法兰面在未紧螺栓的情况下不得歪斜，其平行差不超过1～1.5mm。如因管道变形或原安装不合格，致使两法兰面错位、歪斜或螺孔不同心，则不允许强行对口或用螺栓强行拉拢，应采取校正管子的方法，或对管道的支撑进行调整。总的要求是：法兰及螺栓不应承受因管道不对口所产生的附加应力。④正确选用垫料，正确制作垫片，以及正确安放垫片。⑤法兰螺栓对称拧紧后，要求两法兰面平行。低压法兰用钢尺检查，目视合格即可；高压法兰应用游标卡尺进行检测。高压法兰螺栓的紧度，应达到设计的扭矩值。

（二）螺纹连接管道检修

1.检修工艺

用螺纹连接的管道，管径一般不超过80mm，其管件如弯头、接头、三通等均为通用的标准件。这些标准件通常用可锻铸铁（马铁）或钢材制作。

管端螺纹用管子板牙扳制，扳好的外螺纹有一定的锥度。这种锥形螺纹紧后不易泄漏，因而在装配时螺栓不需拧入过多，一般有3～4扣即可。同时也不宜将管件拧得过紧，过紧会使其胀裂。

螺纹管道的配制及装配顺序如下：

（1）用管子割刀将管子截取所需长度。

（2）用管子板牙扳丝，扳丝长度不宜过长，只要管端露出工具有1～2扣丝牙即可。

（3）在螺纹部位抹、缠密封材料，通常只在螺栓上加密封材料。其方法是：①在管螺纹部位抹上一层白铅油或白厚漆，再沿螺纹的尾部向外顺时针方向缠上新麻丝（也可以将麻头压住由外向内缠）；②用生胶带缠绕在螺纹上，一般缠两层即可。生胶带是新型密封材料，使用方便，清洁、可靠，可替代老的密封材料。

（4）管道安装到一定的长度后，必须装活接头。若有阀门，则在阀门前或阀门后装活接头。活接头俗称油任。安装油任的目的是便于管道检修。在油任的接口面要放置环形垫料，油任对口时应平行，不许强行对口。

2.检修常用工具

螺纹连接管道的检修常用工具有管子割刀、管子板牙、管子钳等。

（1）管子割刀。管子割刀是切割管材的专用工具，用这种割刀所切割的管材断面平整、垂直。由于切割时割口受挤压，割口有缩口现象并在内口出现锋边。缩口利于扳丝时起扣，锋边则应用半圆锉锉平。

切割操作：①将管子用管虎钳固定，把割刀架套在管子上，并把刀片刃口对准割线，然后拧紧进刀螺杆，用握住手柄绕管子转动，每转一周进刀一次，每次进刀量以半圈为好，连续转动和进刀直至切断管子为止；②在切割过程中，必须定时向刀片和转轴上注机油，以保证刀片冷却和轴颈润滑；③在切割有焊疤的管子时，应先将割缝处的焊疤锉平；④对于椭圆管子及有弯的管子，不宜用管子割刀切割；⑤割口至管端的长度不足滚轮宽度的一半时，也不宜用管子割刀切割。

（2）管子板牙。管子板牙是扳制管螺纹的专用工具，常用的有以下几种：①管螺纹圆板牙。与钳工套丝用的圆板牙结构相同，使用时，将圆板牙装入圆铰手内，其扳丝方法与钳工套丝相似。每种圆板牙只能套制一种规格的管螺纹，一次成型，故扳丝效率高。但管螺纹圆板牙只适用于小口径的管子扳丝。②可调式管子板牙。其优点是适应性强，且可扳制大口径管子的螺纹；缺点是笨重，携带及使用不方便。③电动扳丝机。有手提式和固定式两类。手提式只具有扳丝功能，固定式既可切管又可扳丝。

上述各类扳丝机具在使用时，必须定时向板牙上注入机油，从而保证刀具刃口的润滑冷却，提高板牙的使用寿命，并可提高螺纹的精度。

（3）管子钳。管子钳是拆装螺纹管子的专用钳具，其规格与活动扳手相同。使用时，钳口开度要适度，并将活动钳头向外翘起，使两钳口形成一个角度，将管子紧紧地卡住。只有这样，在用力时管子钳才不打滑。

另外，还有一种专门用于大口径管子拆装的管子钳，称为链钳。它是用板链代替活动钳头，由于链子很长，可适应大口径管子的拆装。

3.管螺纹的技术规范

目前，管螺纹尚采用英制标准，而且对套制管螺纹的管子规格也有特殊规定。这点应注意，不要与其他管子的规格相混淆。

（三）管道检修及改装的注意事项

（1）拆卸管道前，要检查管道与运行中的管道系统是否断开，并将管道上的疏水阀、排污阀打开，排除管内汽、水，在确认排空后，方可拆卸管道。

（2）在割管或拆法兰前，必须将管子拟分开的两端临时固定牢固，以保证管道分开后不发生过多的位移。

（3）在拆卸有保温层的管道时，应尽量不损坏保温层。

（4）在改装管道时，管子之间不得接触，也不得触及设备及建筑物。管道之间的距离应保证不影响管子的膨胀及敷设保温层。在改装管道的同时，应将支吊架装好。在管道上两个固定支架之间，必须安置供膨胀用的U形弯或伸缩节。

（5）组装管道时，应认真冲洗管子内壁，并仔细检查在未检修的管子内是否有异物。

（四）密封垫的制作与密封垫料的选用原则

1.密封垫的制作

（1）密封垫的内孔必须略大于工件的内孔。

（2）带止口的法兰，其密封垫应能在凹口内转动，不允许卡死，以防产生卷边影响密封。

（3）对重要工件用的密封垫不允许用榔头敲打，以防损伤其工作面。

（4）密封垫的内孔不要做得过大，以防密封垫在安放时发生过大的位移。

（5）制密封垫时必须注意节约，尽量从垫料的边缘起线，并将大垫的内孔、边角料留作制小垫用。

2.密封垫料的选用原则

（1）与相接触的介质不起化学反应。

（2）有足够的强度，当法兰用螺栓紧固后，能承受管内的压力，并且在管温影响下强度值变化不大。

（3）材质均匀，无裂纹及老化现象，厚薄一致。

（4）在选用密封垫料时，应力求避免选用很昂贵的材料。

（5）密封垫的厚度应尽可能选得薄些，因厚的垫料并不能改善密封性能，且往往适得其反。

（6）应考虑法兰密封面的平整程度。

二、弯管工艺

弯管工艺大致可分为加热弯制与常温下弯制（即冷弯）。无论采用哪种弯管工艺，管子在弯曲处的壁厚及形状均要发生变化。这种变化不仅影响管子的强度，而且影响介质在管内的流动。因此，对管子的弯制除了解其工艺外，还应了解管子在弯曲时的截面变化。

（一）弯管的截面变化及弯曲半径

管子弯曲时截面的变化，可以看出：①在中心线以外的各层线段都不同程度地伸长；②在中心线以内的各层线段都不同程度地缩短；③各层线段不同程度的伸长和缩短表示了构件受力后的变形，外层受拉，内层受压；④在接近中心线的一层在弯曲时长度没有变化，既没有受拉，也没有受压，称为中性层。

实际上管子在弯曲时，会出现以下情况：①中性层以外的金属不仅受拉伸长，管壁变薄，而且外弧管壁被拉平。②中性层以内的金属受压缩短，管壁变厚，挤压变形达到一定极限后管壁就出现突肋、褶皱，中性层内移。这样的截面不仅使管子的截面积减小了，而且由于外层的管壁被拉薄，管子强度直接受到影响。③为了防止管子在弯曲时产生缺陷，要求管子的弯曲半径不能太小。弯曲半径越小，上述的缺陷就越严重。④弯曲半径大，对材料的强度及减小流体在弯道处的阻力是有利的。但弯曲半径过大，弯管工作量和装配的工作量及管道所占的空间也将增大，管道的总体布置也困难。

按规程规定，管壁的减薄率一般控制在15%以内。根据这一数值，即可计算出弯曲半径的最小值。同时，弯管的方法不同，管子在受力变形等方面也有较大的差别，最小弯曲半径也各异：

（1）冷弯管时，弯曲半径不小于管外径的4倍。用弯管机弯管时，其弯曲半径不小于管外径的2倍。

（2）热弯管时（充砂），弯曲半径不小于管外径的3.5倍。

（3）高压汽水管道的弯头均采用加厚管弯制，弯头的外层最薄处的壁厚不得小于直管的理论计算壁厚。

（二）热弯管工艺

这里所述的热弯管，仅限于钢管采取充砂、加热弯制弯头的方法，其步骤如下：

1.制作弯管样板

为了使管子弯得准确，需制作一弯曲形状的样板，制作方法是：按图纸尺寸以1：1的比例放实样图（或对照实物），用细圆钢按实样图的中心线弯好，并焊上拉筋，防止样板变形。由于热弯管在冷却时会伸直，样板要多弯3°～5°。

2.管子灌砂

（1）管子灌砂就是为了将管子空心弯曲改变成为实心弯曲，从而改善管子在热弯时出现的褶皱、鼓包等不良现象，并可在弯管加热过程中吸收热量和保存热量。另外，砂子耐高温、易装、易取，故采用砂子作填充物。

（2）弯管用砂要经过筛选、清除杂物。砂粒的大小要根据管径来决定。筛选后的砂粒必须经火烘干，不许含有水分，以免加热后产生蒸汽发生伤人和跑砂事故。

（3）灌砂前，先将管子的一端用堵头堵住。堵头有木堵和铁堵两种。

（4）灌砂时，管子应立着，边灌边振，直到灌满振实为止。可通过用手锤或大锤敲打，或用机械振砂。经过敲打，砂粒不再下降，同时也没有空响声方可封口。封口的堵头必须紧靠砂面。

必须指出，灌砂这道工序直接关系到弯头的质量，管内的砂灌得不实等于不灌。

3.弯管

（1）将加热好的管子放置在弯管平台上。如果是有缝管，则管缝应朝正上方。

（2）用水冷却加热段的两端非弯曲部位（仅限于碳钢管子），再将样板放在加热段的中心线上，均匀施力，使弯曲段沿着样板弧线弯曲。

（3）对已经弯到位的弯曲部位，可随时浇水冷却，防止继续弯曲。

（4）当管子温度低于700℃时，应停止弯曲。

（5）若一次弯曲未能成型，则可进行二次加热再弯曲。但次数不宜多，因多一次加热，就多一次烧损。弯好后的管子让其自然冷却。

4.除砂。

（1）待管子稍冷后，即可除砂。

（2）除砂常用手锤敲打管壁。

（3）由于管子加热段在高温作用下，砂粒与管内壁常常烧结在一起，很难清理，必要时可用绞管机进行除砂。

（4）在现场多采用喷砂工具，进行冲刷。冲刷要从管子两端反复地进行，待管壁出现金属光泽时方可停止。

（5）为了防止喷砂灰尘的飞扬，可在管子的另一端装设专用吸尘器，使管内形成负压。

第十一章　设备检修

第一节　水轮机调速器机械液压系统检修

一、调速器检修安全、技术措施

（一）一般安全、技术要求

（1）根据设备所存在的缺陷及问题，制定检修项目及检修技术方案。

（2）根据实际情况和检修工期，拟定检修进度网络图及安全措施。

（3）熟悉设备、图纸，明确检修任务、检修工艺及质量标准。

（4）检修工作前，对工作人员进行相关的技术交底和安全教育。

（5）设专人负责现场记录、技术总结、检修配件测绘等工作。

（6）根据检修内容，备全检修工具，提出备品备件、工具、材料、计划。

（7）对检修设备完成检修前试验。

（8）实行三级验收制度，填写验收记录，验收人员签名。

（9）试运行期间，检修和验收人员应共同检查设备的技术状况和运行情况。

（10）设备检修后，应及时整理检修技术资料，编写检修总结报告。

（11）设置检修标准化作业牌，并放置作业指导书（卡）及安全措施。

（二）对调速器需做的安全措施

（1）停机。

（2）关主阀（快速闸门）。

（3）导叶接力器锁锭装置投入。

（4）全关调速器总油源阀。

（5）油压装置油泵选择把手放“切”位置。

（6）拉开油压装置油泵电动机动力电源刀闸。

（7）油压装置排压、排油。

二、调速器检修通用注意事项

（1）大修前，必须全面了解设备结构，熟悉有关图纸、资料，并制定相应的安全措施。

（2）大修前，设备试验项目应齐全。

（3）试验时，应有专门技术人员协调、监护。

（4）在调速器周围设置围栏并挂标示牌。

（5）检修现场应经常保持清洁，并有足够的照明；汽油等易燃易爆物品使用完毕后应放置在指定地点；清扫用的油布及泡沫应放在铁箱内，及时销毁。

（6）在拆卸零部件的过程中，应随时进行检查，发现异常和缺陷，应做好测绘，能处理的缺陷要认真处理；较严重的缺陷若不能处理，要更换相应部件。

（7）部件拆前应做好相应记号，并按要求测定，记录有关技术数据，相同部件存放时，要分开存放，以防错乱。

（8）组装时，活塞等滑动部件应涂透平油，组装正确，动作灵活，做好密封防止渗漏。

（9）检修前后导叶处有人作业时，调速器必须做好可靠安全措施。试验动作导叶时，一定要设专人监护，确保导叶及水车室无人作业。

（10）检修过程中需动有关运行设备时，应与运行人员联系好，做好安全措施后方可进行工作。

三、调速器机械液压系统检修项目

（一）KZT-150型调速器机械液压随动系统检修

（1）HDY-S型环喷式电液转换器检修。先将电液转换器所有外接线拆除，拆掉电液转换器与集成块的连接螺栓，将电液转换器拆下置于工作台上进行检修，测量复中装置连接螺杆到背母的距离，再拆除弹簧。将阀座与上部组件在旋转套处分开，检查旋转套及轴承应完好，无毛刺，转动灵活。拆除压盖，抽出活塞，检查活塞应无严重磨损，活塞内部各路油应畅通，两节流孔无堵塞，活塞各部间隙为0.03 ~ 0.06mm，顶部回复弹簧应良好。处理清扫后，组装活塞，动作应灵活，各密封胶圈应重新更换，并按原尺寸回装。通油压后，旋转套应转动灵活，喷油正常，排油畅通。

（2）开度限制及手操机构检修。拆除机械复原钢丝绳，将手操机构整体拆除检修，分解前测量中心柱距底座的距离。分解大齿轮与中心齿轮螺杆，检查齿轮应无破损，弹簧应平直，各部件无磨损，各轴杆与衬套配合间隙不应大于0.10mm，处理清扫后按要求组装中心部分。通过压轴手动压下中心柱，松开后应灵活复位，不得有卡阻现象，且中心柱在46mm行程范围内均动作灵活。安装大齿轮时，要按所测尺寸组装，在全行程范围内手轮转动应灵活、省力，无卡滞现象。整体组装后，在有压状态下进行全行程试验，要求开度刻度指示误差在3%以内。

（3）定位器检修。拆除连接螺栓，卸下定位器，分解螺母、轴承，检查活塞、弹簧、轴承、衬套等应无异常。组装时将壳体内及迷宫槽内涂一层黄油，组装后活塞应灵活，手压后靠弹簧自动复归，不得有卡阻现象。定位器安装就位后与横杆的间隙用0.02mm塞尺不得通过。

（4）自动复中装置检修。拆前测量复中装置上部和下部尺寸并记录。拆除平衡杆，检查各轴承有无破损，杆件应无变形。拆除下部组件，弹簧平直，各推力轴承应完好。将引导阀活塞保存好，组装应按测量尺寸进行初调，最后在试验中进行精确调整。

（5）紧急停机及托起装置检修。拆除连接螺栓，整体拆下两端装置，防止碰伤托起活塞。分解两端装置、芯塞、活塞与阀体，导向套与托架间隙均不超过0.10mm，弹簧及组件应良好。整体安装后，托起装置大行程为20mm，紧急停机行程为38mm。

（6）手自动切换阀及电磁阀检修。将手自动切换阀及电磁阀由集成块上拆下，检查各油路通畅，电磁阀组件应无渗漏，各密封点均更换密封胶圈，组装后动作灵活，无渗漏，手自动切换阀动作触点开断正确。

（7）液压集成块检修。检修前，测量开关机时间调整螺母距离。拆除开关机时间调整螺母、螺栓，并将背母圆盘拆除。检查集成块上部件均已拆除，均匀松开内六角连接螺栓，将集成块拆除，注意各密封点勿进杂物。检查各密封圈垫情况，若有异常，则更换3.0mm厚的耐油橡胶石棉板，并将所有O形密封圈更换。集成块清扫后，用压缩空气对集成块各通路进行吹扫，组装并保证主配压阀动作灵活，压下后由底部弹簧自由回复，各密封点无渗漏现象。

（8）引导阀、辅助接力器及主配压阀检修。液压集成块拆除后，装回圆盘，用辅助工具将主配压阀缓慢抽出，受力要均匀，防止碰伤活塞，并将主配压阀放入专用油盆内进行检修。松开引导阀衬套背母，将衬套由另一侧用细长铜棒（直径30mm以内长600mm以上）退出，检查活塞衬套、针杆、活塞、弹簧等组件磨损情况。测量引导阀针杆与衬套、辅助接力器活塞与壳体、主配压阀活塞与壳体的间隙，其值均应在0.03～0.06mm。将各部件毛刺及磨痕用天然油石、金相砂纸进行处理，清扫后用空气吹扫辅助接力器各油路。

（9）双滤油器检修。分解双滤油器压帽、二次滤网，检查滤网焊接处应无锈蚀现象，滤网应完整，无破损，清扫后组装，手柄切换机构良好，装配后在正常油压下手柄转动应灵活，且无渗油现象。

（10）调速器主给油、排油管路大修。如遇法兰渗漏及扩大性大修更换调速器或移动调速器基础，则进行此项目。分解管路前将压力油罐、集油槽内的油排净，并搭好作业架；分解时，应先排出管路中油，然后进行拆卸；组装时，要加垫合适，紧固用力均匀，保证不渗漏。

（二）BWT型步进式调速器液压随动系统检修

1.BWT型步进式调速器检修工艺要求

（1）双重过滤器滤网完整，切换灵活，安装后压力正常。

（2）滤网应在100目以上，且完好无堵塞。

（3）双重过滤器旋塞应灵活，其配合间隙为0.04～0.08mm，无漏油，外壳完好。

（4）紧急停机装置弹簧应完好无损，并具有足够弹力（20～30kg），以保证引导阀塞、芯塞、电液转换器伸出杆直接连接。

（5）引导阀和辅助接力器及引导阀阀塞与电液转换器伸出杆之间的连接应有良好的同心度，不得有倾斜、卡阻和单面摩擦。

（6）引导阀与控制套之间的同心度，最大偏心和倾斜应小于0.05mm。

（7）步进式电动机伸出杆与引导阀活塞之间的连接球和弹簧应保证良好的连接，以可靠带动主配压阀。

（8）主配压阀与辅助接力器之间应有良好的同心度，不得有倾斜、卡阻和单面摩擦现象，能在壳内自由滑动。

（9）主配压阀遮程为0.30～0.40mm，阀盘棱角应完整，如有碰伤、磨损，应更换新备品。

（10）检查主配压阀与辅助接力器不得引起调速器不灵敏区超过0.2%。

（11）位移反馈拉绳式传感器滑动触头在检修后，其滑动触头应对零线。

（12）各部螺栓连接牢固，转动部分应灵活，无别劲、渗漏现象。

（13）管路拆装与清扫装配后位置正确，不漏油，用压缩空气吹净。

（14）机械零位调整，各部动作良好，不漏油。

（15）主配压阀中间位置调整，操作主接力器，使开度在50%处，动作全行程接力器实际位置应与表针位置一致。

（16）导叶开度、接力器行程测量，导叶开度应与接力器行程相对应，并绘制关系曲线，误差小于0.5%。

（17）微机调速器安装调试，关机时间及开机时间按要求调整好。

2.步进式调速器检修项目

步进式调速器检修项目主要包括以下几个方面内容：

（1）做停机前的试验记录。

（2）钢管排水后，做调速器检修前的模拟试验。

（3）将压力油罐与集油槽向油库排回全部用油。

（4）做好调速器主要位置测定记录。

（5）步进式电动机拆除检查。

（6）双过滤器分解清扫。

（7）拆卸柜内的连接线、油管路，并做好记号。

（8）紧急停机电磁阀拆除、检查。

（9）引导阀部分分解检查。

（10）主配压阀部分分解检查。

（11）各部清扫、检查处理、回装。

（12）调速器各机构、部件检修后位置、状态正确性检查。

（13）对调速器及油系统阀门与管路各表面进行清扫去锈、涂漆。

（14）水轮机导水机构、接力器检修完毕，经水轮机检修负责人同意后，投入漏油泵，并向油压装置集油槽充油。

（15）向接力器内无压充油，并排出空气。

（16）充压至0.3～0.5MPa，多次动作接力器，并初调主配压阀在中间位置，以便排出管路中的空气。

（17）逐次加压至1、1.5、2、2.5MPa检查各管路、各部件的漏油情况。

（18）在升压中做导水机构低压动作值试验及调整记录各参数。

（19）配合水轮机做导叶间隙、开关测定。

（20）做调速器检修后模拟试验、整定各参数并记录。

（21）做好开机前准备工作，并清扫工作场地。

（22）做甩负荷试验，并做好记录，整定动平衡及有关参数。

（三）比例阀式调速器机械液压系统检修

1.工艺要求

（1）部件分解前，必须了解结构，熟悉图纸，检查各部件动作是否灵活，并做记录。

（2）拆相同部件时，应分两处存放或做好标记，以免记错。对调整好的螺母，不得任意松动。

（3）分解部件时，应注意盘根的厚度，盘根垫的质量应良好，外壳上的孔和管口拆开后，应用木塞堵上或用白布包好，以免杂物掉入。拆下的零部件应妥善保管，以防损坏、丢失。

（4）零部件应用清洗剂清扫干净，并用干净的白布、绢布擦干。不准用带铁屑的布或其他脏布擦部件。

（5）清洗前，必须将零部件存在的缺陷处理好，刮痕或毛刺部分用细油石或金相砂纸处理好。若手动阀门关不严或止口不平，应用金刚砂或研磨膏在平台上或专用胎具上研磨，质量合格后，方可进行组装。

（6）组装时，应将有相对运动的部件涂上干净的透平油。各零部件组装时，其相对位置应正确。活塞动作应灵活、平稳；用扳手对称均匀地紧螺母，用力要适当。

（7）组装管路前，应用压缩空气清扫管路，确保管路畅通、无杂物后，方可进行组装。

（8）对拧入压力油腔或排油腔的螺栓应做好防渗漏措施。

（9）调速系统第一次充油应缓慢进行，充油压力一般不超过额定油压的50%；接力器全行程动作数次，应无异常现象。

（10）调速系统排油注意事项。①措施准确，即排油回路中的阀门开关正确。②与油库人员联系好，排油时应避免跑油。③调速系统排油时，应先排回油箱内的油，以避免系统的油排至回油箱时，回油箱的容积不足。④调速系统排油时，漏油装置应暂不退出运行，以排净系统管路内的油，需要时再退出运行。⑤压力油罐排油时，在系统排压后，且确认集油箱有足够的容积后，打开压力油罐排油阀，将罐内的油排至集油槽。排油时，可关闭压力油罐排风阀，打开压力油罐给风阀，向压力油罐内充风少许，以加速排油，将罐内的油排净。当听到集油槽内有气流声时，立刻关闭排油阀和风源阀，并打开压力油罐排风阀。⑥管路排油时，有些油管路的油不能排除，当检修需要拆除管路时，应先准备好接油器具，并将管路法兰螺栓松开；待油排净后，拆除管路法兰螺栓，取下管路。

2.调速器机械液压系统检修

（1）拆卸机械部分时，应由上往下逐步拆卸，首先将主配压阀的位置传感器拆下，要求动作轻，速度慢，不要损坏传感器。然后，依次拆下控制阀、控块、开关机时间装置、压板、阀盖，提出主活塞、主衬套；装配时，零部件特别是装配面需用汽油清洗干净，暗油管需用高压空气吹净。各处O形密封圈均不得碰伤和漏装。装配零部件配合面时，应先均匀涂液压油。装配零部件时，宜用紫铜棒或干净木棒轻轻敲打四周，对正，装配应轻巧，不得强行装配。装配阀盖时，一边旋紧阀盖与阀体的螺栓，一边用手压主配压阀的活塞，检查活塞动作应灵活，不得卡阻。

（2）压力油罐排油、排压及集油槽排油措施正确，不跑油及损坏设备，排油彻底。

（3）调速器机—电合柜拆装。装配时，应保证柜门与框架严密配合，同时转动灵活。

（4）双比例伺服阀的分解、检查。四个工作位切换正常，无磨损，动作灵活可靠。

（5）紧急停机电磁阀组的分解、检查。衬套窗口与活塞阀盘边缘不得有划伤或钝伤。回装时，应更换新的O形密封圈，装配后活塞动作灵活、无卡阻现象。通电试验应动作准确可靠。

（6）切换阀的分解检查。切换装置清扫干净，油路通畅。应避免杂物掉入切换装置上的油路。回装时，应更换新的、适当的O形密封圈。

（7）双精滤油器分解检查。清扫干净、滤网完整；装配后各部无渗漏。

（8）主配压阀分解、检查。衬套窗口与活塞阀盘边缘不得有划伤或钝伤。活塞与衬套窗口的遮程为0.10mm，回装后，活塞在无油压情况下，动作灵活、可靠，无卡阻现象。

（9）压力表计校验。校验合格，外壳完整无破损；安装后接头无渗漏，方向正确。

（10）管路的拆装。管路畅通、无杂物，法兰平整；拆下的各管口应用白布包好；回装后，充油、充压至额定压力应无渗漏。

第二节　油压装置检修

一、油压装置检修安全、技术措施

（一）一般安全措施

（1）机组停机。

（2）主阀（快速闸门、取水阀）全关。

（3）导叶全关，接力器锁锭装置投入。

（4）调速器总油源阀全关。

（5）断开油压装置油泵电动机控制及动力电源。

（6）对油压装置排压、排油。

（7）动火作业、高空作业及进行其他重要作业，应履行相关审批手续，现场采取必要的安全防范措施。

（二）一般技术措施

（1）根据该设备所存在的缺陷及问题，制定检修项目及检修技术方案。

（2）根据实际情况和检修工期，拟定检修进度网络图及安全措施。

（3）了解设备结构，熟悉有关图纸、资料。明确检修任务、检修工艺及质量标准。

（4）检修工作前，对工作人员进行相关的技术交底和安全教育。

（5）设专人负责现场记录、技术总结、检修配件测绘等工作。

（6）根据检修内容，备全检修工具，提出备品备件、工具、材料计划。

（7）对检修设备完成检修前的试验。

（8）实行三级验收制度，填写验收记录，验收人员签名。

（9）试运行期间，检修和验收人员应共同检查设备的技术状况和运行情况。

（10）设备检修后，应及时整理检修技术资料，编写检修总结报告。

（11）设置检修标准化作业牌，并放置作业指导书（卡）及安全措施。

二、油压装置检修注意事项

（一）通用注意事项

（1）调速器周围设置围栏并挂标示牌。

（2）施工过程中，工作负责人不应离开现场。

（3）试验时，应有专门技术人员协调、监护。

（4）检修现场应经常保持清洁，并有足够的照明；场地清洁、注意防火、准备消防器具；无关人员不得随便进入场地或随便搬动零部件；汽油等易燃易爆物品使用完毕后应放置在指定地点。

（5）在拆卸零部件的过程中，应随时进行检查，发现异常和缺陷，应做好记录，以便修复或更换配件。

（6）清扫用的油布及泡沫放在铁箱内，及时销毁。

（二）通用工艺要求

（1）拆装前应做试验，检查设备的运行状态。

（2）拆装前基准位置、配合部位应进行标记。

（3）检修过程中，每一个部位每一个螺栓都要检查到位，清洗干净；同一类型的零部件应放在一起，同一零部件上的螺栓、螺母、销钉、弹簧垫及平垫等，应放在同一布袋或木箱内，并且用卡片登记或做标记。各部件分解、清洗、组合、调整有专人负责。

（4）对配合间隙应按照标准检查，如有超标，应向上级汇报，以便及时处理。

（5）检修后回装过程中，工作负责人应检查部件安装状况是否良好及动作是否灵活。

（6）对配合尺寸，应进行测量并做好记录；密封垫、密封圈应及时更换。

（7）检修过程中发现缺陷，应做好测绘，能处理的缺陷要认真处理；较严重的缺陷不能处理时，要更换相应部件。

（8）设备及零部件存放应用木方或其他物件垫好，以免损坏零部件的加工面及地面。

（9）拆开的机体，如油槽、轴颈等应用白布盖好或绑好。管路或基础拆除后留的孔洞，应用木塞堵住，重要部位应加封上锁。

（10）所有管道法兰的盘根配制合适。盘根直径很大需要拼接时，可采用燕尾式拼接办法；需要胶粘时，应削接口，粘胶后无扭曲或翘起之处。

（11）所有零部件，除安装接合面、摩擦面、轴表面外，均应进行去锈涂漆。漆料种类颜色按规定要求进行。第二遍漆应在第一遍漆干固以后方可喷刷。

（12）管路及阀门检修必须在无压条件下进行。

（13）检修过程中需动有关运行设备时，应与运行人员联系好，做好安全措施后方可进行工作。

三、油压装置检修项目

（一）设备排压、排油

油压装置大修措施已做，且调速器在手动位置，调速器总油源阀在“关闭”状态。首先，将压力油罐内的油排出至最低，关闭排油阀。然后，打开排风阀，排压至0.3MPa时将压力油罐内的油全部排出，防止集油槽内大量进风。最后，打开排风阀将压力油罐的压力降为零，同时保持排风阀常开。集油槽排油应联系好透平油库管理人员，确保排油入库，排净油后关闭有关阀门。

（二）油泵检修

调速器油压装置一般采用三螺杆油泵。三螺杆油泵是转子式容积泵，主、从动螺杆上的螺旋槽相互啮合加上它们与衬套内表面的配合，在泵的进、出油口间形成数级动密封腔，这些密封腔不断将液体从泵进口轴向移动到出口，使所输液体逐级升压，形成一连续、平稳、轴向移动的压力液体。三螺杆泵在水电厂的应用，一般有立式和卧式两种布置方式，下面分别介绍其检修要点。

1.立式三螺杆泵检修

其检修分解步骤如下：

拆除电动机接线，并拆除电动机基础螺栓，吊出电动机。拆除油泵基础，断开有关管路，吊出油泵，记录两联轴器安装深度，然后拆除联轴器。将螺旋衬套与外壳固定螺栓拆除，整体抽出螺旋泵，再分解螺旋泵，记录推力瓦记号并拆除，然后拆除衬套接合螺栓，记录副螺旋泵位置，两螺旋泵不得互换，抽出衬套。主螺旋泵的联轴器一般不分解，如遇轴承有问题方可分解，但要将联轴器组装垂直，以防轴承别劲。检查止油盘根应完整，压板表面光滑，轴承完好。测量螺旋泵与对应衬套的间隙，应为0.03 ~ 0.08mm，推力瓦间隙应为0.03 ~ 0.07mm。螺旋泵有磨损应用天然油石处理，组装时各部件应清扫干净，螺杆应涂上透平油。先将螺旋衬套、螺旋杆、推力瓦进行组装，然后装入泵壳，并检查各部相对位置应正确，最后将螺旋衬套与外壳螺栓紧固。装止油装置时，应将压板、弹簧、止油垫、止油环一起装入，但注意止油垫与止油环不能脱开，最后组装联轴器与电动机，并检查联轴器间隙应在4 ~ 6mm。

2.卧式油泵的检修

（1）油泵电动机的拆除与安装。拆前测定联轴器间隙，记录装配记号。拆出电动机，记录四角加垫位置及厚度，测定联轴器装配深度值，拔出两联轴器检查键和键槽应无损伤，联轴器胶套应完整，联轴器间隙应为1 ~ 2mm。组装时，将电动机放在基础上，按原位置厚度及安装深度，安装联轴器及基础垫。以油泵联轴器为基准测定电动机联轴器相对位置，电动机联轴器与油泵联轴器产生错位需要在水平方向或垂直方向整体调整，调整量为错位量的一半。若两联轴器产生倾斜，则需在电动机前端或后端加垫。加垫厚度可根据倾斜和总基础高低来计算选择；有时也可以撤垫，组装后两联轴器靠在一起，测量其间隙应在0.5 ~ 2mm，偏心小于0.1mm，振动小于0.03mm，装好后转动灵活，无异声。

（2）油泵的拆除与安装。松开后端盖的紧固螺栓，取下端盖，排油；松开联轴器的紧固螺栓，取下泵联轴器及键；松开接油盒的紧固螺栓，取下接油盒；松开轴承座固定螺栓，取下轴承座；松开油泵衬套的固定螺栓，再松开前端盖的紧固螺栓；取下前端盖、主动螺旋、从动螺旋及平衡套，并在从动螺旋和平衡套上打上记号（防止从动螺旋和平衡套掉落磕碰）；用油石和金相砂纸去除螺旋及衬套上的毛刺、伤痕、锈蚀，测量螺旋与衬套配合间隙并做好记录；平衡套及球轴承转动灵活、无卡阻，平衡套无明显伤痕及研磨；检查油泵各进出口、油孔无阻塞；衬套固定螺栓及螺栓孔无变形；各密封垫完好、机械密封完好不漏；用汽油清洗各部件及衬套，再用白布、绢布擦干；油泵回装按照拆前相反的顺序进行，注意各螺杆组装前应涂上透平油，边转动边装入。

（三）阀组（安全阀、放出阀、止回阀）检修

（1）安全阀检修。测量并记录安全阀调整螺栓高度，拆除上盖、背母等，抽出弹簧、活塞。检查各部件应无异常，弹簧平直，活塞和阀座止口严密。各部件清扫、活塞涂油后组装，各部应无渗漏。

（2）放出阀检修。分解前测量调整螺母高度，拆除背母，螺母、上盖，抽出针杆、弹簧、活塞。检查活塞磨损情况。测量针杆与活塞、活塞与外壳间隙均在0.04～0.08mm。检查针杆、弹簧、节流孔，丝堵、外壳等应良好。组装前各部件清扫干净，组装后动作灵活；靠自重活塞可灵活动作，针杆应无卡滞现象，且各密封点密封良好无渗漏现象。

（3）止回阀检修。拆除上盖、弹簧、活塞。各部件无异常，阀止口应紧固、严密，止口松动应紧固顶丝，并做好防渗漏措施。组装时，应清扫于净，保证活塞动作灵活。

（4）组合阀检修。松开卸荷阀阀盖与阀体的紧固螺栓，取下阀盖，取出弹簧及活塞。松开止回阀阀盖与阀体的紧固螺栓，取下阀盖，取出弹簧及活塞。松开安全阀的前端盖紧固螺栓和后端盖丝堵，取出弹簧和活塞。松开安全阀阀体与先导阀阀体的紧固螺栓，取下安全阀阀体。松开先导阀的调整螺母，取出先导阀弹簧。松开先导阀后端盖丝堵和节流塞，推出先导阀活塞。松开先导阀阀体固定螺栓，取下阀体。用油石和金相砂纸对卸荷阀活塞、止回阀活塞、安全阀活塞和先导阀活塞进行处理，以除去研磨和锈蚀。用油石和金相砂纸处理阀体衬套上的研磨和锈蚀。检查阀组各油孔和节流塞是否畅通。检查各弹簧有无变形、弹性是否良好，各密封圈有无磨痕、伤痕、弹性，否则更换。对所有处理完的部件用汽油清扫干净，并用白布擦干。组合阀回装按照拆前相反顺序进行。

（四）压力油罐检修

压力油罐外观检查应无异常，各纵横焊缝应定期做探伤检验。用酒精或汽油清扫罐内时，应戴防毒面具，并按规定使用行灯，设专人监护，保持给风阀开少许，保证通风良好。检查罐内有无脱漆。如有脱漆，应先将底漆去掉，清扫干净后再均匀地涂上漆。关闭入孔盖前应用面团再次粘一遍，详细检查内部有无异物。入孔盖组合螺栓紧度应足够。检查压力油罐内、外部各连接管路、阀门、法兰应严密无渗漏。

（五）回油箱检修

回油箱外观检查应无异常，排净透平油后应进行彻底清扫。用酒精或汽油清扫时，应戴防毒面具，并按规定使用行灯。清扫时设专人监护，保持给风阀开少许，保证通风良好。回油箱内部清扫时，重点检查内表面油漆有无脱落起皮，如有脱落起皮应进行处理。最后用面团再次粘一遍，同时检查回油箱内、外部各连接管路、阀门、法兰应严密无渗漏。

回油箱滤网检查应完好，清扫干净。

（六）油面计、表计、压力开关检修

油面计检查，浮筒应严密，油面指示应正确。表计指示应正确，校验合格。压力开关动作正确，校验合格。同时检查各管路、阀门、法兰应严密无渗漏。

四、调整试验

（一）压力油罐耐压试验

（1）试验目的。检查压力油罐的强度和检修质量。

（2）试验安全注意事项。①试验人员远离试验区3m以外。②排净压力油罐内所有空气，用油耐压，关闭有关阀门。③只有在正常压力下才能进入禁区，检查渗漏。

（3）试验内容与要求。①系统充注透平油前，压力油罐、回油箱、调速器、油泵、阀门及管路等，必须全部清洗干净，再将合格的透平油加入回油箱中，加入的油量应能满足耐压试验所需。②将压力油罐上部排气孔丝堵拆除，安装空心管接头；将排油管经空心管接头接至集油槽。开启油泵出口阀，启动油泵向压力油罐送油，同时测量油面上升一定高度所需时间，估算压力油罐充满油所需时间。最后缓慢充油，当压力油罐全部充满后停泵。将有关阀门及顶部封堵。用手压泵在合适连接处安装耐压管路。检查无异常后，开始试压。③油压升到额定油压后，检查各部有无渗漏现象。若无渗漏，可继续升压至1.25倍额定压力并保持30min。试验时，试验介质温度不得低于5℃。检查焊缝有无泄漏，压力表读数有无明显下降。如一切正常，再排压至额定值，用500g手锤在焊缝两侧25mm范围内轻轻敲击，应无渗漏现象。检查无异常后，恢复所有设备。④在试压过程中，发现有异常则只能在无压状态下处理，需要电焊作业则在无油、无压状态下进行。

（二）油压装置密封性试验及总漏油量测定

（1）试验目的。检查设备的检修质量，检查罐体及各阀门的严密性。

（2）试验内容。将压力油罐压力、油面均保持在正常工作范围内，切除油泵电源及启动开关，关闭所有阀门，并挂好作业牌。30min后开始记录8h内的油压变化、油位下降值及8h前后的室温。油压下降不得超过额定压力的4%。

（三）油泵试运转及输油量检查

（1）试验目的。通过试验检验设备的检修质量，测定油泵的输油量。

（2）泵运转试验。启运前，向泵内注入油，打开进、出口压力调节阀门，安全阀或阀组均应处于关闭状态。泵空载运行1h，分别在25%、50%、75%额定油压下各运行10min，再升至额定油压下运行1h，应无异常现象。

（四）安全阀调整试验

启动油泵向压力油罐中送油，根据压力油罐上压力表来测定安全阀开启、关闭和全关压力。试验重复进行三次，结果取其平均值。

压力油罐内油压到达工作油压上限时，主、备用油泵停止工作。油压高于工作油压上限2%以上时，组合阀内安全阀开始排油；当油压高于工作油压上限10%以前，安全阀应全部开启，并使压力油罐中油压不再升高；当油压低于工作油压下限以前，安全阀应完全关闭。此时，安全阀的泄油量不大于油泵输油量的1%。

若定值不对，可调整安全阀调整螺杆。向下调整排油压力升高，向上调整则排油压力降低。

（五）卸荷阀试验

调整卸荷阀中节流塞的节流孔径大小，改变减荷时间，要求油泵电动机达到额定转速时，减荷排油孔刚好被堵住，如从观察孔看到油流截止，则整定正确。

（六）ZFY型组合阀调整试验

（1）调整安全阀。通过调整安全先导阀YV3的调节螺钉，使主阀CV1的油压高于工作油压上限2%后开始排油，在油压高于工作油压上限10%之前，应全部开启达到全排油；当压力降到工作油压下限之前全部关闭。调整时按顺时针方向缓慢转动螺钉（压紧调节螺钉），压力逐步达到整定值，再反复试验几次，验证整定压力值无变化后，将调节螺钉用锁紧螺母锁紧并拧上保护罩。压力值整定时应由低向高进行（即由低向高调整），开始整定时的排放压力值最好低于额定压力值的15%以上。

（2）调整旁通（卸荷）阀。采用电磁阀作先导控制旁通（卸荷）阀的调整方法为：通过水电厂压力电信号装置或传感器的二次回路触点，整定电磁先导阀的动作值，使压力油罐内压力稍高于工作油压上限时，电磁阀带电动作主阀排油，并使压力油罐内油压不再升高；当压力降至工作油压下限时，电磁阀失电使主阀关闭。为防主阀切换速度过快，必要时采取缓冲措施（节流孔塞），当和油压装置控制柜里软启动并联动作减荷启动时，同样使电磁阀相应动作以达到目的。

（3）调整低压启动阀。油泵电动机从静止状态到额定转速，即油泵从启动达到额定油压过程中，通过调整低压启动阀的行程调节的调节螺钉和流量调节的节流塞或可变调整节流针，更换不同的节流孔塞，使减荷时间加长或缩短，还可采用更换压盖上的节流孔塞，使减荷时间在合理的范围内。整定完毕后，需将外部保护罩拧紧，防止出现漏油现象。

以上调整的前提是保证低压启动阀里的活塞在衬套里滑动轻快，没有发卡现象。

（4）单向阀检查。观察油泵停止后，单向阀是否能迅速关闭严密且使油泵不倒转，以防止压力油罐的油倒流。若动作不灵活，应检查阀芯是否有卡阻，控制孔是否堵塞或过小，排除异常后重新试验。

（七）油压装置各油压、油位信号整定值校验

人为控制油泵启动或压力油罐排油、排气，改变油位及油压，记录压力信号器和油位信号器动作值，其动作值与整定值的偏差不得大于规定值。

（八）油压装置自动运行模拟试验

模拟自动运行，用人为排油、排气方式控制油压及油位变化，使压力信号器和油位信号器动作，以控制油泵按各种方式运转并进行自动补气。通过模拟试验，检查油压装置电气控制回路及油压、油位信号器动作的正确性。不允许采用人为拨动信号器触点的方式进行模拟试验。

第三节　压缩空气系统检修

一、空气压缩机检修安全、技术措施

（一）一般安全措施

（1）机组停机。

（2）断开设备控制及动力电源。

（3）关闭和设备连接的所有油、水、风管路。

（4）排掉管路余压。

（5）动火作业、高空作业及进行其他重要作业，应履行相关审批措施，现场采取必要的安全防范措施。

（二）一般技术措施

（1）根据该设备所存在的缺陷及问题，制定检修项目及检修技术方案。

（2）根据实际情况和检修工期，拟定检修进度网络图及安全措施。

（3）了解设备结构，熟悉有关图纸、资料。明确检修任务、检修工艺及质量标准。

（4）检修工作前，对工作人员进行相关的技术交底和安全教育。

（5）设专人负责现场记录、技术总结、检修配件测绘等工作。

（6）根据检修内容，备全检修工具，提出备品备件、工具、材料计划。

（7）对检修设备完成检修前的试验。

（8）实行三级验收制度，填写验收记录，验收人员签名。

（9）试运行期间，检修和验收人员应共同检查设备的技术状况和运行情况。

（10）设备检修后，应及时整理检修技术资料，编写检修总结报告。

（11）设置检修标准化作业牌，并放置作业指导书（卡）及安全措施。

二、空气压缩机检修注意事项

（1）部件分解前应熟悉图纸，了解结构，分解时应注意各配合位置。

（2）开工作票，工作负责人要向工作组成员交代和系统分开的位置。

（3）拆装时，注意各结构相同部件的位置，应做好记录，分别存放。

（4）拆卸后的部件注意盘根、垫片的厚度，各油孔、接头应随时盖好，防止杂物进入。

（5）拆卸后的部件注意保管，用汽油清扫干净后，应用白布擦干，保证各零件的孔口畅通。

（6）组装时，各连接件的螺母要用标准开口扳子拆装，用力要均匀适当。要求有扭矩的地方一定要使用力矩扳手。

（7）检修中，不得用脚踏压力管路。分解时，要将管路内的压力排尽后方可作业。

（8）修后试运行时，要先用手扳动联轴器转动一周，无异常后方可启动试运行；试运行时，空气压缩机出口管路要解开；运转正常，确认无问题时方可连接系统。

（9）检查系统阀门关、开正确后，方可带负荷试运行；试运行时，要有人负责指挥，分工明确，出现问题停止试运行。

三、空气压缩机检修项目

（一）一般检修项目

（1）空气压缩机全部解体清洗。

（2）检查气缸或更换气缸套，并做水压试验。未经修理过的气缸使用4～6年后，需试压一次。

（3）检查、更换连杆大小头瓦、主轴瓦，按技术要求刮研和调整间隙。

（4）检查曲轴、十字头与滑道的磨损情况，进行修理或更换。

（5）修理或更换活塞或活塞环；检查活塞杆长度及磨损情况，必要时应更换。

（6）检查全部填料，无法修复时予以更换。

（7）曲轴、连杆、连杆螺栓、活塞杆、十字头销（或活塞销），不论新旧都应做无损探伤检查。

（8）校正各配合部件的中心与水平；检查、调整带轮或飞轮径向或轴向的跳动。

（9）检查、修理气缸水套、各冷却器、油水分离器、缓冲器、储气罐、空气过滤器、管道、阀门等，无法修复者予以更换，直至整件更换，并进行水压与气密性试验。

（10）检修油管、油杯、油泵、注油器、止回阀、油过滤器，更换已损坏的零件和过滤网。

（11）校验或更换全部仪表、安全阀。

（12）检修负荷调节器和油压、油温、水流继电器（或停水断路器）等安全保护装置。

（13）检修全部气阀及调节装置，更换损坏的零部件。

（14）检查传动皮带的磨损情况，必要时全部更换。

（15）检查机身、基础件的状态，并修复缺陷。

（二）绍尔WP271L型空气压缩机分解检修（三级压缩活塞空气压缩机）

（1）检查连接的安全性。检查管道、气缸、曲轴箱所有螺杆、螺母连接的坚固程度。在保养期间发现螺杆、螺母松了，对其紧固。以后运行时间每满50h需重新检查其松紧度。

（2）换油。大修后必须换油，所有接下来的换油频率是每运行1000h换一次，且至少一年一次。

（3）清洁空气过滤器。打开支架取出空气过滤器，插进一个新的空气过滤器，然后盖上支架盖子。

（4）检修阀。①阀的拆卸。先松开气缸头部输送压力空气管道上的法兰，松掉气缸头部的螺母，取下气缸，取出阀。②第一级同心阀的解体。注意：不应该破坏封条区域，不能用钳子等类似工具夹阀。检查阀的零件，看阀板和弹簧上是否有损坏或产生碳化物。在清洗阀的零件时，应避免损坏零件，最好是把零件浸泡在汽油里，特别注意检查阀座上的密封圈和阀片。密封圈上任何细小损伤的修复可通过抛光的化合物打磨的方法来实现。受损的阀件在任何情况下都应该更换。③检查第二级、第三级的膜片阀。必须检查阀的碳化和损伤情况。如果膜片碳化严重或受损，则必须换阀。注意：与普通的弹簧板相比较，膜片阀以其特别长的寿命而著称。由于膜片动作时摩擦很小，磨损也很小，从而它们的寿命也跟阀体一样长。由于长期的磨损，阀不得不更换弹簧及其内部零件，这种更新对于膜片阀来说是不必要的。膜片过早破裂的情况非常罕见。万一发生这种情况（如由于外部物质影响导致膜片破裂），需整体更换。④阀的组装。阀解体相反程序就是组装程序，组装阀时要换上新的垫圈、填料。垫圈、填料生产都有小的公差，这是专门为这种装配而设计的，在填料、垫圈上的任何修改都会导致泄漏和空气压缩机重大的损坏。

（5）活塞环的检修。①按照阀解体所描述的方法拆下气缸头和阀。②松开气缸底部螺母、拆下气缸，在这个过程中严防气缸撞击曲轴箱。③拆掉定位圈以后卸下活塞销，然后拆下活塞。

从活塞上拆下活塞环放进气缸，用滑规测量一下活塞环与气缸之间的间隙，如果超过以下测量值，必须更换活塞环。

第一级：1.3mm；第二级：0.75mm；第三级：0.55mm。

（6）更换活塞销及活塞销轴承。①按照活塞环检修所描述的方法拆下活塞。②打开检查孔盖，拆下连接杆。③将活塞销轴承从连接杆的小孔里推出来，换掉轴承和活塞销按相反的顺序组装，注意连接杆的位置正确与否。

（三）H565M-WL型空气压缩机检修（四级压缩，带十字头结构）

H565M-WL型空气压缩机的下列子总成或零部件能够在不拆卸压缩机的情况下从压缩机上直接拆卸下来：自动同心阀总成、空气冷却器总成、润滑油泵总成、润滑油滤网总成、润滑油安全阀总成、空气安全阀总成、辅助显示和保护装置。

气缸和轴瓦、活塞和连杆总成、曲轴总成则需按一定拆卸程序进行拆卸，直到需要拆卸的零件拆卸完。

1.一级自动阀和汽缸检修

下面介绍第一级自动输出阀、自动进口阀检修程序，第二～四级同心阀分解、拆装、检修程序与第一级基本相同。

（1）自动输出阀拆卸。从气缸上拆卸输出阀；拧松和拆卸输出阀螺母、垫圈和底座总成；从防护罩上拆卸下阀板、下提升垫圈、两个截流板（风门）、8个闭合弹簧和上提升垫圈。彻底清洁所有零部件，使用热水和苏打溶液用柔软的刷子清除油脂和积炭。在清洁操作期间必须小心，因为任何刮伤都可能导致阀门泄漏或最终导致破裂。

（2）自动输出阀装配。应该仔细观察每个零件，任何有缺陷、磨损或损坏的零件必须进行更换。底座总成和防护罩上的气门环及阀门座可以通过精细的金刚砂膏轻轻进行“搭接”。重新装配之前，清洁所有零件并确保清除掉所有研磨膏的痕迹。该项操作优先使用的方法是轻轻把气门环和阀门座“搭接”到一个平板上，应该确保此次操作完成时，在无应力的条件下，表面是“平”的。按照与拆卸顺序相反的顺序在防护罩总成和底座总成上装配输出阀的零件，并确保所有零件都正确地位于定位销上。安装一个新的自锁螺母，并拧紧螺母至7.6kgf・m，检查输出阀是否能正常工作以及是否存在阀板运动。操作时必须非常小心，以确保输出阀不被刮伤或损坏。

注意：不管运行多长时间，当输出阀由于任何原因受到干扰时，必须丢弃O形密封圈；安装的新O形密封圈检查槽和密封表面是否清洁并处于良好状态。

（3）自动进口阀拆卸。从气缸上拆卸进口阀。拧松和拆卸进口阀螺母、垫圈和底座总成。从防护罩上拆卸下阀板、下提升垫圈、两个闭合弹簧和上提升垫圈。同时，特别注意拆卸每个零件的方法和顺序，以有利于重新装配。应参考阀装配的图解，以确保零件按照正确的顺序进行重新装配。彻底清洁所有零部件，使用热水和苏打溶液用柔软的刷子清除油脂和积炭。在清洁操作期间必须小心，因为任何刮伤都可能导致阀门泄漏或最终导致破裂。

（4）自动进口阀装配。可参考“自动输出阀装配”。

（5）气缸、轴瓦和活塞的拆卸。按照上面的步骤拆卸阀。断开水管并把冷却水从气缸套管中排出去。拆卸螺栓和弹簧垫圈。拆卸阀安装板。用提升机构的吊环螺栓把气缸提升起来。拆卸螺母和弹簧垫圈。拆卸气缸，注意不要损坏活塞和活塞环。然后，手工拆卸与气缸滑动配合的轴瓦和O形密封圈。拆卸有头螺钉和荷载分布环，并从十字头上拆卸活塞。记录活塞和活塞环的安装方向并拆卸活塞环。

彻底清洁所有拆卸下来的零件并检查是否损坏、磨损、腐蚀、产生裂纹或者扭曲，必要时进行更换。受扰动的接头、衬垫和O形密封圈应该进行更换。

（6）气缸、轴瓦和活塞的装配。轻轻润滑O形密封圈并安装到轴瓦上。O形密封圈必须拉伸到轴瓦套管上。把轴瓦安装到气缸内径上（使用滑动配合，以使轴瓦能够用手推动）。轴瓦必须位于定位销上。把活塞环插入到气缸轴瓦内径中并检查活塞环间隙是否在规定的误差之内。从轴瓦内径上把活塞环拆卸下来并安装到活塞上。相邻活塞环的环间隙必须离开180°（如果最初的活塞环被重新安装，则它们必须处于拆卸前的同一位置和方向）。转动曲轴，以使十字头的端部处于从曲轴箱开始的最大突出位置。把荷载分布环安装在活塞上并用有头螺钉将活塞固定到十字头上。轻轻润滑曲轴端部的轴瓦内径和倒角。轻轻润滑O形密封圈并把O形密封圈安装到气缸套管上。用提升机构的吊环螺栓把气缸总成提升起来，并把气缸放置到曲轴箱上。安装垫圈和螺母并拧紧螺母至26.8kgf・m。把水管安装到气缸上。轻轻润滑O形密封圈并把

O形密封圈安装到轴瓦上。把阀安装板放置到轴瓦上，并用螺栓和垫圈进行固定，拧紧螺栓至13.0kgf · m。

2.曲轴箱检修

（1）连杆和十字头的拆卸。记录每个气缸相对于曲轴箱的位置并且拆卸气缸。记录活塞销安装的曲轴箱侧。拆卸螺栓和垫圈并拆卸十字头端板，端板由定位销固定。弯曲舌片垫圈和拆卸螺栓。拆卸连杆的大端盖和大端半轴承。端盖由定位销固定。拆卸十字头和从曲轴箱相反一侧的连杆的小端半部。从连杆上拆卸大端轴承。拆卸十字头外的弹性挡圈和舌片活塞销，以释放连杆。最后拆除小端轴承。

（2）主轴承和曲轴的拆卸。拆卸护罩、气缸、活塞、十字头、油箱、油泵和水泵（如果安装）。从曲轴箱上拆卸放油塞、接头和滤网，把润滑油排干净。拆卸把曲轴箱固定到支撑板上的螺栓和垫圈并把曲轴箱总成提升到合适的工作表面。用拉出器从轴上拆卸压缩机半联轴器驱动带轮或飞轮。拆卸轴键，使用提升装置把曲轴箱总成转动到垂直于非驱动端部的表面（不要损坏端表面）。拆卸螺栓，并从曲轴上与油封一起拆卸下轴承支座和主轴承。槽位于曲轴箱杠杆轴承支座表面中。从主轴承上拆卸曲轴。从轴承支座上拆卸O形密封圈、油封和主轴承。最后从曲轴箱上拆卸主轴承。

（3）油泵的拆卸。从油箱上拆卸放油塞，把油放干净。从油泵和油箱上拆卸润滑油输出阀和回油阀，断开油管。拆卸螺栓和垫圈，并与接头一起拆卸油泵。

（4）油箱的拆卸。从油箱上拆卸放油塞，把油放干净。从油箱上断开曲轴箱通气管和油管、回油管，断开空气和油压力表管。拆卸把油箱固定到曲轴箱上的螺栓和弹簧垫圈，同时拆卸油箱和油压力表板，彻底清洁油箱，并冲洗，以清除任何污垢。

（5）主轴承和曲轴的安装。彻底清洁曲轴箱和所有零件，特别注意油道和轴承表面。检查所有轴承是否有必须清除掉的高点和毛刺，把主轴承安装到曲轴箱上。轻轻润滑O形密封圈并把它安装到主轴承支座上，并把主轴承安装到轴承支座上。检查主轴承是否损坏并将轴承内径清洁干净，把曲轴箱旋转到竖直位置，非驱动端在下面。润滑主轴承的内径，小心把曲轴降低到曲轴箱内，以安装到主轴承上。润滑主轴承的内径，把轴承支座放置在曲轴上并把轴承支座装配到曲轴箱上。安装螺钉和弹簧垫圈，拧紧螺钉至13.6kgf · m，检查曲轴的轴向端游隙是否在0.4mm和0.92mm之间（0.016in和0.035in）。轻轻润滑曲轴延伸部分并把油封安装到轴承支座上，旋转曲轴箱到水平位置。

（6）连杆和十字头的安装。把小端衬垫安装到连杆上，检查衬垫上的孔是否与连杆上的孔对齐。清洁和润滑小端衬垫并把连杆插入十字头。把活塞销推入十字头和衬垫并用弹性挡圈固定。把定位销和大端外壳安装到连杆和大端盖上。润滑大端外壳的轴承表面。按照拆卸前的位置用曲轴箱同侧的活塞销把十字头—连杆总成安装进曲轴箱和曲轴上。曲轴可能需要旋转，以使十字头清除平衡重。把大端盖安装进连杆并用安装在每个锁紧垫圈和大端盖的光垫圈安装螺钉和锁紧垫圈，拧紧螺栓至46.2kgf · m。弯曲锁紧垫圈的舌片，以锁住螺栓。安装端板并用螺栓和锥形弹簧垫圈固定，拧紧螺栓至5.4kgf · m。把油泵销安装到曲轴的非驱动端。把滤网、放油塞和接头安装到曲轴箱上，旋转曲轴一周，安装驱动管接头。

（7）油泵的装配。把接头放置到泵法兰上并把泵安装到曲轴上，以确保驱动卡圈与驱动销接合，安装螺栓和弹簧垫圈，拧紧螺栓至3.2kgf · m。

（8）油箱的安装。检查油箱是否彻底清洁。把油箱与油压表板放置到曲轴箱上。用螺栓和弹簧垫圈把油箱固定到曲轴箱上。安装放油塞和接头。连接曲轴箱通气管和油管、回油管，连接空气和油压表管，用油把油箱注满。

（四）英格索兰MM132型螺杆空气压缩机检修

1.进气空气过滤器检查、更换

查看进气空气过滤器的状况，让空气压缩机以加载模式运行，然后在当前状态屏幕上观察“Inlet Fiter”（进气过滤器）。如果显示“Inlet Fiter OK”，则不需保养。如果屏幕上“WARNING”（警告）字样在闪烁，同时显示“CHANGE INLET FILTER”（调换进气空气过滤器），应调换进气空气过滤器。

如要调换进气空气过滤器滤芯，应松开其壳体顶部的翼形螺母，去除盖子，让滤芯暴露出来。小心拆除旧的滤芯，以防灰尘进入进气阀，将旧滤芯报废。彻底清洁滤芯壳体，擦清所有表面。

装入新滤芯并检查一下，以确保安装稳妥。安装进气空气过滤器壳体的顶盖。检查翼形螺母上的橡胶密封，必要时调换，旋紧翼形螺母。

开机并以加载模式运行，以检查空气过滤器的状况。

2.油过滤器更换

查看油过滤器的状况，空气压缩机必须处于运行状态。观察当前状态屏幕上的“Injected Temperature”（喷油温度）。如果温度低于120F（49℃），机器可继续运行。当温度高于120T（49℃）时，观察屏幕上“Coolant Fiter”（油过滤器）。如显示“Coolant Fiter OK”，则油过滤器不需服务。如果“WARNING”（警告）字样在闪烁，同时显示“CHANGE COOLANT FIL-TER”（调换油过滤器），应调换油过滤器。

油过滤器在每次大修后及此后每运行2000h或更换冷却油时，应调换滤芯。

调换滤芯时，使用适当的工具松开旧的滤芯，用油盘接拆除过程中漏出的油，报废旧的油过滤芯。用于净且不起毛的布头擦清油过滤器的密封表面，以防灰尘进入油系统。

将滤芯备件从包装盒中取出，在其橡胶垫上涂一薄层润滑脂，然后安装。旋转滤芯，直至密封垫与油过滤器总成的头部相接触，然后再旋紧大约半周，开机并检查是否有泄漏。

3.冷却油更换

SSR ULTRA冷却油（制造厂灌注）是一种以聚乙二醇为基础的冷却油，应隔8000h或每两年调换一次，两者以先到为准。

更换冷却油需要的物品：

（1）适当大小的油盘和容器用来接收从机组排放出来的润滑油。

（2）足以重新灌注适当数量的正确牌号的润滑油。

（3）至少要有一只适当型号的油过滤器滤芯备件。

每台空气压缩机都有一个冷却油排放阀，位于油分离筒体底部。

空气压缩机一停机就要放油，因为趁油还热时容易放得干净，而且冷却油内的浮颗粒能随油一起排出。

如要放空机组的油，应拆除油分离筒体底部排放阀的油塞。将随机带来的排放软管和接头总成安装在排放阀的端部，并将软管一端放在一个合适的油盘内，打开排放阀开始排油。排完后，关闭阀门，从阀上拆除软管和接头总成，并将它们放在适当的地方以备后用。重新装上排放阀端部的油塞，不要将用过的放油软管保存在开关箱内。

机组排油完毕，而且装好新的油过滤器滤芯之后，重新向系统加注新的冷却油，一直加到油位到达油窥镜的中点。重新盖好加油口盖，启动空气压缩机，运行一会，正确的油位应是当机组卸荷运行时，油位在油窥镜的中点。

4.油分离筒体回油过滤网/小孔拆装及清洗

需要的工具有开口扳手、钳子。

程序：滤网/小孔总成的外观与直管接头相似，装在两段外径为1/4in的回油管之间，主体用1/2in六角钢制成，在六角的平面上刻有小孔的孔径和液流方向。

可拆卸的滤网和小孔位于总成的出口端，需根据保养周期的规定定期清洗。

如要拆除滤网/小孔总成，先断开两端的回油管，牢牢抓住中心部分，同时用一把钳子轻轻夹住密封回油管总成的出口端。将该端拉出中心部分，同时要小心，避免损失滤网及密封表面。

在重新安装滤网/小孔总成前，还需清洁并检查所有零件。

当总成安装好之后，确认流向正确。观察刻在中心部分上的箭头，确保流向是从油分离筒体流向主机。

5.油分离芯检查

如要检查油分离芯的状况，先让空气压缩机以额定压力满荷载运行，并在显示板上选择“SEPARATOR PRESSURE DROP”（分离器压降）。如果显示“XXPS1”，说明状况良好，不需保养。如果警告灯亮并显示“CHGSEPR ELEMENT”（调换分离芯），应调换油分离芯。

松开主机上的回油管。松开将回油管引入筒体的接头，并拆去管总成。拆下筒体盖上的管子。如果需要，应做好标记。使用适当的扳手拆除筒体盖上的螺栓，然后拆除筒体盖。小心取出油分离芯，丢弃坏了的芯子。

清洁筒体及其盖上装密封垫片的表面，小心勿让旧垫片的碎片掉入筒体内。仔细检查筒体，确保无任何异物如碎布片或工具等掉入筒体内。检查新分离芯密封垫片是否损伤，然后将分离芯备件装入筒体。将分离芯定位于筒体的中心。

将筒体盖放到正确位置上，并装好螺栓，要以对角方式旋紧各螺栓，以免盖子一侧过紧，盖子紧固不当会造成泄漏。检查筒体回油过滤网及小孔，必要时清洁。将回油管向下装进筒体，刚碰到分离芯底部后，提起约1/8in（3.2mm），紧固各接头，将各调节管路装到原来位置。启动空气压缩机，并检漏，然后便可工作。

6.冷却器芯清洗

关闭截止阀，并从冷凝水排放口中释放机组压力，从而确保空气压缩机与压缩空气系统隔绝，确保主电源开关断开，锁定且挂好标示牌。需要的工具:螺栓刀、成套扳手、配有经OSHA批准的喷嘴软管。

（1）风冷冷却器清扫。目测冷却器芯的外部，确认是否需要对其进行彻底清理，常常只需要清理掉脏垢、灰尘或其他异物，便能暂时解决问题。

当冷却器被油、油脂或其他重厚物质的混合物所包裹时，会影响机组的冷却效果，这时就需要对冷却器芯的外部进行彻底清洁。

如果确定空气压缩机工作温度由于冷却器芯内部通道被异物或沉淀物所阻而高于正常范围，则应拆下冷却器做内部清理。

（2）油冷却器的拆卸及内部清洗。拆除面板及顶盖；放空冷却油；拆除油冷却器箱侧板；拆开油冷却器进，出口管路；堵住油冷却器进，出口，以防污染；拆除冷却器侧面的固定螺钉，并通过冷却器导风罩将其拆下；用清洗剂清扫冷却器，应清扫干净；按相反顺序安装起来；确保风扇网罩重新装好；往空气压缩机内加冷却油；空气压缩机运转10min，检查油位正常并无渗漏点后装面板。

（3）水冷冷却器。如装有水冷式热交换器也须要定期检查保养。检查系统内的过滤器，必要时调换或清洗。

仔细检查水管结垢情况，必要时清洗。如使用清洗溶液，在空气压缩机恢复使用之前，务必要用清洁水将化学物彻底清洗掉。清洗完毕，应检查冷却器腐蚀情况。

管子内表面有几种清洗办法。用高速水流冲洗管子内部，可去除多种沉淀物。较严重的结垢可能需要钢丝刷和杆子。如有专用的气枪或水枪，也可利用橡皮塞子强行穿过管子来去除结垢。

重新安装冷却器壳的顶盖时，各螺栓要以对角方式均匀紧固。但过分紧固，顶盖会裂开。清洗溶液必须与冷却器的金属材料相容。如采用机械清洗方法，一定要小心，避免损坏管子。

7.冷却油软管更换

冷却器来回输送冷却油的挠性软管会随着时间老化而变脆，因而需要每两年更换一次。更换时，先关闭截止阀并从冷凝水排放阀释放压力，以确保空气压缩机与空气系统隔离。确保主电源开关已断开，锁定且挂好标示牌。拆除罩壳面板；将冷却油放人干净容器，盖好容器，以免弄脏。如果油本来已受污染，必须调换新油。拆除软管时牵牢握住接头，按与拆卸相反的程序安装新软管和机组，开机并检漏。

（五）空气压缩机附件检修

（1）安全阀及压力表校验。安全阀及压力表每年应进行一次校验，安全阀的起跳压力应为工作压力的1.08～1.10倍。安全阀的回座压差一般应为起跳压力的4%～7%，最大不得超过10%。

注意：安全阀一经校验合格应加锁或铅封，特别注意密封件和聚四氟乙烯带的使用，确保它不进入阀内，避免堵塞。

压力表校验后安装时，不得用手拧压力表外壳，一定要使用扳手安装，防止表针的零位变动。

（2）高低压储气罐检修。由运行人员做好措施，排净压力。排压时，注意另外一个工作罐的压力变化，如果隔离阀门不严，应先处理阀门。气罐压力排净后，可分解入孔盖，分解入孔盖时，应先将所有螺栓松开2～4圈后确认缸内没有压力方可将螺栓全部松开，打开入孔门盖。检查罐内的腐蚀情况，应将铁锈、污垢除掉，清扫干净。如果需要涂防锈漆，应注意人身安全，制定措施，戴好防毒面具，设专人监护方可作业。安装入孔门盖时，应更换盘根，检查入孔门螺栓完好，用大锤均匀紧3～4遍。

（3）压力油罐（容器）超压试验。超压试验一般可两次大修后进行一次，一般为10年。压力容器内部应每次大修时检查一次，新投产应一年后检查一次。外部检验每年不少于一次，每年可同小修一起进行。

超压试验前要准备好试压泵，一般要有两块压力表。打开罐上部的排气丝堵，将罐内注满水，拧紧丝堵。使接好的手压泵压力缓慢升到工作压力，检查有无漏泄或异常现象。再升至额定压力的1.25倍，保持20min，降到工作压力检查有无异常现象。试验时，环境温度不得低于5℃。

（4）止回阀检修。分解拆出压盖弹簧，抽出阀体，检查止口应严密，各连接螺栓丝扣应无损坏。安装后，应注意阀体行程（保证分解前行程），动作灵活，不卡阻。

（5）阀门检修。阀门检修可随压力油罐一同进行，每次大修要更换盘根，检查各部腐蚀情况，阀门止口应完整，无锈蚀。阀杆盘根一定要更换。填料数量要足够。组装后，保证阀体动作灵活。

（6）气水分离器清扫检查。气水分离器检查参照压力油罐检修和试验。

四、试运行

空气压缩机大修后必须试运行，目的是检验大修过程中检修处理的质量，发现由于大修分解、安装所造成的故障。

（一）试运行前应具备的条件

（1）空气压缩机主机、驱动机、附属设备及相应的水、电设施均已安装完毕，经检查合格。

（2）土建工程、防护措施、安全设备也已完成。

（3）试运行所需物品，如运行记录、工具、油料、备件、量具等应齐备。

（4）试运行方案已编制，并经审核批准。

（5）试运行人员组织落实，应明确试运行负责人、现场指挥、技术负责人、操作维护人员和安全监护人员。

（6）工作电源已具备，空气压缩机上下游已做好试运行准备。

（二）冷却水系统通水试验（水冷机组）

冷却水系统通水试验前应检查冷却水管路、管件是否安装牢固，阀门是否启闭灵活，有无漏水可能，是否符合管路安装的要求。通水后待各级排水管都出水时，检查水管路有无漏水，检查供水压力是否合格。

（三）润滑油系统注油

油箱应清洗干净，注入清洁润滑油到正常油位，拆开润滑油通往轴承、各级气缸的油管，用注射器把油管内充满润滑油。

（四）空载试运行

1.空载试运行前的准备工作

（1）空气压缩机各部机构安装完毕，具备启动条件。

（2）各润滑部位已充分润滑。

（3）盘车2～5转，检查各运动部件有无异常现象。

（4）启动前，空气压缩机各级活塞不应停在止点位置。

2.空载试运行步骤

（1）开启冷却水的进水阀和各处回水阀，检查冷却水的压力及回水情况。

（2）现场指挥人员、监护人员、操作人员就位，其余人员撤到安全区。

（3）瞬间启动电动机，检查电动机转向是否正确。

（4）再次启动空气压缩机，依次按30s、30min、1h运行空气压缩机。启动空气压缩机后应立即检查各部分声响、温升及振动情况，若发现有异常情况，应立即判断原因，及时处理；情况严重不能处理时，应立即停车。

（5）空气压缩机空载试运行应满足：润滑油压力正常、各部温度正常、各运动部件温升不超过规定值、试运行中应无异常声响。

（五）负荷试运行

空载试运行若一切正常后，进行负荷试运行，运行前应进一步检查空气压缩机和附属装置，明确操作方法，明确需紧急停机时的信号（声音和手势）及执行人员。

1.空气压缩机负载试运行步骤

（1）投入冷却水，检查水流情况。

（2）检查储油箱油位合格。

（3）盘车2～5转，检查空气压缩机运动部件有无障碍。

（4）按规定程序启动空气压缩机，空载运行20min，然后分3～5次加压到规定压力。

各级排气压力的调节控制可通过各级放空阀门、卸荷阀门、旁通阀门，以及各级油水分离器、冷却器及排污阀调节控制。负荷试运行时的加荷应缓慢进行，每次压力稳定后应连续运行1h后再升压。

空气压缩机在负荷运行过程中，一般应避免带压停机，紧急情况下可带压停机，但停机后必须立即卸压。

2.空气压缩机负荷试运行阶段应经常检查的项目

（1）各部位有无撞击声、杂音和异常振动。

（2）各运动部件供油情况及润滑油压力、温度是否符合空气压缩机技术文件的规定。

（3）各级吸、排气压力、温度是否符合空气压缩机技术文件的规定。

（4）管路有无剧烈振动及摩擦现象。

（5）冷却水的进水温度、排水温度符合有关要求。

（6）各级吸、排气阀工作有无异常，密封部分有无漏气。

（7）各级仪表、控制和保护装置是否处于正常工作状态。

（8）各级排污阀及油水分离器的排油、排水情况。

（9）有无连接松动的现象。

（10）安全阀有无漏气现象。

第四节 接力器及漏油装置检修

一、接力器检修安全、技术措施

（一）检修安全措施

开工作票，并交代安全措施。

（1）机组停机，锁锭装置投入，关闭锁锭装置油源阀，并挂标示牌。

（2）落蜗壳进口阀排水，并检查进口阀有无严重漏水。

（3）拉开油压装置压油泵电源，并挂标示牌，压力油罐排油、排压。

（4）关闭调速系统总油源阀，并挂标示牌。

（二）一般技术措施

（1）根据设备所存在的缺陷及问题，制定检修项目及检修技术方案。

（2）根据实际情况和检修.工期，拟定检修进度网络图及安全措施。

（3）熟悉设备、图纸，明确检修任务、检修工艺及质量标准。

（4）检修工作前，对工作人员进行相关的技术交底和安全教育。

（5）设专人负责现场记录、技术总结、检修配件测绘等工作。

（6）根据检修内容，备全检修工具，提出备品备件、工具、材料计划。

（7）对检修设备完成检修前的试验。

（8）实行三级验收制度，填写验收记录，验收人员签名。

（9）试运行期间，检修和验收人员应共同检查设备的技术状况和运行情况。

（10）设备检修后，应及时整理检修技术资料，编写检修总结报告。

（11）设置检修标准化作业牌，并放置作业指导书（卡）及安全措施。

二、接力器大修时通用注意事项

（1）在检修接力器的周围设置围栏并挂标示牌。

（2）排油时，有专人监护，防止跑油。

（3）在检修中对端盖做好标记并按标记组装，设备在安装前应进行全面清扫、检查，对活塞与缸体的配合公差根据图纸要求进行校核记录。

（4）在拆卸零部件的过程中，应随时进行检查，发现异常和缺陷，应做好记录，以便修复或更换配件。

（5）装配活塞及销轴时应涂上透平油，防止卡阻磨损和生锈。

（6）检查机械传动机构无别劲，动作灵活；各管口拆开后用白布包好，以免异物堵塞。

（7）拆管时，应将接力器及管路中的油排干净，活塞及活塞杆工作部分用毡子包好，防止碰伤，轴销及轴套的配合应达到配合要求。

（8）在做接力器耐压试验时，周围禁止有人，耐压后压力泄至零时方可拆卸管路。

（9）对拆下来的螺栓、螺母、销钉等部件应分类存放，并且用卡片登记或做标记。

（10）检修现场应经常保持清洁，并有足够的照明；汽油等易燃易爆物品使用完毕后应放置在指定地点，妥善保管；破布应放在铁箱内。

三、接力器检修项目

（一）接力器的分解检修

（1）拆下接力器及分油器的连接管路。

（2）拆下接力器的回复钢丝绳。

（3）拔下接力器推拉杆与调速环的轴销，从控制环耳柄内移开接力器推拉杆。

（4）拆下分油器，分解其活塞与衬套。

（5）拆下接力器的渗漏油管。

（6）拔下接力器与基础连接的后座销，移开后座压板，吊出接力器整体。

（7）拆下接力器前后端盖螺栓，用顶丝顶开前后端盖，并用电动葫芦拉开前后端盖。

（8）用导链吊平接力器活塞杆，并平行拔出接力器活塞，然后移开接力器活塞。

（9）分解接力器活塞与活塞杆连接的销轴，取下活塞。

（10）用油石将接力器活塞上的研磨及锈蚀部位处理好。

（11）用砂布和金相砂纸对接力器缸体内部进行处理，去除研磨、锈蚀部位。

（12）检查活塞环磨损及弹性符合要求。

（13）用砂布和金相砂纸对接力器的前后轴销、轴套进行打磨配合处理。

（14）检查接力器活塞与缸体、轴销和销套的配合测量情况，是否符合要求并做好记录。

（15）检查接力器的密封材料及密封部位是否完好无损。

（16）检查接力器与后座轴销的压板有无变形。

（17）用汽油对接力器内部及其他部件进行清扫，用白布擦干，并用面团对各部件进行清扫。

（二）接力器调整试验

（1）接力器安装前，进行接力器1.25倍工作压力耐压试验，摇摆式接力器在试验时，分油器套应来回转动3～5次，保持30min无渗漏，然后整体安装。

（2）接力器充油、充压，检查接力器及管路有无渗漏，从全开到全关位置动作接力器，接力器活塞移动平稳灵活，无别劲卡阻，无异常声响，各密封处无渗漏。

（3）接力器在全行程开关及全关、中间、全开位置时，测量接力器活塞行程应符合设计要求，测量两个接力器的行程，差值不大于1mm，否则进行调整，调整后再进行试验测量，直到满足要求。

（4）接力器全关位置确定:接力器在全关位置时，投入锁锭装置，能正确加闸与拔出，否则应调整接力器的全开、全关位置，然后再进行试验，直到锁锭装置能正确动作。

（5）接力器反馈装置调试：接力器全关位置确定后，调速器切手动，按照接力器设计行程要求，全开导叶达到全行程，将反馈装置固定，再操作调速器，检查接力器能达到全关、全开要求。

（6）接力器压紧行程测量、调整:按照接力器的安装规范要求进行测量、调整。

四、漏油装置检修项目

（一）漏油装置检修主要质量标准与规范

（1）电动机找正，动作灵活，振动小于0.05mm。

（2）齿轮啮合良好，不漏油，止口严密，弹簧平直，安全阀动作值为0.7～0.8MPa。

（3）过滤网完整，清扫干净，漆膜脱落的应涂耐油漆。

（二）漏油装置大修一般技术措施

（1）拉开××号机组漏油泵电动机动力电源开关，并挂“禁止合闸，有人工作”的标示牌。

（2）关闭接力器排油阀及漏油泵出口阀，并挂“禁止操作，有人工作”的标示牌。

（3）在工作地点处挂“在此工作”的标示牌。

（三）大修时通用注意事项及工艺要求

（1）应有适当的工作场地，并有良好的工作照明；场地清洁，注意防火，准备消防器具；无关人员不得随便进入场地或随便搬动零部件；各部件分解、清洗、组合、调整均有专人负责。

（2）参加检修的人员应当熟知漏油泵的工作原理和工作状态，明确检修内容和检修目的。

（3）施工过程中，工作负责人不应离开现场。

（4）检修人员必须熟知检修规程，对工作精益求精，一丝不苟。

（5）设备零部件存放应用木方或其他物件垫好，以免损坏零部件的加工面及地面。

（6）同一类型的零部件应放在一起，同一零部件上的螺栓、螺母、销钉、弹簧垫及平垫等，应放在同一布袋或木箱内，并贴好标签。

（7）对有特定配合关系要求的部件，如销钉、连接键、齿轮、限位螺栓等，在拆卸前应找到原记号。若原记号不清楚或不合理，应重做记号，并做好记录。

（8）设备分解后，应及时检查零部件完整与否，如有缺陷，应进行复修或更换备品备件。

（9）拆开的机体，如油槽、轴颈等应用白布盖好或绑好。管路或基础拆除后留的孔洞，应用木塞堵住，重要部应加封上锁。

（10）检修部件应清扫干净，现场清洁。

（11）所有管道的法兰、盘根内径应比外径大一些，盘根配制合适。盘根直径很大，需要拼接时，可采用燕尾式拼接办法。需要用胶黏结，应削接口，用胶黏结后无扭曲或翘起之处。

（12）需要进行焊接的部件，焊前应开坡口。

（13）所有零部件，除安装接合面、摩擦面、轴表面外，均应进行去锈涂漆。漆料种类颜色按规定要求选择。第二遍漆应在第一遍漆干固以后方可喷刷。

（14）管路及阀门检修必须在无压条件下进行。

（四）漏油装置检修项目

（1）漏油泵分解检修。

（2）管路分解、去锈、刷漆。

（3）漏油槽清扫。

（4）阀门分解检查、清扫、去锈、刷漆。

（五）调整试验

（1）工作前，检查泵的各紧固件是否牢固。

（2）试验前手动盘车，检查泵的旋转方向是否符合要求。

（3）检查主动轴是否运转灵活。

（4）检查进口阀门是否打开。

（5）注意填料的工作，若发生泄漏，观察其发展程度，拧紧压盖。

第五节　过速限制装置检修

一、过速限制装置检修安全、技术措施

（1）根据该设备所存在的缺陷及问题，制定检修项目及检修技术方案。

（2）根据实际情况和检修工期，拟定检修进度网络图及安全措施。

（3）熟悉设备、图纸，明确检修任务，掌握检修工艺及质量标准。

（4）检修工作前，对工作人员进行相关的技术交底和安全教育。

（5）设专人负责现场记录、技术总结、检修配件测绘等工作。

（6）根据检修内容，备全检修工具，提出备品备件、工具、材料计划。

（7）对检修设备完成检修前的试验。

（8）实行三级验收制度，填写验收记录，验收人员签名。

（9）试运行期间，检修和验收人员应共同检查设备的技术状况和运行情况。

（10）设备检修后，应及时整理检修技术资料，编写检修总结报告。

（11）设置检修标准化作业牌，并放置作业指导书（卡）及安全措施。

二、过速限制装置检修注意事项

（1）工作负责人开工作票，待运行人员做好检修措施后，方可进行作业。

（2）在检修设备周围设置围栏并挂标示牌。

（3）不移动与检修项目无关的设备，需要移动运行设备时，与运行人员联系好后方可进行。

（4）部件分解前，必须了解结构，熟悉图纸，并检查各部件动作是否灵活，做好记录。

（5）拆相同部件时，应分两处存放或做好标记，以免记错。对调整好的螺母，不得任意松动。

（6）分解部件时，应注意盘根的厚度，盘根垫的质量应良好，外壳上的孔和管口拆开后，应用木塞堵上或用白布包好，以免杂物掉入。拆下的零部件应妥善保管，以防损坏、丢失。

（7）零部件应用清洗剂清扫干净，并用干净的白布、绢布擦干。不准用带铁屑的布或其他脏布擦部件。

（8）清洗前，必须将零部件存在的缺陷处理好，刮痕或毛刺部分用细油石或金相砂纸处理。手动阀门若关不严或止口不平，应用金刚砂或研磨膏在平台上或专用胎具上研磨，质量合格后，方可进行组装。

（9）组装时，应将有相对运动的部件涂上干净的透平油；各零部件相对位置应正确；活塞动作灵活、平稳；用扳手对称均匀地紧螺母，用力要适当。

（10）组装前，应用压缩空气清扫管路，确保管路畅通、无杂物后方可进行组装。

（11）对拧入压力油腔或排油腔的螺栓应做好防渗漏措施。

（12）检修过程中，需要动有关运行设备时，应与运行值班人员联系，做好措施后，方可进行工作。

（13）调速系统第一次充油应缓慢进行，充油压力一般不超过额定油压的50%；接力器全行程动作数次，应无异常现象。

（14）管路排油时，有些油管路的油不能排除，当检修需要拆除管路时，应先准备好接油器具，并将管路法兰螺栓松开，待油排净后，拆除管路法兰螺栓，取下管路（过重的管路拆除法兰螺栓前应做好管路吊装准备，避免伤人及损坏设备）。

三、过速限制装置检修项目

（一）油阀的检修

（1）拆下油阀的控制油管；拆下油阀阀盖与阀体的紧固螺钉，取下油阀阀盖，用专用工具抽出油阀活塞。

（2）检查油阀活塞的磨损情况，活塞止口及衬套止口处应完整无毛刺。

（3）回装前，将油阀活塞上的研痕及毛刺用金相砂纸处理好，用汽油将各部件清洗干净，并用白布擦干。

（4）回装时，在油阀活塞及衬套内壁上涂以干净的透平油，并更换新的密封垫。

（二）事故配压阀的检修

（1）将接力器排油管接上胶管与排油系统连通，排净排油管内的油。

（2）拆下信号节点支架；拆下事故配压阀后端盖；拆下事故配压阀前端盖的紧固螺栓，抬下前端盖，抽出导向杆及小活塞；由两人抬出事故配压阀活塞。

（3）检查事故配压阀活塞及小活塞的磨损情况，活塞止口及衬套止口处应完整无毛刺，导向杆应无弯曲、变形，测取活塞间隙。

（4）回装前，将事故配压阀活塞及小活塞上的研痕及毛刺用金相砂纸处理好，用汽油将各部件清洗干净，并用白布擦干。

（5）回装时，在事故配压阀活塞、小活塞及衬套内壁上涂以干净的透平油，并更换新的密封垫。

（三）电磁配压阀的检修

（1）将电磁配压阀两端电气引线断开，拆下电磁配压阀两端的电磁铁，抽出电磁配压阀换向活塞。

（2）检查电磁配压阀活塞磨损情况，活塞止口及衬套止口处应完整无毛刺，导向杆应无弯曲、变形。

（3）回装前，将电磁配压阀活塞上的研痕及毛刺用金相砂纸处理好，用汽油将各部件清洗干净，并用白布擦干。

（4）回装时，在电磁配压阀活塞及衬套内壁上涂以干净的透平油，并更换新的密封垫。

四、调整试验

（1）调速系统充油、充压，动作调速器机械液压机构，排除液压系统内的空气；油阀关闭，密封良好。

（2）事故配压阀应在复归状态，如果不在复归状态，则说明事故配压阀安装位置过低或活塞发卡，需进一步检查。

（3）动作电磁配压阀，操作事故配压阀关闭导叶，记录导叶关闭时间。如果导叶关闭时间不符合要求，调整事故配压阀一端的调节螺钉，来调整活塞的行程，即活塞动作后油口打开的大小，使事故配压阀动作情况下的导叶关闭时间符合设计要求。调整合格后，将调节螺钉锁定。

参考文献

[1] 郑永坤，邵彬，王先军 . 电力与电气设备管理 [M]. 长春：吉林科学技术出版社，2020.

[2]刘胜芬.发电厂电气部分[M].重庆：重庆大学出版社，2019.

[3]鲁珊珊，张兴然，张彬.电气运行[M].北京：北京理工大学出版社，2020.

[4]闫佳文，白剑忠.高压电气设备试验[M].北京：中国电力出版社有限责任公司，2021.

[5]何发武.高压电气设备测试实训指导书[M].成都：西南交通大学出版社，2018.

[6]肖登明.电气设备绝缘在线监测技术[M].北京：中国电力出版社，2022.

[7]包玉树丛书主编，刘洋本册主编.电气设备故障试验诊断攻略：绝缘子[M].北京：中国电力出版社，2019.

[8]王浔.机电设备电气控制技术[M].北京：北京理工大学出版社，2018.

[9]本书编写组.变压器检修工[M].北京：中国建材工业出版社，2018.

[10]李宪栋.电力变压器状态检修实践探索[M].郑州：黄河水利出版社，2020.

[11]中国石油化工集团有限公司，中国石油化工股份有限公司.石油化工设备维护检修规程 仪表 2019版[M].北京：中国石化出版社，2022.

[12]吴德荣.石油化工装置仪表工程设计[M].上海：华东理工大学出版社，2020.

[13]张宝杰.仪表安装工[M].北京：中国石化出版社，2018.

[14]谌海云，何道清，杨秋菊.过程控制与自动化仪表[M].北京：机械工业出版社，2022.

[15]孟宪影.水电厂运行常见事故及其处理[M].郑州：黄河水利出版社，2021.

[16]孟宪影.现代水电厂机电设备运行与维护[M].郑州：黄河水利出版社，2022.

[17]李志祥，罗仁彩，艾远高，等.大中型水轮发电机组电气设备维护技术[M].北京：中国三峡出版社，2020.

[18]戴曙光.水轮发电机组运行与维护[M].南京：河海大学出版社，2019.